全国高等院校土木与建筑专业十二五创新规划教材

基 础 工 程

王贵君　隋红军　李顺群　李富荣　编著

清华大学出版社
北　京

内 容 简 介

本教材是根据全国高等学校土木工程专业指导委员会编制的教学大纲编写的。编写过程中，参考了国家及行业最新相关规范，包括《建筑地基基础设计规范》(GB 50007—2011)、《混凝土结构设计规范》(GB 50010—2010)、《建筑抗震设计规范》(GB 50011—2010)、《建筑桩基技术规范》(JGJ 94—2008)、《建筑基坑支护技术规程》(JGJ 120—2012)、《公路桥涵地基与基础设计规范》(JTG D63—2007)等。

本教材主要内容为常见的基础工程基本原理、方法及设计，包括天然地基上浅基础设计的基本理论、浅基础的结构与构造设计、桩基础、沉井基础、基坑工程、动力机器基础与地基基础抗震简介等。

本教材可供建筑工程、交通土建工程、岩土与地下工程等土建学科专业及相近专业的应用型一般工科院校本科生使用，也可供从事相关工作的设计、施工专业技术人员参考。

图书在版编目(CIP)数据

基础工程/王贵君等编著. —北京：清华大学出版社，2016
(全国高等院校土木与建筑专业十二五创新规划教材)
ISBN 978-7-302-43858-8

Ⅰ. ①基… Ⅱ. ①王… Ⅲ. ①基础(工程)—高等学校—教材 Ⅳ. ①TU47

中国版本图书馆 CIP 数据核字(2016)第 108588 号

责任编辑：桑任松
装帧设计：刘孝琼
责任校对：周剑云
责任印制：何 芊
出版发行：清华大学出版社
　　网　　址：http://www.tup.com.cn, http://www.wqbook.com
　　地　　址：北京清华大学学研大厦 A 座　　**邮　　编：**100084
　　社 总 机：010-62770175　　**邮　　购：**010-62786544
　　投稿与读者服务：010-62776969, c-service@tup.tsinghua.edu.cn
　　质量反馈：010-62772015, zhiliang@tup.tsinghua.edu.cn
　　课件下载：http://www.tup.com.cn, 010-62791865
印 装 者：三河市少明印务有限公司
经　　销：全国新华书店
开　　本：185mm×260mm　　**印　张：**16　　**字　数：**381 千字
版　　次：2016 年 9 月第 1 版　　**印　次：**2016 年 9 月第 1 次印刷
印　　数：1～2000
定　　价：35.00 元

产品编号：065548-01

前　言

尽管有关基础工程的教材较多，但对于一般应用型工科院校的土木工程专业或相近专业的师生来说，找一本合适的教材并不容易。第一，很多基础工程教材的理论性较强，一般工科院校的本科生和授课教师、使用起来比较困难；第二，一般工科院校的基础工程课程的学时数在 32～40，而已有的教材大多内容偏多，使用起来很不方便；第三，也是十分重要的，近年来，我国土木工程建设发展迅速，也带动了基础工程科学技术的发展和进步。因此，亟须编写出版适应新形势的适合应用型一般工科院校本科生使用的基础工程教材。

本教材充分考虑教学需求，注重基本原理和方法，强调解决问题(设计)，同时，在写作上与国家及行业最新相关规范保持一致，取材方面以房屋建筑为主，兼顾其他。

本教材由河北工业大学王贵君教授、大连海洋大学隋红军副教授、天津城建大学李顺群教授和盐城工学院李富荣教授编写，其中，王贵君编写第 1，2，3，4 章，隋红军编写第 5 章，李顺群编写第 6 章，李富荣编写第 7 章，全书由王贵君统稿。

在编写本教材过程中，参考和引用了一些公开发表的文献和资料，谨向这些作者表示诚挚的谢意。

由于编者水平有限，书中可能存在疏漏之处，敬请指正。

编　者

目　　录

第1章　绪　论

1.1　基础工程的概念

基础工程是研究各类建筑物、构筑物(包括工业与民用建筑、道路、桥梁、码头、大坝等)在设计和施工中有关地基和基础问题的学科，也研究下部结构物与岩土相互作用共同承担上部结构物所产生的各种变形和稳定性问题。地基与基础的设计施工统称为基础工程。

通常把支承基础、受建筑物影响的地层(土体或岩体)称为地基。当建筑物地基由多层土组成时，直接与基础底面接触的土层称为持力层，持力层以下的其他土层称为下卧层。基础是指将结构所承受的各种作用传递到地基上的下部结构部分。地基、基础和上部结构之间的关系如图 1.1 所示。

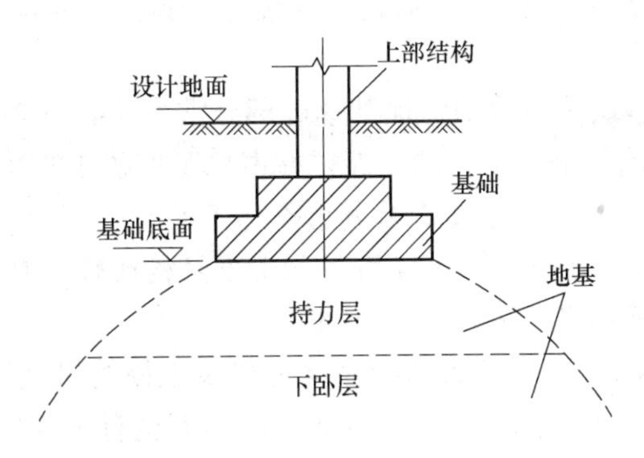

图 1.1　地基、基础及上部结构

基础具有下列功能：

(1) 通过扩大基础底面积或深基础将上部结构荷载传递给地基土，满足地基土的承载力要求。

(2) 根据地基土的变形特征及上部结构的特点，利用基础所具有的刚度，调整地基的不均匀沉降，使上部结构不致产生过大的次生应力。

(3) 具有一定的抗滑和抗倾覆的作用。

(4) 具有减震的功能。

为保证建筑物(构筑物)的功能需要和使用安全，基础工程设计必须满足以下几个基本要求：

(1) 强度要求。要求基础传递给地基的荷载不能超过地基承载力，保证地基不因土中应力过大而失稳，并且应有足够的安全储备。

(2) 变形要求。保证地基及基础变形不超过建筑物(构筑物)的允许值，保证上部结构不因基础变形过大而受损或影响其正常使用。

(3) 对基础自身的要求。应满足上部结构对基础结构的强度、刚度和耐久性的要求。

如果将建筑物(构筑物)看作一个系统，这个系统中的地基、基础和上部结构三部分彼此联系，相互制约，共同工作。地基的任何变形都必然引起基础与上部结构的相应位移，基础与上部结构的工作特征也必然影响地基的强度、稳定性与变形。

除此之外，地下水的渗流与渗流稳定性是基础工程，尤其是施工阶段的基础工程必须面临的问题，地基基础的强度、变形与耐久性都与地下水渗流密切相关。

因此，基础工程设计必须按照建筑物(构筑物)对基础功能的特殊要求，根据勘探、原位测试及实验室试验等工程地质、水文地质资料，运用土力学及工程结构的基本原理，分析地基与基础相互作用及二者的稳定性与变形规律，进行经济技术比较，设计出安全可靠、经济合理、技术先进和施工简便的基础工程方案和施工技术措施。

1.2 基础工程的重要性

基础工程的重要性主要体现在以下三个方面。

(1) 地基与基础是建筑物(构筑物)的根本，任何一座建筑物(构筑物)都必须有牢固扎实的地基和基础。因此，地基的勘察、基础工程设计与施工质量等直接影响建筑物(构筑物)的安全、经济和正常使用。

(2) 在我国的高层建筑总造价中，地基基础部分常占 1/4～1/3；如果地质条件复杂，地基基础部分造价更高；地基基础工程的工期往往占总工期的 1/3 以上；另外，地基基础工程设计的合理与否，可以在很大程度上影响其造价与工期。

(3) 地基基础工程又属于地下隐蔽工程，与上部结构比较，基础工程的不确定因素多、问题复杂、难度大；一旦发生事故，后果严重。

随着大型、重型、高层建筑和大跨径桥梁等建筑工程的日益增多，我国在基础工程设计与施工方面积累了不少成功的经验和工程典范，然而也有不少失败的教训。

1913 年建造的加拿大特朗斯康谷仓，由 5 排 65 个圆柱形钢筋混凝土筒仓组成，长 59.4m，宽 23.5m，高 31m；钢筋混凝土筏板基础埋置深度为 3.7m，厚度为 0.6m，自重达 20000kN。1913 年 10 月 17 日，当谷仓装填谷物 31822m^3 (基底压力 329kPa，远大于地基实际承载力 194～277kPa)时，谷仓急剧向西倾倒，西侧突然陷入土中 7.3m，东侧抬高 1.5m，整体倾斜 26° 53'，而钢筋混凝土筒仓完好无损，如图 1.2 所示。这是因地基超载发生强度破坏而整体滑动、丧失稳定性的典型例子。事后，在筒仓下增设 70 多个支承于基岩上的混凝土墩，使用 388 个 50t 的千斤顶将谷仓逐渐扶正，但标高比原来降低了 4m。图 1.3 为该谷仓 2010 年时的情况。

图 1.2　加拿大特朗斯康谷仓倾倒

图 1.3　2010 年的特朗斯康谷仓

世界著名的意大利比萨斜塔，1173 年动工，1178 年建到第 4 层时，因发现塔身明显倾斜而停工，1272 年复工，建到第 7 层时于 1278 年再次停工，1360 年再复工，1372 年完工，高约 55m，共 8 层。由于地基土层不均匀沉降，该塔建成时塔顶中心点就向南侧偏离垂直中心线 2.1m，以后倾斜不断加剧，最严重时达 5.2m。历史上经过几次整修纠偏，最近一次于 1990 年停止开放，经过十几年的拯救维修，使塔身倾斜由原来的 5.5° 减小到大约 4°，2001 年 12 月重新开放，如图 1.4 所示。这是地基不均匀沉降造成建筑物严重倾斜(但倾而不倒)的典型例子。

图 1.4　比萨斜塔

2009 年 6 月 27 日，上海闵行区一幢 13 层的在建住宅楼，在半分钟内整体向南迅速倒塌，而楼房结构基本完整，承台与折断的空心管桩露出在外，如图 1.5 所示。事故造成 1 名工人死亡。这栋楼房的工程地质勘察、结构设计等均符合当时国家及地区的相应规范要求，也未发生严重的自然地质灾害，这种情况下发生桩基础建筑整体倒塌事故是骇人听闻的。调查结果显示，该楼倾覆的主要原因是，楼房北侧在短期内堆土高达 10m，南侧正在开挖 4.6m 深的地下车库基坑，两侧压力差致使土体产生水平位移，过大的水平力超过了桩基的侧向承载能力，导致预应力高强度混凝土管桩折断，承台撅出，房屋倾倒。这是由于施工时相邻地面堆载与开挖不当、土体滑移造成桩基础楼房倒塌的典型例子。

图 1.5　上海一在建 13 层楼房整体倒塌

上海展览中心，原名“中苏友好大厦”“上海展览馆”“上海工业展览馆”等于 1954 年 5 月动工，1955 年 3 月竣工，主楼序馆 14 层，高 62.8m，其上为钢塔，塔顶上所托的红五角星离地面总标高为 114m，主楼采用埋置深度 7.27m 的箱形基础，两翼展馆采用条形基础。因基底下有厚达 14m 的高压缩性淤泥质软黏土，到 1954 年年底实测该楼的平均沉降量就达 0.61m。1957 年 6 月，中央大厅四周的沉降量最大为 1.47m，最小为 1.23m。到 1979 年，该楼的平均沉降量为 1.6m。由于基础严重下沉，大厅变成了半地下室，不仅使散水倒坡，而且建筑物内外断开，水、电、暖管道断裂，不得不整修处置。这是基础沉降过大影响建筑正常使用的典型例子。经过 2001 年的整修、加固，上海展览中心目前仍处于良好的运行状态。

大量事故充分表明，必须慎重对待基础工程。只有深入地了解地基情况，掌握勘察资料，经过精心设计与施工，才能保证基础工程经济合理、安全可靠。

1.3　基础工程学科发展概况

基础工程是人类在长期的生产实践中不断发展起来的一门应用科学。劳动人民在长期的工程实践中积累了丰富的基础工程经验。例如，我国古代修建的都江堰水利工程、举世闻名的万里长城，全国各地宏伟壮丽的宫殿、寺院、宝塔等，都有坚固的地基基础，经历地震强风考验，留存至今。公元 595—605 年隋朝修建的赵州桥(安济桥)是一座石拱桥，其建筑结构合理、造型美观、防洪能力强，1.56m 的石砌桥台坐落在天然粗砂土层上，历经 1410 年，桥台沉降很小，至今安然无恙。在浙江余姚河姆渡村新石器时代的文化遗址出土了大量木结构遗存，其中有木桩数百根，研究表明距今已约 7000 年。秦代公元前 221—公元 206 年修建的渭桥、隋朝郑州超化寺深入淤泥的塔基、五代杭州湾大海塘工程等，都使用了木桩作为基础。北宋公元 989 年建造开封开宝寺木塔时，因预见塔基土质不均可引起不均匀沉降，建造时故意使塔身倾斜，在地基沉降和长期风力的作用下，沉降稳定后塔身刚好直立。这些都充分体现了劳动人民的智慧和创造才能。

18 世纪欧洲工业革命推动了工业化发展，建筑工程、水利工程、道路和桥梁工程的建设规模不断扩大，促使人们重视基础工程的研究。土力学作为基础工程的基础学科也得到了人们的重视。1773 年法国库仑(Coulomb)创立了土的抗剪强度的库仑定律和土压力理论，1857 年英国朗肯(Rankine)应用土的极限平衡条件提出了挡土墙的土压力理论，1885 年法国布辛奈斯克(Boussinesq)求得了竖向集中力作用下弹性半空间的应力和变形的理论解，1922 年瑞典费伦纽斯(Fellenius)提出了土坡稳定圆弧分析法。这些古典理论和方法至今仍不失其理论和实用价值。1925 年太沙基(Terzaghi)出版了第一本《土物理学基础上的土力学》(Erdbaumechanik auf bodenphysikalischer Grundlage)著作，标志着土力学学科的形成。

土力学的发展促进了现代基础工程理论与技术的发展。新中国成立以来，大规模的社会主义建设事业促进了我国基础工程学科的迅速发展。我国在工业与民用建筑、道路、桥梁及水利工程中成功地处理了许多大型和复杂的基础工程，取得了辉煌成就。近年来大型水利工程的建设、城市化建设的推进、地下空间的开发利用、高速公路和铁路的发展、跨海大桥的建设，以及南水北调工程、西气东输工程等，都极大地推动了基础工程学科的发展，体现了我国在岩土力学与基础工程等各个领域理论与实践的 新成就。以三峡工程为代表的各大型水电站的建设，解决了高坝、大型复杂地下水电站的岩土地基基础问题，使我国的岩石力学及工程应用迈向世界先列。青藏铁路的建设，解决了冻土层上建筑与施工的各种特殊问题，使我国的冻土力学研究走在了世界前沿。天津站交通枢纽轨道换乘中心工程，地下整体 3 层，局部 4 层，开挖深度 25m(局部 32.5m)，地下连续墙深达 53m。上海中心大厦主楼区基础基坑挖深 31.1m，局部挖深达 33.1m，直径 121m 的圆形地下连续墙厚 1.2m，深 50m，后注浆大直径灌注桩桩端埋深约 86m。天津 117 大厦主塔楼地下 4 层，桩筏基础，筏板东西长 103m、南北宽 101m，底板厚 6.5m；941 根后注浆灌注桩桩径 1m、桩长 100m(有效桩长 76m)，基坑最大开挖深度为 26.65m，中坑采用“两墙合一”的地下连续墙加两道钢筋混凝土内支撑的支护形式，大厦整体基坑采用直径 188m 环形混凝土内支撑。在我国，与先进基础工程理论和技术相关的大型、重型工程难以尽述，我们相信，我国的现代化建设必将使基础工程学科获得新的活力和更大的发展。

1.4　基础工程学科的特点和学习要求

基础工程是土木工程专业的一门主干课程，属于专业基础课。本教材内容主要包括浅基础、桩基础、沉井基础、基坑工程、动力机器基础与地基基础抗震等，而地基勘察和地基处理两部分未列入，主要考虑很多学校已经将工程地质与勘察及地基处理作为独立的课程开设。

本课程要求学生有较广泛的先修课基础，如材料力学、土力学、工程地质与勘察、结构力学、钢筋混凝土结构等，特别是土力学，它是本课程的重要理论基础，必须对其先行学习并予以很好的掌握。

“基础工程”是一门实践性很强的课程，在学习本课程时，一定要紧密结合工程实际，根据地基勘察成果，灵活解决基础工程问题；有条件的可结合工程案例学习。“基础工程”又是设计性很强的课程，在学习和实践中，既要遵循本学科的基本原理，又要根据国家及行业相关规范进行设计与计算。另外，各地自然地质条件差异巨大，基础工程技术的地域性较强，因此在学习本课程时，可根据实际情况，选择合适的内容。

第2章　天然地基上浅基础设计的基本理论

2.1　地基基础设计基本原则

地基为受建筑物影响的那一部分地层，是支承基础的土体或岩体。地基分为天然地基和人工地基。不需人工处理就可以直接建造建(构)筑物的地基称为天然地基，需经过人工处理后才能作为建(构)筑物地基的称为人工地基。

基础为将结构所承受的各种作用传递到地基上的结构组成部分。基础具有下列功能：①通过扩大基础底面积或深基础将上部结构荷载传递给地基土，满足地基土的承载力要求；②根据地基土的变形特征及上部结构的特点，利用基础所具有的刚度，与上部结构共同调整地基的不均匀沉降，使上部结构不致产生过大的次生应力；③基础具有一定的抗滑和抗倾覆的作用，以抵抗水平荷载；④作为振动设备的基础，还具有减振的功能。

按埋置深度基础可分为浅基础与深基础。浅基础的埋置深度通常不大，一般只需采用普通基坑开挖、敞坑排水的施工方法建造，施工条件和工艺都比较简单，设计时基础侧面与土体之间的摩阻力忽略不计。深基础埋深较大，要采用特殊的施工方法和施工机具建造，施工条件和工艺比较复杂，设计时要考虑基础与土体之间的摩阻力作用。

根据不同地基类型采用不同基础形式，形成下列 4 种地基基础方案：①天然地基上的浅基础；②天然地基上的深基础；③人工地基上的浅基础；④人工地基上的深基础。一般地说，第①种方案施工方便、技术简单、造价低，应该优先选用。如果第①种方案不能满足工程要求，应该通过技术、经济比较，选择第②或第③种方案。只有在极特殊的情况下，才考虑采用第④种方案，即深基础加局部地基处理。

地基基础设计必须根据工程上部结构、工程地质与水文地质、施工、造价等各种条件，合理选择地基基础方案，因地制宜，精心设计，以确保建(构)筑物的安全和正常使用，做到安全适用、技术先进、经济合理、质量可靠、保护环境。

地基基础设计中必须严格执行国家与行业的相关规范。例如，《建筑地基基础设计规范》(GB 50007—2011)，《建筑结构荷载规范》(GB 50009—2012)，《建筑桩基技术规范》(JGJ 94—2008)，《公路桥涵地基与基础设计规范》(JTG D63—2007)等。

2.1.1 地基基础设计等级

建筑物的安全和正常使用，不仅取决于其上部结构的安全储备，更重要的是要求地基基础有一定的安全度。因为地基基础是隐蔽工程，所以不论地基或基础哪一方面出现问题或发生破坏，均很难修复，轻者影响使用，重者还会导致建筑物被破坏甚至酿成灾害。因此，地基基础设计在建(构)筑物设计中举足轻重。

根据地基复杂程度、建筑物规模和功能特征以及由于地基问题可能造成建筑物破坏或影响其正常使用的程度，将地基基础设计分为三个等级，如表 2.1 所示。

表 2.1　地基基础设计等级

设计等级	建筑和地基类型
甲　级	(1) 重要的工业与民用建筑； (2) 30 层以上的高层建筑； (3) 体型复杂，层数相差超过 10 层的高低层连成一体的建筑物； (4) 大面积的多层地下建筑物(如地下车库、商场、运动场等)； (5) 对地基变形有特殊要求的建筑物； (6) 复杂地质条件下的坡上建筑物(包括高边坡)； (7) 对原有工程影响较大的新建建筑物； (8) 场地和施工条件复杂的一般建筑物； (9) 位于复杂地质条件及软土地区的二层及二层以上地下室的基坑工程； (10) 开挖深度大于 15m 的基坑工程； (11) 周边环境条件复杂、环境保护要求高的基坑工程
乙　级	(1) 除甲、丙级以外的工业与民用建筑物； (2) 除甲、丙级以外的基坑工程
丙　级	(1) 场地和地质条件简单、荷载分布均匀的七层及七层以下民用建筑及一般工业建筑物；次要的轻型建筑物； (2) 非软土地区且场地地质条件简单、基坑周边环境条件简单、环境保护要求不高且开挖深度小于 5.0m 的基坑工程

2.1.2 地基基础设计要求

根据建筑物地基基础设计等级及长期荷载作用下地基变形对上部结构的影响程度，地基基础设计应符合下列规定：

(1) 所有建筑物的地基计算均应满足承载力计算的有关规定。

(2) 设计等级为甲级、乙级的建筑物，均应按地基变形设计。

(3) 设计等级为丙级的建筑物有下列情况之一时，应作变形验算。

① 地基承载力特征值小于 130kPa，且体型复杂的建筑。

② 在基础上及其附近有地面堆载或相邻基础荷载差异较大，可能引起地基产生过大的

不均匀沉降时。

③ 软弱地基上的建筑物存在偏心荷载时。

④ 相邻建筑距离近，可能发生倾斜时。

⑤ 地基内有厚度较大或厚薄不均的填土，其自重固结未完成时。

(4) 对经常受水平荷载作用的高层建筑、高耸结构和挡土墙等，以及建造在斜坡上或边坡附近的建(构)筑物，尚应验算其稳定性。

(5) 基坑工程应进行稳定性验算。

(6) 建筑地下室或地下构筑物存在上浮问题时，尚应进行抗浮验算。

表 2.2 所列范围内设计等级为丙级的建筑物，可不作变形验算。

表 2.2　可不作地基变形验算、设计等级为丙级的建筑物范围

<table>
<tr><td rowspan="2">地基主要受力层情况</td><td colspan="3">地基承载力特征值 f_{ak}/kPa</td><td>80≤f_{ak}<100</td><td>100≤f_{ak}<130</td><td>130≤f_{ak}<160</td><td>160≤f_{ak}<200</td><td>200≤f_{ak}<300</td></tr>
<tr><td colspan="3">各土层坡度/%</td><td>≤5</td><td>≤10</td><td>≤10</td><td>≤10</td><td>≤10</td></tr>
<tr><td rowspan="8">建筑类型</td><td colspan="3">砌体承重结构、框架结构(层数)</td><td>≤5</td><td>≤5</td><td>≤6</td><td>≤6</td><td>≤7</td></tr>
<tr><td rowspan="4">单层排架结构(6m柱距)</td><td rowspan="2">单跨</td><td>吊车额定起重量/t</td><td>10～15</td><td>15～20</td><td>20～30</td><td>30～50</td><td>50～100</td></tr>
<tr><td>厂房跨度/m</td><td>≤18</td><td>≤24</td><td>≤30</td><td>≤30</td><td>≤30</td></tr>
<tr><td rowspan="2">多跨</td><td>吊车额定起重量/t</td><td>5～10</td><td>10～15</td><td>15～20</td><td>20～30</td><td>30～75</td></tr>
<tr><td>厂房跨度/m</td><td>≤18</td><td>≤24</td><td>≤30</td><td>≤30</td><td>≤30</td></tr>
<tr><td colspan="2">烟囱</td><td>高度/m</td><td>≤40</td><td>≤50</td><td colspan="2">≤75</td><td>≤100</td></tr>
<tr><td colspan="2" rowspan="2">水塔</td><td>高度/m</td><td>≤20</td><td>≤30</td><td colspan="2">≤30</td><td>≤30</td></tr>
<tr><td>容积/m^3</td><td>50～100</td><td>100～200</td><td>200～300</td><td>300～500</td><td>500～1000</td></tr>
</table>

注：① 地基主要受力层系指条形基础底面下深度为3*b*(*b*为基础底面宽度)，独立基础下深度为1.5*b*，且厚度均不小于5m的范围(二层以下一般的民用建筑除外)。

② 地基主要受力层中如有承载力特征值小于130kPa的土层时，表中砌体承重结构的设计应符合规范的有关要求。

③ 表中砌体承重结构和框架结构均指民用建筑，对于工业建筑，可按厂房高度、荷载情况折合成与其相当的民用建筑层数。

④ 表中吊车额定起重量、烟囱高度和水塔容积的数值系指最大值。

2.1.3　作用效应组合与抗力取值

在进行地基基础设计时，应根据建筑使用过程中可能同时出现的荷载或作用，按设计要求和使用要求，取各自最不利状态分别进行作用效应组合，其中所采用的作用效应与相应的抗力限值应符合下列规定。

(1) 按地基承载力确定基础底面积及埋深或按单桩承载力确定桩数时，传至基础或承台底面上的作用效应应按正常使用极限状态下作用的标准组合，相应的抗力应采用地基承载力特征值或单桩承载力特征值。

(2) 计算地基变形时，传至基础底面上的作用效应应按正常使用极限状态下作用的准永久组合，不应计入风荷载和地震作用；相应的限值应为地基变形允许值。

(3) 计算挡土墙土压力、地基或滑坡稳定以及基础抗浮稳定时，作用效应应按承载能力极限状态下作用的基本组合，但其分项系数均为1.0。

(4) 在确定基础或桩承台高度、支挡结构截面，计算基础或支挡结构内力，确定配筋和验算材料强度时，上部结构传来的作用效应和相应的基底反力、挡土墙土压力以及滑坡推力应按承载能力极限状态下作用的基本组合，采用相应的分项系数；当需要验算基础裂缝宽度时，应按正常使用极限状态下作用的标准组合。

(5) 基础设计安全等级、结构设计使用年限、结构重要性系数应按有关规范的规定采用，但结构重要性系数 γ_0 不应小于1.0。

正常使用极限状态下，标准组合的效应设计值为

$$S_k = S_{Gk} + S_{Q1k} + \psi_{c2} S_{Q2k} + \cdots + \psi_{cn} S_{Qnk} \tag{2.1}$$

准永久组合的效应值为

$$S_k = S_{Gk} + \psi_{q1} S_{Q1k} + \psi_{q2} S_{Q2k} + \cdots + \psi_{qn} S_{Qnk} \tag{2.2}$$

承载能力极限状态下，由可变作用控制的基本组合的效应设计值为

$$S_d = \gamma_G S_{GK} + \gamma_{Q1} S_{Q1k} + \gamma_{Q2} \psi_{c2} S_{Q2k} + \cdots + \gamma_{Qn} \psi_{Qn} S_{Qnk} \tag{2.3}$$

式中：S_{Gk}——按永久作用标准值 G_k(基础自重和基础上的土重)计算的效应；

S_{Qik}——第 i 个可变作用标准值 Q_{ik} 的效应；

ψ_{ci}——第 i 个可变作用 Q_i 的组合值系数，按GB 50009《建筑结构荷载规范》取值，一般取0.5～0.9；

ψ_{qi}——第 i 个可变作用的准永久值系数，按GB 50009《建筑结构荷载规范》取值，一般取0.3～0.8；

γ_G——永久作用的分项系数，按GB 50009《建筑结构荷载规范》取值，一般取1.2；

γ_{Qi}——第 i 个可变作用的分项系数，按GB 50009《建筑结构荷载规范》取值，一般取1.4。

对于永久作用控制的基本组合，也可采用简化规则，其效应设计值 S_d 可按式(2.4)确定：

$$S_d = 1.35 S_k \tag{2.4}$$

式中：S_k——标准组合的作用效应设计值。

2.1.4 地基基础设计步骤

(1) 选择地基基础方案，确定基础类型(包括材料和平面布置方式)。

(2) 选择地基持力层，确定基础埋置深度。

(3) 确定持力层的承载力。

(4) 根据持力层承载力计算基础底面尺寸。

(5) 根据需要进行稳定性和变形验算。

(6) 进行基础结构的设计。

(7) 绘制基础施工图，提出施工说明。

2.2　浅基础的类型

基础类型较多，可以按埋深、受力特征、材料、构造等因素进行划分。常用的基础类型如表 2.3 所示。

表 2.3　基础分类及定义

<table>
<tr><th>分类依据</th><th colspan="2">名　称</th><th>定　义</th></tr>
<tr><td rowspan="2">基础埋深</td><td colspan="2">浅基础</td><td>只需经过挖槽、排水等普通施工程序就可以建造的一般埋置深度小于基底宽度的基础</td></tr>
<tr><td colspan="2">深基础</td><td>采用桩、沉井等特殊施工方法建造的一般深度大于基底宽度的基础</td></tr>
<tr><td rowspan="2">受力及材料性能</td><td colspan="2">无筋扩展基础
(刚性基础)</td><td>由砖、毛石、混凝土或毛石混凝土、灰土和三合土等材料组成的，且不需配置钢筋的墙下条形基础或柱下独立基础</td></tr>
<tr><td colspan="2">扩展基础
(柔性基础)</td><td>将上部结构传来的荷载通过向侧边扩展成一定底面积，使作用在基底的压应力等于或小于地基土的允许承载力，而基础内部的应力应同时满足材料本身的强度要求，这种起到压力扩散作用的基础称为扩展基础</td></tr>
<tr><td rowspan="6">基础材料</td><td colspan="2">砖基础</td><td>用砖砌筑的刚性基础</td></tr>
<tr><td colspan="2">三合土基础</td><td>用三合土建造的刚性基础</td></tr>
<tr><td colspan="2">灰土基础</td><td>用灰土建造的刚性基础</td></tr>
<tr><td colspan="2">毛石基础</td><td>用强度较高且未风化的毛石砌筑的刚性基础</td></tr>
<tr><td colspan="2">混凝土或毛石混凝土基础</td><td>用混凝土或毛石混凝土砌筑的刚性基础</td></tr>
<tr><td colspan="2">钢筋混凝土基础</td><td>用钢筋混凝土砌筑的基础</td></tr>
<tr><td rowspan="7">基础构造</td><td colspan="2">独立基础</td><td>柱下、塔下、筒式结构物下的单个基础</td></tr>
<tr><td rowspan="3">条形基础</td><td>墙下条形基础</td><td>墙下的长条形基础</td></tr>
<tr><td>柱下条形基础</td><td>为减小基底压力而将柱下独立基础联成一体的条形基础</td></tr>
<tr><td>交叉梁基础</td><td>为减小基底压力而将柱下独立基础联成网格状的基础</td></tr>
<tr><td rowspan="2">筏板基础</td><td>墙下筏板基础</td><td rowspan="2">大面积整体钢筋混凝土板式基础或梁板式基础</td></tr>
<tr><td>柱下筏板基础</td></tr>
<tr><td colspan="2">箱形基础</td><td>由钢筋混凝土顶板、底板、侧墙、内隔墙结构组成，具有一定高度的整体性基础，属于补偿性基础</td></tr>
<tr><td>其他</td><td colspan="2">补偿性基础</td><td>建在地面以下足够深度，挖除的基坑土重可以明显减少由结构物引起的基底压力，从而减少建筑物沉降的基础</td></tr>
</table>

浅基础根据基础构造可以分为独立基础、条形基础、交叉梁基础、筏板基础、箱形基

础、壳体基础等。按照基础受力及材料性能又可分为无筋扩展基础(刚性基础)和扩展基础(柔性基础)。

2.2.1 无筋扩展基础

无筋扩展基础为由砖、毛石、混凝土或毛石混凝土、灰土和三合土等材料组成的，且不需配置钢筋的墙下条形基础或柱下独立基础。无筋扩展基础适用于多层民用建筑和轻型厂房。因为无筋扩展基础是由抗压性能较好，而抗拉、抗剪性能较差的材料建造，需具有非常大的截面抗弯刚度，受荷后基础不允许挠曲变形和开裂，所以过去习惯称其为“刚性基础”。设计无筋扩展基础时，必须规定基础材料强度及质量、限制台阶宽高比、控制建筑物层高和一定的地基承载力，一般无须进行繁杂的内力分析和截面强度计算。

砖基础是工程中最常见的一种无筋扩展基础，其各部分的尺寸应符合砖的尺寸模数。砖基础一般做成台阶式，俗称“大放脚”。其砌筑方式有两种：①“二皮一收”，如图 2.1(a)所示；②“二一间隔收”，但须保证底层为两皮砖，即 120 mm 高，如图 2.1(b)所示。上述两种砌法都能满足台阶宽高比要求。“二一间隔收”较节省材料，同时又恰好能满足台阶宽高比要求。关于无筋扩展基础的宽高比要求详见第 3 章。

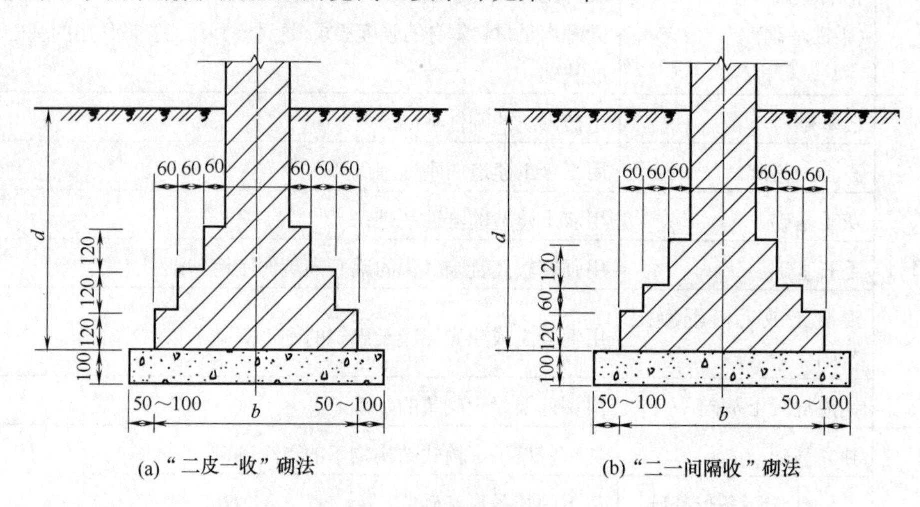

(a)“二皮一收”砌法

(b)“二一间隔收”砌法

图 2.1 砖基础剖面

三合土基础和灰土基础构造如图 2.2 所示。三合土基础是用石灰、砂、骨料(矿渣、碎砖或碎石)三合一材料加适量的水分充分搅拌均匀后，铺在基槽内分层夯实而成。三合土基础常用于地下水位较低的四层及四层以下的民用建筑工程中。灰土基础由熟化后的石灰和黏性土按比例拌和并夯实而成。施工时每层虚铺灰土 220～250mm，夯实至 150mm，称为“一步灰土”。根据需要可设计成二步灰土或三步灰土。

混凝土和毛石混凝土基础的强度、耐久性与抗冻性都优于砖基础和灰土基础。当荷载较大或地下水位较高时，可考虑选用混凝土基础(图 2.3)。在混凝土基础中掺入 20%～30%(体积比)的毛石，以节约水泥用量，称为毛石混凝土基础。

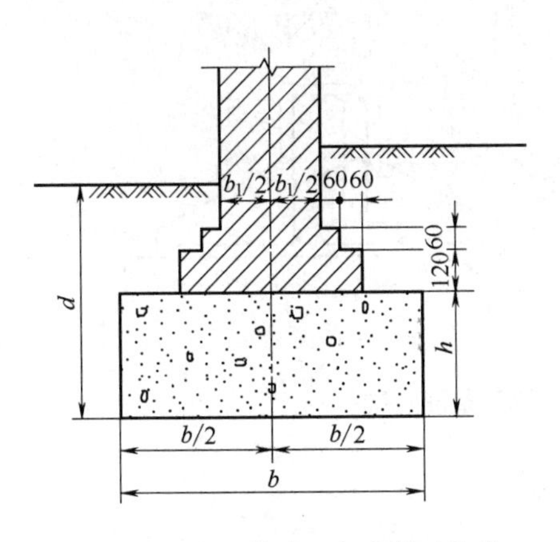

图 2.2　三合土基础和灰土基础构造

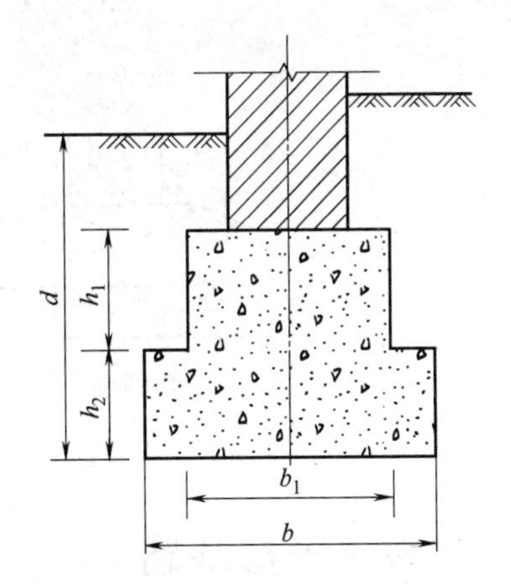

图 2.3　混凝土基础构造

2.2.2　扩展基础

为扩散建筑上部结构传来的荷载，使作用在基底的压应力满足地基承载力的设计要求，且基础内部的应力满足材料强度的设计要求，通过向侧边扩展一定底面积的基础，称为扩展基础。

扩展基础系指柱下钢筋混凝土独立基础和墙下钢筋混凝土条形基础。

扩展基础具有压力扩散作用，具有较好的抗拉、抗剪和抗弯能力，因此又称为“柔性基础”。扩展基础的高度不受台阶宽高比的限制，其高度比无筋扩展基础小，适于需要“宽基浅埋”的情况。

钢筋混凝土柱下独立基础可以是现浇阶梯形基础[图 2.4(a)]、现浇锥形基础[图 2.4(b)]，也可以是预制基础，又称为杯口基础[图 2.4(c)]。

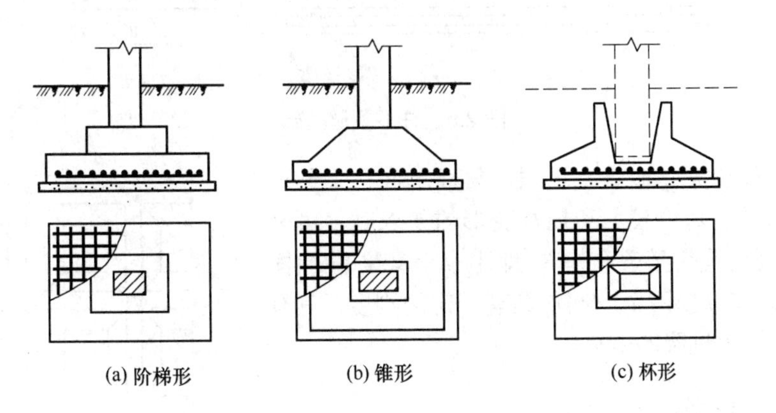

图 2.4　钢筋混凝土柱下独立基础

墙下扩展基础一般做成无肋的钢筋混凝土条形板，如图 2.5(a)所示。为增强基础的抗弯能力，可采用有肋梁的钢筋混凝土条形基础，如图 2.5(b)所示。

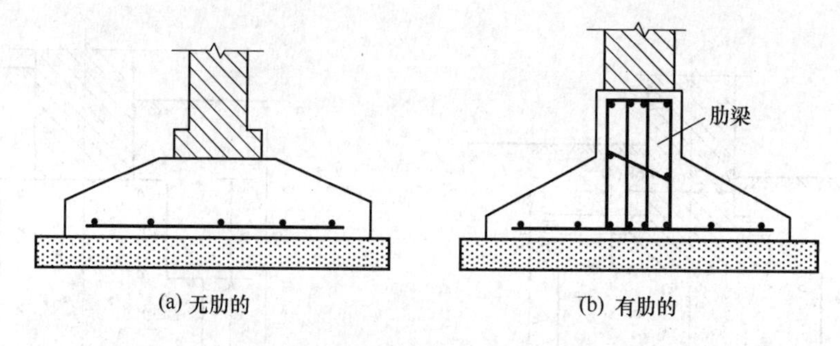

图 2.5 钢筋混凝土墙下条形基础

2.2.3 柱下条形基础

在钢筋混凝土框架结构中，当地基软弱而荷载较大时，若采用扩展基础，可能因基础底面积很大而使基础边缘互相接近甚至重叠。为增加基础的整体性并方便施工，可将同一排的柱下独立基础联通成为柱下钢筋混凝土条形基础(图 2.6)。若仅是相邻柱相连，又称为联合基础。

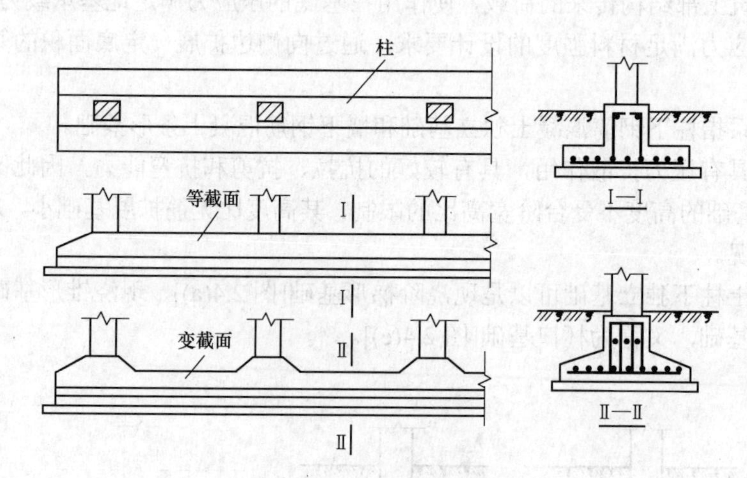

图 2.6 柱下条形基础

当上部荷载较大、地基土较弱，只靠单向柱下条形基础已不能满足地基承载力和地基变形的要求时，可采用沿纵、横柱列设置交叉条形基础，即十字交叉梁基础(图 2.7)。这种基础在纵横两个方向均具有一定的刚度，具有良好的调整不均匀沉降的能力。

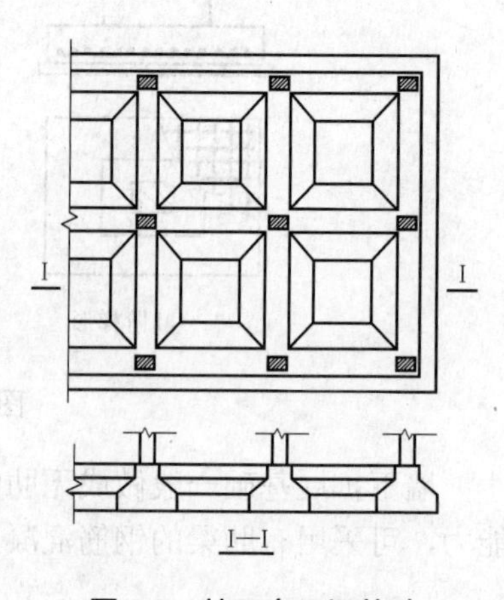

图 2.7 柱下交叉梁基础

2.2.4 筏形和箱形基础

筏形基础(也称筏板基础)是柱下或墙下连续平板式或梁板式钢筋混凝土基础。当荷载很大且地基软弱，采用交叉梁基础仍不能满足要求时，可采用筏形基础。筏形基础基底面积大，可减小基底压力，增强基础整体性。

筏形基础在构造上好像倒置的钢筋混凝土楼盖，可分为平板式和梁板式两种，如图 2.8 所示。

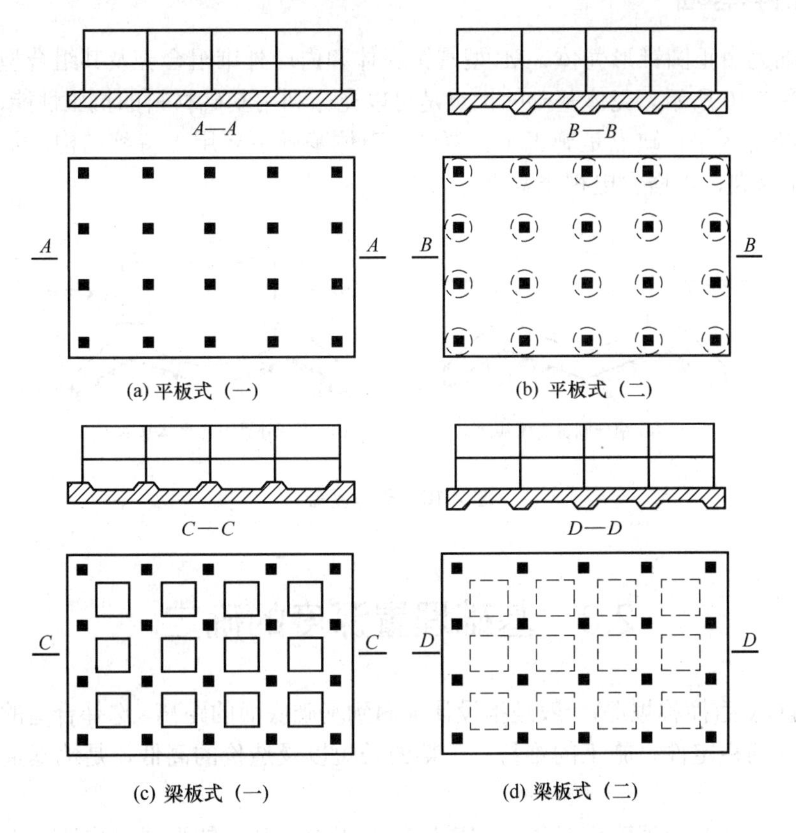

图 2.8　筏形基础

箱形基础是指为增大基础刚度，或者要求建造地下室，可将基础做成由钢筋混凝土顶板、底板、侧墙、内隔墙结构组成，具有一定高度的整体性基础(图 2.9)，属于补偿性基础。利用卸除大量地基土的自重应力以抵消建筑物的荷载的基础称为补偿性基础。

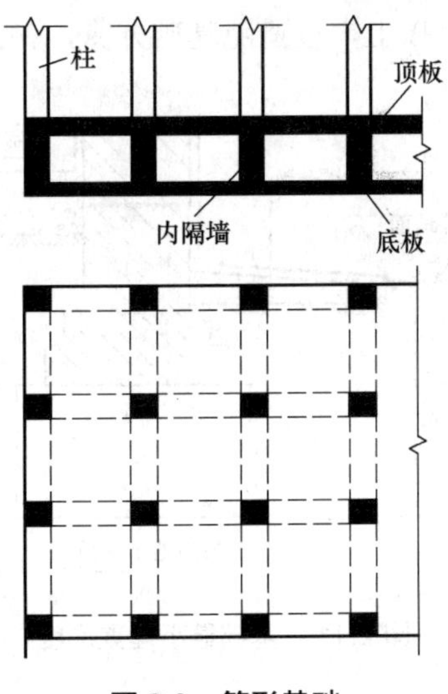

图 2.9　箱形基础

2.2.5 壳体基础

壳体基础为由正圆锥形壳体、M 型圆锥壳体和内球外锥组合壳及其组合型式构成的薄壳结构，如图 2.10 所示。壳体基础的优点是可以充分利用基础材料的抗压性能，节省材料，具有良好的经济效果；缺点是施工工艺复杂。壳体基础主要用于特种结构，尤其是高耸建(构)筑物，如烟囱、水塔、电视塔等。

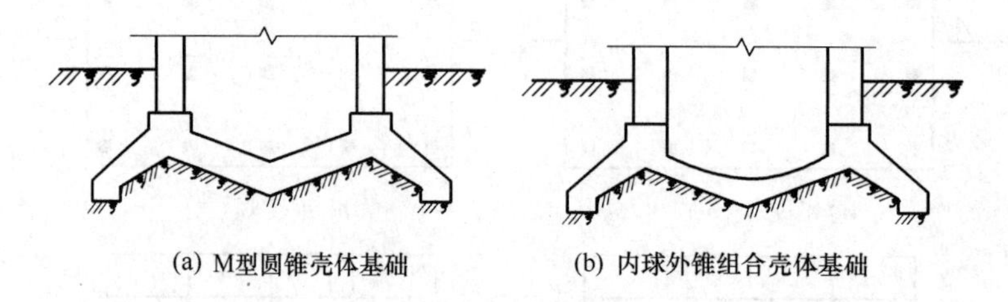

(a) M型圆锥壳体基础
(b) 内球外锥组合壳体基础

图 2.10 壳体基础

2.3 基础埋置深度的确定

基础埋置深度(简称埋深)一般是指设计地面到基础底面的距离。选择合适的基础埋置深度关系到地基的稳定性、施工的难易、工期的长短以及造价的高低，是地基基础设计中的重要环节。

基础埋置深度的合理确定必须考虑建筑物的用途、基础的型式和构造、作用在地基上的荷载大小和性质、工程地质和水文地质条件、相邻建筑物的基础埋深、地基土冻胀和融陷等因素的影响，综合加以确定。确定浅基础埋深的基本原则是：在满足地基稳定和变形要求及有关条件的前提下，基础应尽量浅埋。考虑到地表一定深度内，由于气温变化、雨水侵蚀、动植物生长及人为活动的影响，除岩石地基外，基础的最小埋置深度不宜小于 0.5m，基础顶面应低于设计地面 0.1m 以上，以避免基础外露，如图 2.11 所示。

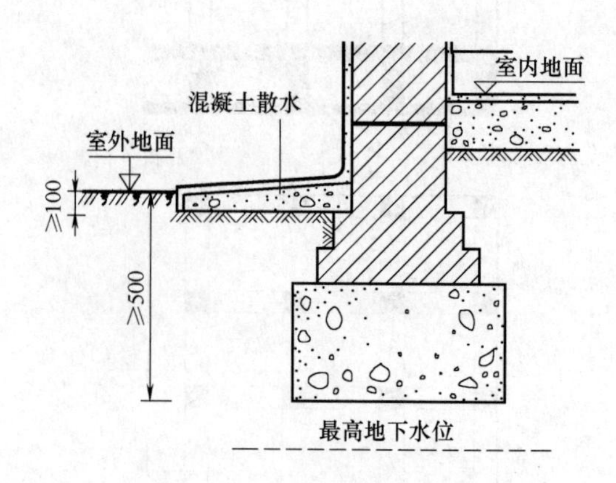

图 2.11 基础最小埋置深度

2.3.1　建筑物的用途，有无地下室、设备基础和地下设施，基础的型式和构造

基础的埋置深度首先取决于建筑物的用途、有无地下室、设备基础和地下设施等。对于必须设置地下室或设备层的建筑物、半埋式结构物、须建造带封闭侧墙的筏板基础或箱形基础的高层或重型建筑、带有地下设施的建筑物、具有地下部分的设备基础等，确定基础埋置深度需综合考虑建筑结构条件。

《建筑地基基础设计规范》(GB 50007—2011)要求，在抗震设防区，除岩石地基外，天然地基上的箱形和筏形基础的埋置深度不宜小于建筑物高度的 1/15；桩箱或桩筏基础的埋置深度(不计桩长)不宜小于建筑物高度的 1/18。

2.3.2　作用在地基上的荷载大小和性质

基础埋深应满足地基承载力、变形和稳定性要求。位于岩石地基上的高层建筑，其基础埋深应满足抗滑稳定性要求。

高层建筑荷载大，尤其是位于抗震设防区时，基础埋深应足够大。地基稳定性可采用圆弧滑动面法进行验算。最危险的滑动面上诸力对滑动中心所产生的抗滑力矩与滑动力矩应符合式(2.5)要求：

$$M_R / M_s \geqslant 1.2 \tag{2.5}$$

式中：M_R——抗滑力矩；

M_s——滑动力矩。

对于抵抗上拔力的建筑物及构筑物(如输电塔)基础，也要求有较大的埋深，以满足抗拔要求。

2.3.3　工程地质和水文地质条件

为了保护建筑物的安全，必须根据荷载的大小、性质与工程地质和水文地质条件选择可靠的持力层。在满足地基稳定和变形要求的前提下，当上层土的承载力大于下层土时，宜利用上层土作持力层，采用浅埋基础可降低造价。若持力层下有软弱土层时，则应验算软弱下卧层的承载力是否满足，并尽可能增大基底至软弱下卧层的距离。

当上层土的承载力低于下层土时，如果取下层土作为持力层，所需的基础底面积较小，但埋深较大；若取上层土作为持力层，则基础埋深较浅，但底面积较大。必要时，还可以考虑人工地基上浅基础的方案，即对软弱地基处理后再浅埋基础。在工程应用中，这种情况下的基础埋深应根据承载力、变形和稳定性要求、施工难易程度、材料用量、造价等进行方案比较后确定。

对于墙基础，如果地基持力层顶面倾斜，可沿墙长将基础底面分段做成高低不同的台阶状。分段长度不宜小于相邻两段面高差的 1～2 倍，且不宜小于 1 m。

位于稳定土坡坡顶上的建筑，当垂直于坡顶边缘线的基础底面边长小于或等于 3m 时，其基础底面外边缘线至坡顶的水平距离应符合式(2.6)要求，但不得小于 2.5m(图 2.12)。

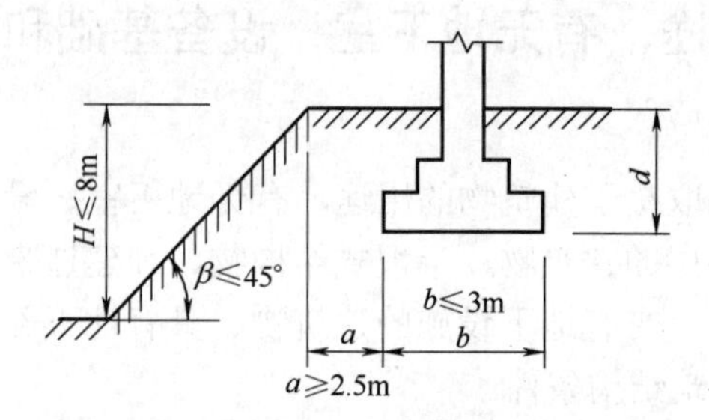

图 2.12　土坡坡顶处基础的最小埋深

条形基础

$$a \geqslant 3.5b - \frac{d}{\tan\beta} \tag{2.6a}$$

矩形基础

$$a \geqslant 2.5b - \frac{d}{\tan\beta} \tag{2.6b}$$

式中：a——基础底面外边缘线至坡顶的水平距离；

b——垂直于坡顶边缘线的基础底面边长；

d——基础埋置深度；

β——边坡坡角。

当基础底面外边缘线至坡顶的水平距离不满足式(2.6)的要求时，可根据式(2.6)确定基础至坡顶边缘的距离及埋深。

当边坡坡角大于 45°、坡高大于 8m 时，尚应按式(2.5)验算坡体稳定性。

基础宜埋置在地下水位以上；当必须埋在地下水位以下时，应当考虑采取保护地基土不受扰动的措施，如基坑排水，坑壁围护，在易风化、易受扰动岩土层中及时铺筑垫层等；还要考虑可能出现的其他与地下水有关的设计与施工问题，如出现管涌、流土的可能性，地下水对基础材料的化学腐蚀作用，地下室防渗，地下水的浮力作用及其对基础底板内力的影响等。

建筑物基础受浮力作用，或者持力层下埋藏有承压含水层时，确定基础埋深必须控制基坑开挖深度，满足抗浮稳定性要求，防止坑底突涌。《规范》要求，建筑物自重及压重之和与浮力作用值之应大于等于抗浮稳定安全系数，即满足式(2.7)的要求。

$$\frac{G_k}{N_{wk}} \geqslant K_w \tag{2.7}$$

式中：G_k——建筑物自重及压重之和；

N_{wk}——浮力作用值；

K_w——抗浮稳定安全系数，一般可取 1.05。

在施工阶段，工程上一般根据承压含水层顶面处土的自重应力与水压力平衡的原则按式(2.8)确定基底至承压含水层顶面间保留土层厚度(槽底安全厚度)h_0(图 2.13)。

$$h_0 > K_w \cdot \frac{\gamma_w h}{\gamma_0} \tag{2.8}$$

式中：h——承压水位高度(m，从承压含水层顶板算起)；

γ_0——槽底安全厚度范围内土的加权平均重度(kN/m^3)，地下水位以下取饱和重度；

γ_w——水的重度(kN/m^3)。

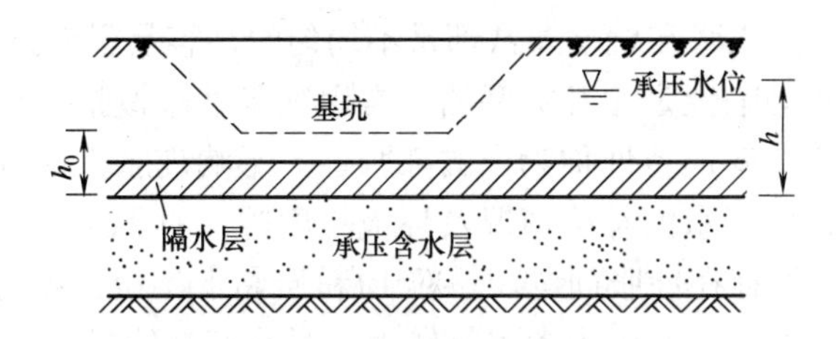

图 2.13　基坑下有承压水层时的基础埋深

对于桥梁基础，应考虑冲刷作用，其最小埋深应满足表 2.4 的要求。

表 2.4　桥梁受冲刷时基底最小埋深

桥梁类型	最大冲刷深度/m					
	0	<3	≥3	≥8	≥15	≥20
一般桥梁	1.0	1.5	2.0	2.5	3.0	3.5
技术复杂，修复困难的特大桥及其他重要大桥	1.5	2.0	2.5	3.0	3.5	4.0

2.3.4　相邻建筑物的基础埋深

当存在相邻建筑物时，新建建筑物的基础埋深不宜大于原有建筑基础。当埋深大于原有建筑基础时，两基础间应保持一定净距(图 2.14)，其数值应根据新旧建筑物荷载大小、地基承载力、基础结构形式及地基土性质情况确定。

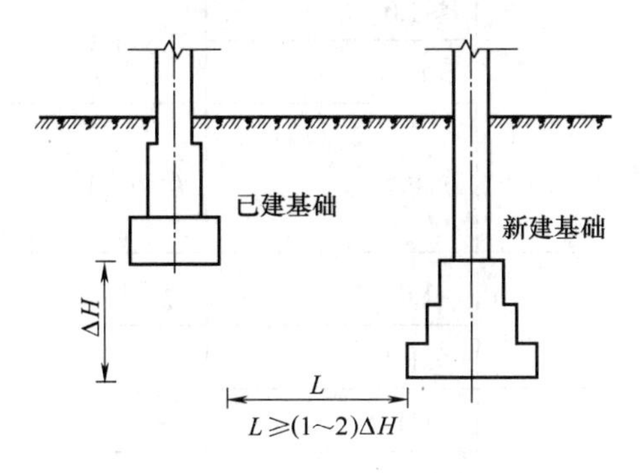

图 2.14　相邻基础的埋置深度

当上述要求不能满足时，应采取分段施工、设临时加固支撑、打板桩、地下连续墙等施工措施，或加固原有建筑物地基。

2.3.5 地基土冻胀和融陷的影响

地壳表层在冬季冻结而在夏季又全部融化的土称为季节性冻土。季节性冻土的冻结和融化每年交替一次。在冻结过程中，土中未冻结区的水分向冻结区迁移和聚集，使土体产生体积膨胀，基础上抬。冻土融化后体积减小，土体因为含水量增加而软化，强度降低，地基产生融陷。地基土的冻胀和融陷通常都是不均匀的，容易引起建(构)筑物开裂破坏。

地基土的冻胀性和融陷性是相互关联的，常用冻胀性来概括。土由于冻结膨胀及融化陷落给建筑物带来危害的变形特性称为土的冻胀性。影响冻胀性的因素主要有土的粒径大小、土的含水量多少、地下水的补给情况及环境温度等。对于结合水含量极少的粗粒土，因不会发生水分迁移，不存在冻胀问题。粉粒土(粉质黏土、粉土和粉砂)结合水含量较大，且具有一定的透水性，如果这种土中含水量较大，又具有补给条件(地下水位高，毛细作用强)，可以产生水分的迁移，冻胀性就强。对于很细的黏粒土(黏土)，尽管结合水含量很高，但透水性很小，不能产生水分迁移，也就不能产生冻胀。对于同一种土，环境温度的变化速度对其冻胀性影响也较大，气温缓慢下降时冻胀严重，气温骤降时则冻胀不明显。

《建筑地基基础设计规范》(GB 50007—2011)根据地基土的种类、冻前天然含水量 w、冻结期间地下水位距冻结面的最小距离 h_w 和平均冻胀率 η 将地基土划分为不冻胀、弱冻胀、冻胀、强冻胀和特强冻胀 5 类，见表 2.5。

表 2.5 地基土的冻胀性分类

<table>
<tr><th>土的名称</th><th>冻前天然含水量 w / %</th><th>冻结期间地下水位距冻结面的最小距离 h_w /m</th><th>平均冻胀率 η /%</th><th>冻胀等级</th><th>冻胀类别</th></tr>
<tr><td rowspan="6">碎(卵)石，砾砂，粗、中砂(粒径小于0.075mm 的颗粒含量大于 15%)，细砂(粒径小于0.075mm 的颗粒含量大于 10%)</td><td rowspan="2">$w\leqslant 12$</td><td>>1.0</td><td>$\eta\leqslant 1$</td><td>Ⅰ</td><td>不冻胀</td></tr>
<tr><td>≤1.0</td><td rowspan="2">$1<\eta\leqslant 3.5$</td><td rowspan="2">Ⅱ</td><td rowspan="2">弱冻胀</td></tr>
<tr><td rowspan="2">$12<w\leqslant 18$</td><td>>1.0</td></tr>
<tr><td>≤1.0</td><td rowspan="2">$3.5<\eta\leqslant 6$</td><td rowspan="2">Ⅲ</td><td rowspan="2">冻胀</td></tr>
<tr><td rowspan="2">$w>18$</td><td>>0.5</td></tr>
<tr><td>≤0.5</td><td>$6<\eta\leqslant 12$</td><td>Ⅳ</td><td>强冻胀</td></tr>
<tr><td rowspan="7">粉砂</td><td rowspan="2">$w\leqslant 14$</td><td>>1.0</td><td>$\eta\leqslant 1$</td><td>Ⅰ</td><td>不冻胀</td></tr>
<tr><td>≤1.0</td><td rowspan="2">$1<\eta\leqslant 3.5$</td><td rowspan="2">Ⅱ</td><td rowspan="2">弱冻胀</td></tr>
<tr><td rowspan="2">$14<w\leqslant 19$</td><td>>1.0</td></tr>
<tr><td>≤1.0</td><td rowspan="2">$3.5<\eta\leqslant 6$</td><td rowspan="2">Ⅲ</td><td rowspan="2">冻胀</td></tr>
<tr><td rowspan="2">$19<w\leqslant 23$</td><td>>1.0</td></tr>
<tr><td>≤1.0</td><td>$6<\eta\leqslant 12$</td><td>Ⅳ</td><td>强冻胀</td></tr>
<tr><td>$w>23$</td><td>不考虑</td><td>$\eta>12$</td><td>Ⅴ</td><td>特强冻胀</td></tr>
</table>

续表

土的名称	冻前天然含水量 w / %	冻结期间地下水位距冻结面的最小距离 h_w /m	平均冻胀率 η /%	冻胀等级	冻胀类别
粉土	$w \leqslant 19$	>1.5	$\eta \leqslant 1$	Ⅰ	不冻胀
		≤1.5	$1<\eta \leqslant 3.5$	Ⅱ	弱冻胀
	$19<w \leqslant 22$	>1.5			
		≤1.5	$3.5<\eta \leqslant 6$	Ⅲ	冻胀
	$22<w \leqslant 26$	>1.5			
		≤1.5	$6<\eta \leqslant 12$	Ⅳ	强冻胀
	$26<w \leqslant 30$	>1.5			
		≤1.5	$\eta>12$	Ⅴ	特强冻胀
	$w>30$	不考虑			
黏性土	$w \leqslant w_p+2$	>2.0	$\eta \leqslant 1$	Ⅰ	不冻胀
		≤2.0	$1<\eta \leqslant 3.5$	Ⅱ	弱冻胀
	$w_p+2<w \leqslant w_p+5$	>2.0			
		≤2.0	$3.5<\eta \leqslant 6$	Ⅲ	冻胀
	$w_p+5<w \leqslant w_p+9$	>2.0			
		≤2.0	$6<\eta \leqslant 12$	Ⅳ	强冻胀
	$w_p+9<w \leqslant w_p+15$	>2.0			
		≤2.0	$\eta>12$	Ⅴ	特强冻胀
	$w>w_p+15$	不考虑			

注：① w_p 为塑限含水量(%)；w 为土在冻土层内冻前天然含水量的平均值(%)。
② 盐渍化冻土不在表列。
③ 塑性指数大于 22 时，冻胀性降低一级。
④ 粒径小于 0.005mm 的颗粒含量大于 60%时，为不冻胀土。
⑤ 碎石类土当充填物其质量大于全部质量的 40%时，其冻胀性按充填物土的类别判断。
⑥ 碎石土、砾砂、粗砂、中砂(粒径小于 0.075mm 的颗粒含量不大于 15%)、细砂(粒径小于 0.075mm 的颗粒含量不大于 10%)均按不冻胀考虑。

季节性冻土地基的场地冻结深度 z_d 按式(12.9)计算：

$$z_d = z_0 \cdot \psi_{zs} \cdot \psi_{zw} \cdot \psi_{ze} \tag{2.9}$$

式中：z_d ——场地冻结深度，当有实测资料时，按 $z_d = h' - \Delta z$ 计算，h'为最大冻深出现时场地最大冻土层厚度；Δz 为最大冻深出现时场地地表冻胀量；

z_0 ——标准冻结深度，系采用在地下水位与冻结锋面的距离大于 2m、不冻胀黏性土、地表平坦裸露、城市之外的空旷场地中不少于 10 年实测最大冻深的平均值，当无实测资料时按《建筑地基基础设计规范》(GB 50007—2011)采用；

ψ_{zs}——土的类别对冻深的影响系数，按表 2.6 取值；

ψ_{zw}——土的冻胀性对冻深的影响系数，按表 2.7 取值；

ψ_{ze}——环境对冻深的影响系数，按表 2.8 取值。

表 2.6　土的类别对冻深的影响系数ψ_{zs}

土的类别	黏性土	细砂、粉砂、粉土	中、粗、砾砂	碎石土
影响系数ψ_{zs}	1.00	1.20	1.30	1.40

表 2.7　土的冻胀性对冻深的影响系数ψ_{zw}

冻胀性	不冻胀	弱冻胀	冻胀	强冻胀	特强冻胀
影响系数ψ_{zw}	1.00	0.95	0.90	0.85	0.80

表 2.8　环境对冻深的影响系数ψ_{ze}

周围环境	村、镇、旷野	城市近郊	城市市区
影响系数ψ_{ze}	1.00	0.95	0.90

注：环境影响系数一项，当城市市区人口为 20 万～50 万时，按城市近郊取值；当城市市区人口大于 50 万小于或等于 100 万时，只计入市区影响；当城市市区人口超过 100 万时，除计入市区影响外，尚应考虑 5km 以内的郊区近郊影响系数。

季节性冻土地区基础埋置深度应大于场地冻结深度。对于季节冻土深厚的地区，当建筑基础底面土层为不冻胀、弱冻胀、冻胀土时，基础深度可以小于场地冻结深度，基础底面以下允许冻土层最大厚度应根据当地经验确定，没有地区经验时可按表 2.9 查取。此时基础的最小埋置深度可用式(2.10)计算：

$$d_{\min} = z_{\mathrm{d}} - h_{\max} \tag{2.10}$$

式中：$h_{\max}$——基础底面下允许残留冻土层的最大厚度。

表 2.9　建筑基底允许冻土层最大厚度$h_{\max}$

m

冻胀性	基础形式	采暖情况	基底平均压力/kPa 110	130	150	170	190	210
弱冻胀土	方形基础	采暖	0.90	0.95	1.00	1.10	1.15	1.20
		不采暖	0.70	0.80	0.95	1.00	1.05	1.10
	条形基础	采暖	>2.50	>2.50	>2.50	>2.50	>2.50	>2.50
		不采暖	2.20	2.50	>2.50	>2.50	>2.50	>2.50
冻胀土	方形基础	采暖	0.65	0.70	0.75	0.80	0.85	—
		不采暖	0.55	0.60	0.65	0.70	0.75	—
	条形基础	采暖	1.55	1.80	2.00	2.20	2.50	—
		不采暖	1.15	1.35	1.55	1.75	1.95	—

注：① 本表只计算法向冻胀力，如果基侧存在切向冻胀力，应采取防切向力措施。
② 基础宽度小于 0.6m 时不适用，矩形基础取短边尺寸按方形基础计算。
③ 表中数据不适用于淤泥、淤泥质土和欠固结土。
④ 计算基底平均压力时取永久作用的标准组合值乘以 0.9，可以内插。

2.4　地基承载力

为了满足地基强度和变形的要求，必须控制基础底面压力不大于某一界限值，即地基承载力。《建筑地基基础设计规范》(GB 50007—2011)采用了地基承载力特征值的概念。地基承载力特征值是指由荷载试验测定的地基土压力变形曲线线性变形段内规定的变形所对应的压力值，其最大值为比例界限值。采用“特征值”用以表示正常使用极限状态计算时采用的地基承载力，其含义即为在发挥正常使用功能时所允许采用的抗力设计值，实际上是允许承载力。

地基承载力特征值可由载荷试验或其他原位测试、公式计算，并结合工程实践经验等方法综合确定。采用静力触深、动力触探、标准贯入试验等原位测试方法确定地基承载力时，必须有地区经验，即当地的对比资料。当地基基础设计等级为甲级和乙级时，应结合室内试验成果综合分析，不宜单独应用。

2.4.1　荷载试验确定地基承载力特征值

在施工现场通过一定尺寸的载荷板对扰动较少的地基土体直接施加荷载，所测得的成果比较可靠。下面介绍利用浅层平板载荷试验得到的 p-s 曲线确定地基承载力特征值的方法。

承载力特征值的确定应符合下列规定(图 2.15)。

(1) 当 p-s 曲线上有比例界限(图 2.15 中曲线 1 上的 a 点)时，取该比例界限所对应的荷载值 p_{cr}。

(2) 当极限荷载(图 2.15 中曲线 1 上的 b 点对应的荷载)p_u 小于对应比例界限的荷载值的 2 倍时，取极限荷载值的一半 $p_u/2$。

(3) 当不能按上述两款要求确定时，如图 2.15 中曲线 2 为缓变型曲线，没有明显的直线段和陡降段，当压板面积为 0.25～0.50m^2 时，可取 s/b=0.01～0.015 所对应的荷载，但其值不应大于最大加载量的一半。

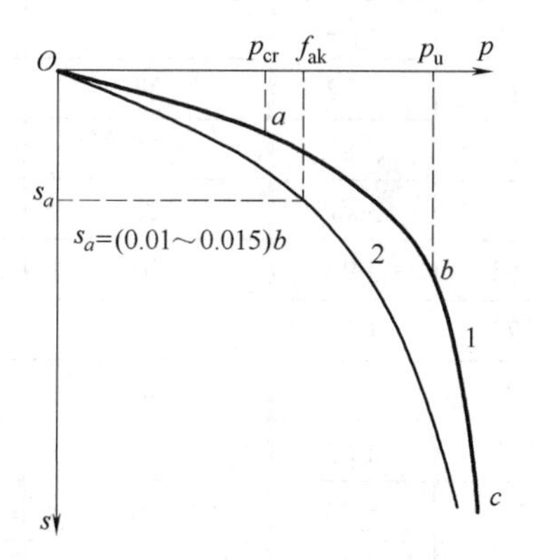

图 2.15　由 p-s 曲线确定地基承载力特征值

同一土层参加统计的试验点不应少于三点，当试验实测值的极差不超过其平均值的

30%时，取此平均值作为该土层的地基承载力特征值f_{ak}。

2.4.2 公式计算确定地基承载力特征值

根据工程具体要求，可采用由极限平衡理论得到的地基土临塑荷载p_{cr}和塑性临界荷载$p_{1/4}$、$p_{1/3}$计算公式确定地基承载力特征值，也可以采用普朗特尔(Prandtl)、雷斯诺(Reissner)、太沙基(Terzaghi)、斯肯普顿(Skempton)、魏西克(Vesic)、汉森(Hanson)等地基极限承载力公式除以安全系数确定地基承载力特征值。对于太沙基极限承载力公式，安全系数取 2～3；对于斯肯普顿公式，安全系数取 1.1～1.5。

《建筑地基基础设计规范》(GB 50007—2011)采用塑性临界荷载的概念，并参考普朗特尔、太沙基的极限承载力公式，规定了按地基土抗剪强度确定地基承载力特征值的方法。

当偏心距 e 小于或等于 0.033 倍基础底面宽度时，根据土的抗剪强度指标确定地基承载力特征值可按式(2.11)计算，并应满足变形要求：

$$f_a = M_b \gamma b + M_d \gamma_m d + M_c c_k \tag{2.11}$$

式中：f_a——由土的抗剪强度指标确定的地基承载力特征值；

M_b，M_d，M_c——承载力系数，按表 2.10 确定；

b——基础底面宽度，大于 6m 时按 6m 取值，对于砂土小于 3m 时按 3m 取值；

c_k——基底下一倍短边宽深度内土的黏聚力标准值；

γ——基础底面以下土的重度，地下水位以下取浮重度；

γ_m——基础底面以上土的加权平均重度，地下水位以下取有效重度；

d——基础埋置深度(m)，一般自室外地面标高算起。在填方整平地区，可自填土地面标高算起，但在上部结构施工后完成时，填土应从天然地面标高算起。对于地下室，如采用箱形基础或筏基，基础埋置深度自室外地面标高算起，当采用独立基础或条形基础时，应从室内地面标高算起。

表 2.10　承载力系数 M_b、M_d、M_c

土的内摩擦角标准值φ_k / (°)	M_b	M_d	M_c	土的内摩擦角标准值φ_k /(°)	M_b	M_d	M_c
0	0	1.00	3.14	22	0.61	3.44	6.04
2	0.03	1.12	3.32	24	0.80	3.87	6.45
4	0.06	1.25	3.51	26	1.10	4.37	6.90
6	0.10	1.39	3.71	28	1.40	4.93	7.40
8	0.14	1.55	3.93	30	1.90	5.59	7.95
10	0.18	1.73	4.17	32	2.60	6.35	8.55
12	0.23	1.94	4.42	34	3.40	7.21	9.22
14	0.29	2.17	4.69	36	4.20	8.25	9.97
16	0.36	2.43	5.00	38	5.00	9.44	2.80
18	0.43	2.72	5.31	40	5.80	2.84	11.73
20	0.51	3.06	5.66				

注：φ_k为基底下一倍短边宽深度内土的内摩擦角标准值。

2.4.3　地基承载力的修正

考虑增加基础宽度和埋置深度，地基承载力也随之提高，应将地基承载力对不同的基础宽度和埋置深度进行修正，才适于应用。《建筑地基基础设计规范》(GB 50007—2011)规定，当基础宽度大于 3m 或埋置深度大于 0.5m 时，通过载荷试验或其他原位测试、经验值等方法确定的地基承载力特征值还应按式(2.12)修正：

$$f_a = f_{ak} + \eta_b \gamma (b-3) + \eta_d \gamma_m (d-0.5) \tag{2.12}$$

式中：f_a——修正后的地基承载力特征值(kPa)。

f_{ak}——通过载荷试验或其他原位测试、经验值等方法确定的地基承载力特征值(kPa)。

η_b、η_d——基础宽度和埋深的地基承载力修正系数，按基底下土类别查表 2.11 取值。

b——基础底面宽度(m)，当基础底面宽度小于 3m 时按 3m 取值，大于 6m 时按 6m 取值。

其他符号含义同前。

表 2.11　承载力修正系数 η_b、η_d

土的类别		η_b	η_d
淤泥和淤泥质土		0	1.0
人工填土 e 或 I_L 大于等于 0.85 的黏性土		0	1.0
红黏土	含水比 $\alpha_w > 0.8$	0	1.2
	含水比 $\alpha_w \leqslant 0.8$	0.15	1.4
大面积压实填土	压实系数大于 0.95，黏粒含量 $\rho_c \geqslant 10\%$ 的粉土	0	1.5
	最大干密度大于 $2100 kg/m^3$ 的级配砂石	0	2.0
粉土	黏粒含量 $\rho_c \geqslant 10\%$ 的粉土	0.3	1.5
	黏粒含量 $\rho_c < 10\%$ 的粉土	0.5	2.0
e 及 I_L 均小于 0.85 的黏性土		0.3	1.6
粉砂、细砂(不包括很湿与饱和时的稍密状态)		2.0	3.0
中砂、粗砂、砾砂和碎石土		3.0	4.4

注：① 强风化和全风化的岩石，可参照所风化成的相应土类取值；其他状态下的岩石不修正。

② 地基承载力特征值按规范深层平板载荷试验确定时 η_d 取 0。

③ 含水比是指土的天然含水量与液限的比值。

④ 大面积压实填土是指填土范围大于两倍基础宽度的填土。

2.4.4　影响地基承载力的因素

(1) 土的物理力学性质。土的黏聚力 c、内摩擦角 φ 和重度 γ 越大，地基承载力越大。

(2) 基础底面宽度 b 增加，一般地基承载力增加，尤其是 φ 值较大时。

(3) 基础埋深 d 增大，地基承载力增大。

(4) 在其他条件相同的情况下，地基承受中心荷载作用时比承受偏心荷载作用时承载力大。

2.5 基础底面尺寸的确定

确定基础底面尺寸时，根据“所有建筑物的地基计算均应满足承载力”的基本原则，首先应满足地基承载力要求，包括持力层土的承载力计算和软弱下卧层承载力的验算；其次，对于部分建(构)筑物，仍需考虑地基变形对其的影响，验算建(构)筑物的变形特征值，并对基础底面尺寸作必要的调整。

2.5.1 按持力层承载力计算

1. 中心荷载作用

中心荷载作用时，基底压力应满足式(2.13)的要求：

$$p_k \leqslant f_a \tag{2.13}$$

式中：f_a——修正后的地基承载力特征值；

p_k——相应于荷载效应标准组合时，基础底面处的平均压力值。

$$p_k = \frac{F_k + G_k}{A} \tag{2.14}$$

式中：F_k——相应于荷载效应标准组合时传至基础顶面的竖向力值；

A——基础底面积；

G_k——基础自重和基础上土重，一般按 $G_k = \gamma_G Ad$ 计算；γ_G 为基础及其上土的平均重度，一般取γ_G =20kN/m^3，地下水位以下取浮重度；d 为基础埋深。

一般采用式(2.13)进行地基承载力验算，即先给定基础底面积 A，验算基底压力是否满足承载力要求。

在基础工程设计时，往往要根据地基承载力要求确定基础底面积。此时，在中心荷载作用下，基底面积 A 的计算公式为

$$A \geqslant \frac{F_k}{f_a - \gamma_G d} \tag{2.15}$$

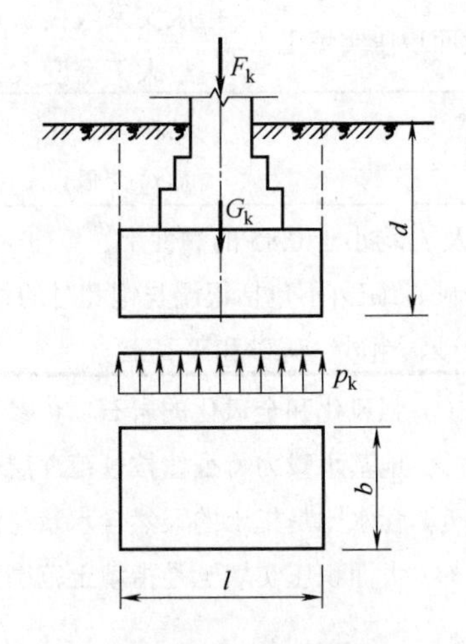

图 2.16　中心荷载作用下基底压力的计算

如果是矩形基础，因为 $A = b\,l$(l 和 b 分别为矩形基底的长度和宽度)，按式(2.15)算出 A 后，先选定 b(或 l)，即可算出 l(或 b)，如图 2.16 所示。

如果是方形基础，因为 $A = b^2$，则很容易确定 b。

如果是荷载沿长度方向均匀分布的条形基础(长度大于宽度的 10 倍)，则沿基础长度方向取 1m 作为计算单元，故基底宽度为

$$b \geqslant \frac{F_k}{f_a - \gamma_G d} \tag{2.16}$$

此时式(2.14)和式(2.16)中的 F_k 和 G_k 为 1m 长度范围内作用的荷载值。

必须指出，在按式(2.15)计算 A 时，需要先确定修正后的地基承载力特征值 f_a，而 f_a 值又与基础底面尺寸 A 有关，也就是式(2.15)中的 A 与 f_a 都是未知数，因此，可能要通过反复试算确定。计算时，可先对地基承载力只进行深度修正，计算 f_a 值；然后按计算所得的 $A = b\,l$ 考虑是否需要进行宽度修正，使得 A、f_a 间相互协调一致。

2. 偏心荷载作用

在偏心荷载作用下，除应满足 $p_k \leqslant f_a$ 外，还应使最大基底压力小于 1.2 倍的地基承载力特征值，即

$$p_{k\max} \leqslant 1.2 f_a \tag{2.17}$$

对于偏心荷载作用下的矩形基础，可假定在基础的长度方向偏心，在宽度方向不偏心，此时沿长度方向基础边缘的最大压力 $p_{k\max}$ 与最小压力 $p_{k\min}$ 按偏心受压公式计算，即

$$\left.\begin{matrix} p_{k\max} \\ p_{k\min} \end{matrix}\right\} = \frac{F_k + G_k}{lb} \pm \frac{M_k}{W} = p_k\left(1 \pm 6\frac{e}{l}\right) \tag{2.18}$$

式中：M_k——相应于荷载效应标准组合时，作用于基础底面的力矩值；

W——基础底面的抵抗矩，$W = bl^2/6$；

l ——力矩作用方向的基础底面边长；

b——垂直于力矩作用方向的基础底面边长；

e——荷载偏心矩，$e = M_k / (F_k + G_k)$。

按荷载偏心矩 e 的大小，基底压力的分布可能出现下述三种情况(图 2.17)。

(1) 当 $e < l/6$ 时，称为小偏心，基底压力呈梯形分布[图 2.17(a)]。

(2) 当 $e = l/6$ 时，基底压力呈三角形分布[图 2.17(b)]。

(3) 当 $e > l/6$ 时，称为大偏心，按式(2.18)计算，得基底压力一端为负值，也即产生拉应力。实际上，由于基底与地基土之间不能承受拉应力，此时基底将部分与地基土脱离，而使基底压力重分布[图 2.17(c)]。

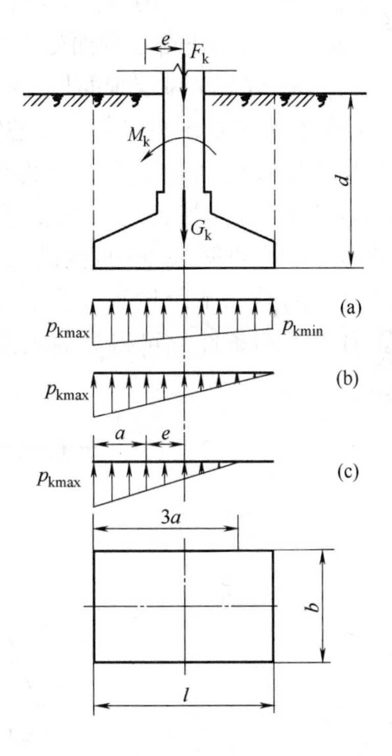

图 2.17　偏心荷载作用下基底压力的计算

因此，根据偏心荷载应与基底反力相平衡的条件，荷载合力应通过三角形反力分布图形的形心。由此可得基底边缘的最大压应力为

$$p_{k\max} = \frac{2(F_k + G_k)}{3ba} = \frac{2(F_k + G_k)}{3b\left(\dfrac{l}{2} - e\right)} \tag{2.19}$$

式中：l——力矩作用方向的基础底面边长；

b——垂直于力矩作用方向的基础底面边长；

a——合力作用点至基础底面最大压力边缘的距离。

如果基础所受荷载是双向偏心，计算基底压力时要考虑两个方向弯矩的作用，基底最大压力 p_{max} 与最小压力 p_{min} 为

$$p_{\substack{kmax\\kmin}}=\frac{F_k+G_k}{A}\pm\frac{M_{kx}}{W_x}\pm\frac{M_{ky}}{W_y} \tag{2.20}$$

式中：M_x，M_y——作用于基底 x 和 y 轴的力矩；

W_x，W_y——基础底面 x 和 y 轴的抵抗矩。

2.5.2 软弱下卧层承载力的验算

当持力层以下、地基土受力层范围内存在软弱下卧层(**指承载力显著低于持力层的高压缩性土层**)时，还应验算软弱下卧层的承载力，保证软弱下卧层顶面处的附加应力与自重应力之和不大于该处地基土的承载力特征值(图 2.18)，按式(2.21)验算：

$$p_z + p_{cz} \leqslant f_{az} \tag{2.21}$$

式中：p_z——相应于作用的标准组合时软弱下卧层顶面处的附加压力值；

p_{cz}——软弱下卧层顶面处土的自重压力值；

f_{az}——软弱下卧层顶面处经深度修正后的地基承载力特征值。

对于附加应力 p_z 的计算，《建筑地基基础设计规范》(GB 50007—2011)通过大量试验研究并参照双层地基中附加应力分布的理论解答，提出了遵循扩散角原理的简化计算方法(图 2.18)。当持力层与软弱下卧层的压缩模量比值 E_{s1} / E_{s2} ≥ 3 时，对于矩形和条形基础，假设基底处的附加应力 p_0 向下传递时按某一角度θ 向外扩散，并均匀分布于扩大了的软弱下卧层顶面上。根据基底总压力与软弱下卧层顶面扩散了的面积上的总压力相等的条件，可得计算附加应力 p_z 的表达式。

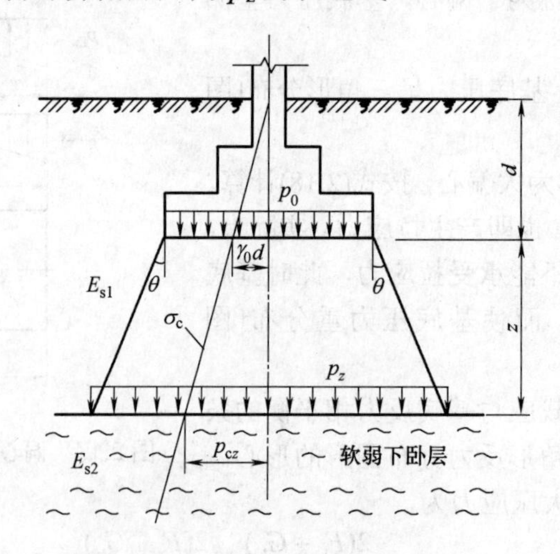

图 2.18 软弱下卧层承载力验算

对于矩形基础

$$p_z=\frac{lb(p_k-p_c)}{(b+2z\tan\theta)(l+2z\tan\theta)} \tag{2.22}$$

对于条形基础

$$p_z = \frac{b(p_k - p_c)}{b + 2z\tan\theta} \tag{2.23}$$

式中：b——条形和矩形基础底面宽度；

l——矩形基础底面长度；

p_c——基础底面处地基土自重应力，$p_c = \gamma_0 d$；

γ_0——基础埋深范围内土的加权平均重度，地下水位以下取浮重度；

d——基础埋深(从天然地面算起)；

z——基础底面至软弱下卧层顶面的距离；

θ——地基压力扩散线与垂直线的夹角，可按表 2.12 采用；

p_k——相当于作用的标准组合时基底平均压力值。

表 2.12　地基压力扩散角 θ

E_{s1}/E_{s2}	z/b	
	0.25	0.50
3	6°	23°
5	10°	25°
10	20°	30°

注：① E_{s1} 为上层土压缩模量，E_{s2} 为下层土压缩模量。

② $z/b < 0.25$ 时取 $\theta = 0°$，必要时宜由试验确定；$z/b > 0.50$ 时 θ 值不变。

③ z/b 在 0.25 与 0.50 之间可插值使用。

【例 2.1】某住宅承重墙厚 240mm，地基土表层为杂填土，厚 0.5m，重度 17.2kN/m³。其下为粉质黏土，根据相邻工程经验，承载力特征值为 170kPa，孔隙比为 0.88，液性指数为 0.90，天然重度为 18.0kN/m³，饱和重度为 19.0kN/m³。地下水位在地表下 0.8m 处。上部墙体传来竖向荷载标准值为 200kN/m，初步选定粉质黏土层为持力层，埋深取 $d = 0.8$m。试确定基础底面尺寸。

【解】埋深范围内各土层的加权平均重度为

$$\gamma_m = \frac{\sum(\gamma_i \cdot h_i)}{\sum h_i} = \frac{17.2\times0.5+18.0\times0.3}{0.8} = 17.5(\text{kN/m}^3)$$

由 $e = 0.88 > 0.85$，$I_L = 0.90 > 0.85$，查表 2.11 得 $\eta_b = 0$，$\eta_d = 1.0$，则修正后的地基承载力特征值为

$$f_a = 170 + 1.0\times17.5\times(0.8-0.5) = 175.3(\text{kPa})$$

于是，可得基础宽度为

$$b \geqslant \frac{F_k}{f_a - \gamma_G d} = \frac{200}{175.3 - 20\times0.8} = 1.26(\text{m})$$

取墙下条形基础断面宽 $b = 1.3$m。

【例 2.2】柱基础荷载标准值 F_k= 1100kN，M_k= 140kN·m，基础底面尺寸 $l\times b = 3.6\text{m}\times2.6\text{m}$，地基土资料如图 2.19 所示，验算地基承载力。

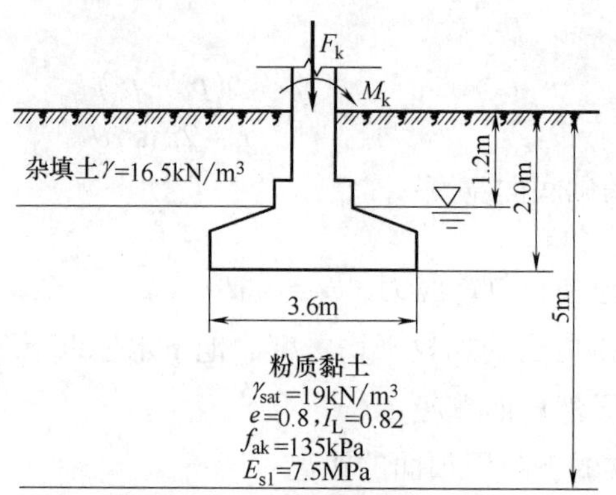

图 2.19　地基承载力验算例

【解】(1) 持力层承载力验算。埋深范围内土的加权平均重度

$$\gamma_{\mathrm{m}}=\frac{\sum(\gamma_i\cdot h_i)}{\sum h_i}=\frac{16.5\times1.2+(19-10)\times0.8}{2.0}=13.5(\mathrm{kN/m^3})$$

由 $e = 0.8$，$I_L= 0.82$，查表 2.11 得 $\eta_b = 0.3$，$\eta_d= 1.6$，则修正后的地基承载力特征值为

$$f_a= 135 + 1.6 \times 13.5 \times (2 - 0.5) = 167.4(\mathrm{kPa})$$

基础及填土重

$$G_k= (20 \times 1.2 + 10 \times 0.8) \times 3.6 \times 2.6 = 299.5(\mathrm{kN})$$

偏心距

$$e = 140 / (1100 + 299.5) = 0.10(\mathrm{m})$$

基底平均压力

$$p_k = (1100 + 299.5) / (3.6 \times 2.6) = 149.5\mathrm{kPa} < f_a\ (\text{合适})$$

基底最大、最小压力为

$$\left.\begin{matrix}p_{k\max}\\p_{k\min}\end{matrix}\right\}=p_k\left(1\pm\frac{6e}{l}\right)=14.95\times\left(1\pm\frac{6\times0.1}{3.6}\right)=\begin{cases}174.4(\mathrm{kPa})\\124.6(\mathrm{kPa})\end{cases}$$

$$p_{k\max} = 174.4\mathrm{kPa} < 1.2 f_a = 200.9\mathrm{kPa}\ (\text{满足})$$

$$p_{k\min} = 124.6\mathrm{kPa} > 0\ (\text{合适})$$

(2) 软弱下卧层承载力验算。软弱下卧层顶面处自重应力为

$$p_{cz} = 16.5 \times 1.2 + (19 - 10) \times 3.8 = 54.0(\mathrm{kPa})$$

软弱下卧层顶面以上土的加权平均重度 $\gamma_z = 54/5 =2.8\mathrm{kN/m^3}$。

由淤泥质粉土，查表 2.11 得$\eta_d = 1.0$，则修正后的软弱下卧层承载力特征值为

$$f_{az} = 85 + 1.0 \times 2.8 \times (5 - 0.5) = 133.6(\mathrm{kPa})$$

由 $E_{s1} / E_{s2} = 7.5 / 2.5 = 3$，$z / b = 3/2.6 >0.5$，查表 2.12 得压力扩散角 $\theta= 23°$。

软弱下卧层顶面处的附加应力

$$p_z = \frac{lb(p_k - p_c)}{(b+2z\tan\theta)(l+2z\tan\theta)} = \frac{3.6\times2.6\times(149.5-13.5\times2)}{(2.6+2\times3\times\tan23^\circ)(3.6+2\times3\times\tan23^\circ)} = 36.2\text{kPa}$$

则

$$p_z + p_{cz} = 36.2 + 54.0 = 90.2\text{kPa} < f_{az} = 133.6\text{kPa}(满足)$$

2.6　地基变形验算

2.6.1　地基变形特征

对于简单条件的地基与基础工程，如果满足承载力要求，一般即可以满足变形要求。但在复杂地基基础条件下，或者必要时，地基与基础工程不但要满足承载力要求，还要满足变形要求。

由于不同建筑物的结构类型、整体刚度、使用要求的差异，对地基变形的敏感程度、危害、变形要求也不同。对于各类建筑结构，应控制对其不利的沉降形式(即地基变形特征)，使之不会影响建筑物的正常使用甚至破坏。

地基变形特征可分为沉降量、沉降差、倾斜、局部倾斜等，如图2.20所示。

(1)　沉降量。基础中心点的沉降值[图2.20(a)]；

(2)　沉降差。相邻单独基础中心或基础两点的沉降量之差[图2.20(b)]；

(3)　倾斜。单独基础倾斜方向两端点的沉降差与其距离的比值[图2.20(c)]；

(4)　局部倾斜。砌体承重结构沿纵墙6～10m内基础两点的沉降差与其距离的比值[图2.20(d)]。

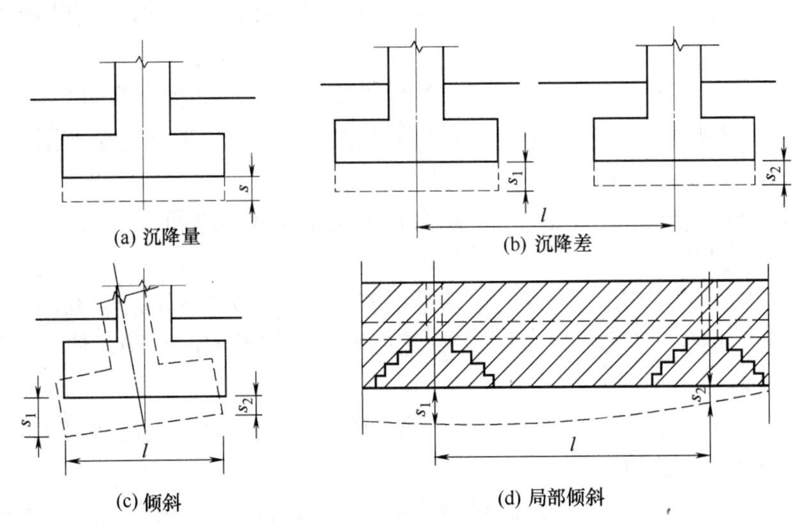

图2.20　地基变形特征

2.6.2 地基变形特征的控制

对于长高比不太大的砌体承重结构房屋，结构的损坏主要由墙体挠曲出现局部斜裂缝引起，应由局部倾斜值控制。

对于高耸结构以及长高比很小的高层建筑，应由建筑物的整体倾斜值控制地基变形。

框架结构主要因柱基的沉降差使构件受剪扭曲而破坏，故要求验算框架结构相邻柱基的沉降差。

对于以屋架、柱和基础为主体的排架结构，应该限制单层排架结构柱基的沉降量、相邻柱基的沉降差以及砖石墙砌体所填充的边排桩的沉降差。

《建筑地基基础设计规范》(GB 50007—2011)规定，在计算地基变形时，应符合下列规定。

(1) 由于建筑地基不均匀、荷载差异很大、体型复杂等因素引起的地基变形，对于砌体承重结构应由局部倾斜值控制，对于框架结构和单层排架结构应由相邻柱基的沉降差控制，对于多层或高层建筑和高耸结构应由倾斜值控制，必要时尚应控制平均沉降量。

(2) 在必要情况下，需要分别预估建筑物在施工期间和使用期间的地基变形值，以便预留建筑物有关部分之间的净空，选择连接方法和施工顺序。

一般多层建筑物在施工期间完成的沉降量，对于砂土可认为其最终沉降量已完成 80%以上，对于其他低压缩性土可认为已完成最终沉降量的 50%～80%，对于中压缩性土可认为已完成 20%～50%，对于高压缩性土可认为已完成 5%～20%。

2.6.3 地基变形的计算

1. 单向分层总和法计算地基最终沉降量

1) 基本假定

(1) 地基土是均质、连续、各向同性的半无限空间弹性体，因此，可利用弹性理论方法计算地基中的附加应力。

(2) 地基沉降量是根据基础中心点下土柱所受附加应力σ_z进行计算的。

(3) 地基土压缩时只产生竖向压缩变形，不发生侧向膨胀，即在完全侧限条件下发生变形，这样，就可以采用侧限压缩试验的结果。

(4) 地基沉降量等于基底下压缩层范围内各土层压缩量的总和。

2) 计算方法与步骤

(1) 在基底下，将压缩层范围内的地基分成若干薄层，分层厚 $h_i \leqslant 0.4b$。天然土层界面、地下水位面都应作为分层的界面，且在基底附近分层厚度应小些，使各计算分层的附加应力分布可视为直线。

(2) 按前文所述方法，计算基底中心点下每一分层土的自重应力σ_{cz}和附加应力σ_z，并绘出自重应力和附加应力曲线。

(3) 按$\sigma_{zn} / \sigma_{czn} \leqslant 0.2$(对软弱土$\leqslant 0.1$)的条件确定地基沉降计算深度 z_n，n 为分层数。

(4) 计算每一分层土的平均自重应力$\Delta\sigma_{czi} = (\sigma_{czi\text{-}1} + \sigma_{czi}) / 2$ 和平均附加应力$\Delta\sigma_{zi} = (\sigma_{zi\text{-}1} + \sigma_{zi})/2$。

(5) 令 $p_{1i}=\Delta\sigma_{zi}$，$p_{2i}=\Delta\sigma_{zi}+\Delta\sigma_{czi}$，据此求出对应的 e_{1i}、e_{2i}。

(6) 按式(2.24)计算各分层土的最终沉降量Δs_i：

$$\Delta s_i=\frac{e_{1i}-e_{2i}}{1+e_{1i}}h_i \tag{2.24}$$

(7) 将各分层的压缩量加起来，即得到总的沉降量：

$$s=\sum_{i=1}^{n}\Delta s_i=\sum_{i=1}^{n}\frac{e_{1i}-e_{2i}}{1+e_{1i}}h_i \tag{2.25}$$

注意，这里的关键在于求各分层土的 e_{1i} 和 e_{2i}。

如果在式(2.25)中用压缩系数 a 表示，则式(2.25)写成

$$s=\sum_{i=1}^{n}\frac{a_i\Delta\sigma_{zi}}{1+e_{1i}}h_i \tag{2.26}$$

如果改用压缩模量 E_s 表示，则

$$s=\sum_{i=1}^{n}\frac{\Delta\sigma_{zi}}{E_{s_i}}h_i \tag{2.27}$$

一般情况下，分层总和法计算量较大，步骤较多，大多列表计算。

【例 2.3】某矩形基础地基土的自重应力和附加应力计算结果如图 2.21(a)所示，地基土的压缩曲线如图 2.21(b)所示。试求第Ⅱ层土的压缩量。

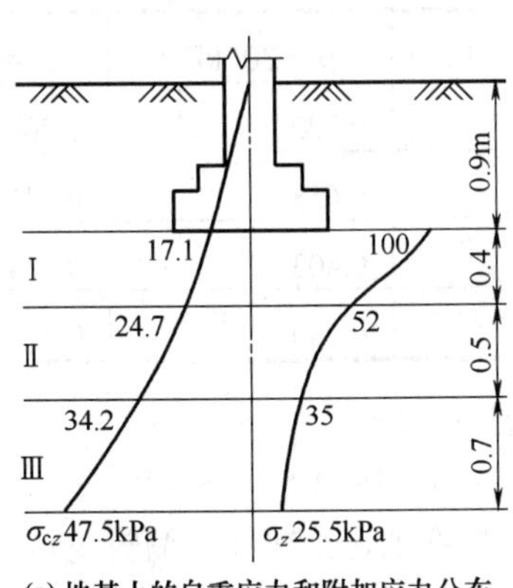

(a) 地基土的自重应力和附加应力分布

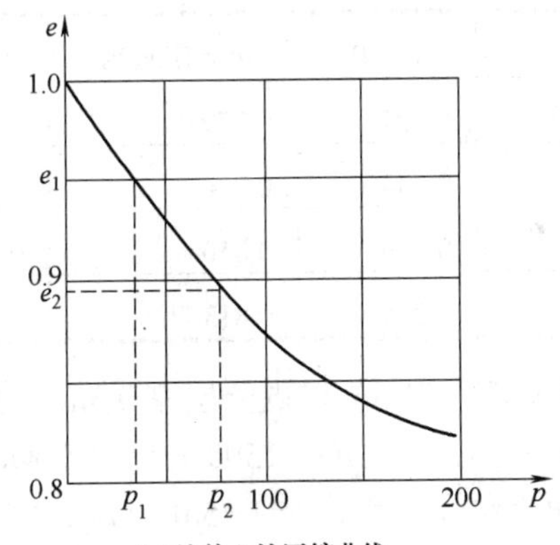

(b) 地基土的压缩曲线

图 2.21　例 2.3 图

【解】

$\Delta\sigma_{cz2}=(\sigma_{cz1}+\sigma_{cz2})/2=(24.7+34.2)/2=29.45(\text{kPa})$

$\Delta\sigma_{z2}=(\sigma_{z1}+\sigma_{z2})/2=(52+35)/2=43.5(\text{kPa})$

$p_{12}=\Delta\sigma_{cz2}=29.45(\text{kPa})$

$p_{22}=\Delta\sigma_{cz2}+\Delta\sigma_{z2}=29.45+43.5=72.95(\text{kPa})$

由 p_{12}、p_{22} 查压缩曲线得，$e_{12}=0.95$，$e_{22}=0.89$。

$$\Delta s_2=\frac{e_{12}-e_{22}}{1+e_{12}}h_2=\frac{0.95-0.89}{1+0.95}\times 500=15.38(\text{mm})$$

【例 2.4】某矩形基础底面尺寸为 2.5m × 4.0m，上部结构传递给基础的竖向荷载准永

久组合值 $F = 1500\text{kN}$。土层及地下水位情况如图 2.22 所示，各层土压缩试验数据见表 2.13，持力层黏土地基承载力特征值 $f_{ak} = 205\text{kPa}$。用分层总和法计算基础的最终沉降量。

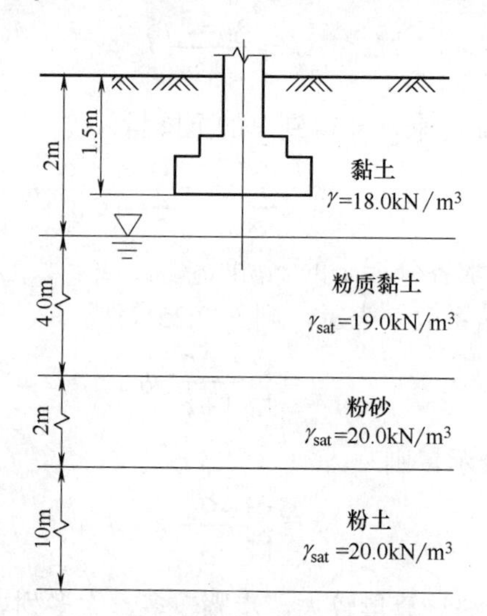

图 2.22　例 2.4 图

表 2.13　土的压缩试验资料(*e* 值)

土类	$p = 0$	$p = 50\text{kPa}$	$p = 100\text{kPa}$	$p = 200\text{kPa}$	$p = 300\text{kPa}$
黏土	0.827	0.779	0.750	0.722	0.708
粉质黏土	0.744	0.704	0.679	0.653	0.641
粉砂	0.889	0.850	0.826	0.803	0.794
粉土	0.875	0.813	0.780	0.740	0.726

【解】基底下 1.5m 以内分层厚 0.5m，之下分层厚 1.0m。

$$p_0 = (F + G) / A - \gamma d = (1500 + 20\times2.5\times4\times1.5)/(2.5\times4) - 18\times1.5 = 153\text{kPa}$$

按照角点法计算参数 b=1.25m，l/b=2/1.25=1.6。先在 Excel 软件中编辑角点法计算附加应力系数的公式，再利用 Excel 软件中公式及填充柄功能计算各土层的附加应力系数α(乘以 4)，进而计算附加应力σ_z；计算自重应力σ_{cz}，进而求得 p_1 和 p_2；据此由表 2.13 通过内插公式求得 e_1 和 e_2；最后求得各土层的沉降量，如表 2.14 所示。

表 2.14　用 Excel 表格计算沉降量

z	z/b	α	σ_z	σ_{cz}	p_1	$\Delta\sigma_z$	p_2	e_1	e_2	Δs/m
0	0	1	153	27						
0.5	0.4	0.973 744 32	148.982 9	36	31.5	150.9914	182.4914	0.796 76	0.7269	0.038 881
1.5	1.2	0.702 988 388	107.557 2	45	40.5	128.2701	168.7701	0.7116	0.6611	0.029 505
2.5	2	0.441 380 462	67.531 21	54	49.5	87.544 22	137.0442	0.7044	0.6694	0.020 535
3.5	2.8	0.283 508 54	43.376 81	63	58.5	55.454 01	113.954	0.699 75	0.6754	0.014 326
4.5	3.6	0.192 095 347	29.390 59	72	67.5	36.3837	103.8837	0.695 25	0.678	0.010 175

续表

z	z/b	α	σ_z	σ_{cz}	p_1	$\Delta\sigma_z$	p_2	e_1	e_2	Δs/m
5.5	4.4	0.136 949 634	20.953 29	82	77	25.171 94	102.1719	0.837 04	0.8255	0.006 282
6.5	5.2	0.101 870 6	15.586 2	92	87	18.269 75	105.2697	0.832 24	0.8248	0.004 061
7.5	6	0.078 435 74	12.000 67	102	97	13.793 43	110.7934	0.781 98	0.7757	0.003 524
8.5	6.8	0.062 108 519	9.502 603	112	107	10.751 64	117.7516	0.7772	0.7729	0.002 42
9.5	7.6	0.050 324 233	7.699 608	122	117	8.601 105	125.6011	0.7732	0.7698	0.001 917
10.5	8.4	0.041 562 389	6.359 045	132	127	7.029 327	134.0293	0.7692	0.7664	0.001 583
11.5	9.2	0.034 881 978	5.336 943	142	137	5.847 994	142.848	0.7652	0.7629	0.001 303
Σ										0.134 511

由表 2.14 知，在计算深度基底下 11.5m 处，附加应力与自重应力的比值为

$$5.8 / 142.8 = 0.041 < 0.2$$

沉降计算深度合适。

所以，本基础的最终沉降量 $s = 135\text{mm}$。

2. 《建筑地基基础设计规范》(GB 50007—2011)推荐的分层总和法

《建筑地基基础设计规范》(GB 50007—2011)推荐的计算地基最终沉降量的方法(以下简称规范法)也是分层总和法，其公式也是由分层总和法推导而来的。与单向分层总和法不同的是，规范法采用了平均附加应力系数 $\bar{\alpha}_i$，考虑了经验修正系数，提出了“附加应力面积”的概念及地基沉降计算深度的计算方法。

假设基底土只有一层，其厚度为 $h_i = z_i$，分层总和法的沉降计算公式中 $\Delta\sigma_{zi}$ 的意义为该层的平均附加应力。如果将图 2.23 中曲边附加应力面积 A_{abfe} 用一等值矩形面积来取代，则 $\Delta\sigma_{zi}$ 就是附加应力面积 A_{abfe} 的平均宽度。令

$$\Delta\sigma_{zi} = \bar{\alpha}_i p_0 \tag{2.28}$$

则

$$\bar{\alpha}_i = \frac{\Delta\sigma_{zi}}{p_0} = \frac{A_{abfe}}{z_i p_0} \tag{2.29}$$

式中，$\bar{\alpha}_i$ 为平均附加应力系数，可依据 $m = z/b$，$n = l/b$ 查表求得。

将式(2.28)代入式(2.27)，得地基最终沉降量为

$$s_i = \frac{\bar{\alpha}_i p_0}{E_{si}} z_i \tag{2.30}$$

同理，可求得基底至第 i-1 层底面距离为 z_{i-1} 时的最终沉降量为

$$s_{i-1} = \frac{\bar{\alpha}_{i-1} p_0}{E_{si-1}} z_{i-1} \tag{2.31}$$

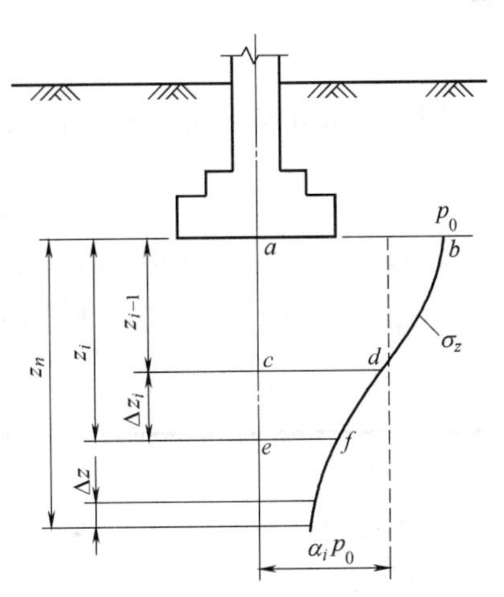

图 2.23　规范法公式推导

于是，第 i 层的沉降(压缩变形)为

$$\Delta s_i' = s_i - s_{i-1} = \frac{\overline{\alpha}_i p_0}{E_{si}} z_i - \frac{\overline{\alpha}_{i-1} p_0}{E_{si-1}} z_{i-1} \tag{2.32}$$

如果以第 i 层的压缩模量代替第 i-1 层的压缩模量，则式(2.32)变为

$$\Delta s_i' = \frac{p_0}{E_{si}} (\overline{\alpha}_i z_i - \overline{\alpha}_{i-1} z_{i-1}) \tag{2.33}$$

总和起来，即得

$$s' = \sum_{i=1}^{n} \Delta s_i' = \sum_{i=1}^{n} \frac{p_0}{E_{si}} (\overline{\alpha}_i z_i - \overline{\alpha}_{i-1} z_{i-1}) \tag{2.34}$$

式(2.34)的计算结果与实际沉降观测资料相比有误差。对于压缩性低的土，计算值偏大；对于压缩性高的土，计算值偏小。因此，《规范》采用经验系数 ψ_s 对式(2.34)进行修正，即得规范法的地基最终沉降量计算公式为

$$s = \psi_s \sum_{i=1}^{n} \frac{p_0}{E_{si}} (\overline{\alpha}_i z_i - \overline{\alpha}_{i-1} z_{i-1}) \tag{2.35}$$

式中：s——地基最终沉降量；

n——地基压缩层范围内所划分的土层数；

p_0——基础底面处的附加应力；

E_s——基底下第 i 层土的压缩模量；

z_i，z_{i-1}——基底至第 i 层和第 i-1 层底面的距离；

α_i，α_{i-1}——基础底面计算点至第 i 层和第 i-1 层底面范围内平均附加应力系数，查表(略，请查阅规范表 K.0.1-2)；

ψ_s ——经验系数，根据地区观测资料及经验确定，也可采用表 2.15 中的数值，表中 $\overline{E}_s$ 为压缩层厚度范围内附加应力面积 A(压缩模量 E_s)的加权平均值(当量值)，按式(2.36)计算：

$$\overline{E}_s = \sum A_i / \sum \frac{A_i}{E_{si}} \tag{2.36}$$

地基沉降计算深度 z_n 应符合式(2.37)的要求：

$$\Delta s_n' \leqslant 0.025 \sum_{i=1}^{n} \Delta s_i' \tag{2.37}$$

式中：$\Delta s'_i$——深度 z_n 范围内第 i 层土的计算沉降值；

$\Delta s'_n$——由计算深度向上取厚度为Δz(图 2.23)的土层计算沉降值，按表 2.15 确定。

表 2.15　沉降计算经验系数 ψ_s

基底附加压力 \ $\overline{E}_s$ /MPa	2.5	4.0	7.0	15.0	20.0
$p_0 \geqslant f_{ak}$	1.4	1.3	1.0	0.4	0.2
$p_0 \leqslant 0.75 f_{ak}$	1.1	1.0	0.7	0.4	0.2

注：f_{ak} 为地基承载力特征值，表列数值可内插。

如确定的计算深度下部仍有软弱土层时，应继续计算。

当无相邻荷载影响、基础宽度在1～50m范围内时，基础中点的地基沉降计算深度也可按简化公式(2.38)计算：

$$z_n = b(2.5 - 0.4\ln b) \tag{2.38}$$

一般计算地基沉降时应考虑相邻荷载的影响。

【例2.5】 矩形基础底面尺寸为2.5m×4.0m，上部结构传给基础的竖向荷载准永久组合值$F = 1500$kN。土层及地下水位情况如图2.24所示，持力层黏土地基承载力特征值$f_{ak} = 205$kPa。用规范法计算基础的最终沉降量。

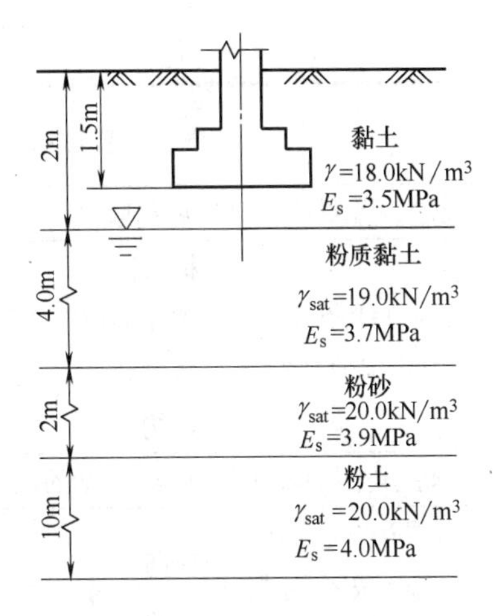

图2.24　例2.5图

【解】 由例2.4可知，$p_0 = 153$kPa，用角点法计算参数$b = 1.25$m，$l/b = 1.6$。取天然土层界面为分层面，粉土层计算至5m深，总计算深度为11.5m。先根据z/b与l/b，查规范表K.0.1-2得小分块各土层的平均附加应力系数，再乘以4，再按照规范法计算各土层的附加应力面积，进而求出计算沉降量，如表2.16所示。

考察沉降计算深度是否满足要求。因$b = 2.5$m，查规范表5.3.7，$\Delta z = 0.6$m。由表2.16中数据可得

$$\Delta s'_n / \sum_{i=1}^{n} \Delta s'_i = 0.1898/127.0903 = 0.0149 < 0.025$$

沉降计算深度合适。

沉降计算深度内土层压缩模量的当量值

$$\bar{E}_s = \sum A_i / \sum \frac{A_i}{E_{si}} = 3.082/0.830\,656 = 3.71(\text{MPa})$$

表2.16　规范法沉降计算Excel表

z	z/b	E_i	$\bar{\alpha}_i$	$\bar{\alpha}_i z_i$	$\bar{\alpha}_{i-1} z_{i-1}$	$\bar{\alpha}_i z_i - \bar{\alpha}_{i-1} z_{i-1}$	p_0/E_i	$\Delta s'$/mm	$\sum s$/mm	$(\bar{\alpha}_i z_i - \bar{\alpha}_{i-1} z_{i-1})/E_i$
0	0		1	0					0	
0.5	0.4	3.5	0.9932	0.4966	0	0.4966	43.714 29	21.708 51	21.708 51	0.141 886
4.5	3.6	3.7	0.5556	2.5002	0.4966	2.0036	41.351 35	82.851 57	104.5601	0.541 514
6.5	5.2	3.9	0.428	2.782	2.5002	0.2818	39.230 77	11.055 23	115.6153	0.072 256
10.9	8.72	4	0.2782	3.032 38	2.782	0.250 38	38.25	9.577 035	125.1923	0.062 595
11.5	9.2	4	0.268	3.082	3.032 38	0.049 62	38.25	1.897 965	127.0903	0.012 405
Σ						3.082				0.830 656

又因为$p_0 < 0.75 f_{ak}$，查表2.15，得$\psi_s = 1.02$，则最终沉降量为

$$s = \psi_s s' = 1.02 \times 127.0903 = 130(\text{mm})$$

2.6.4 建筑物地基变形的允许值

《建筑地基基础设计规范》(GB 50007—2011)提出了地基变形允许值，如表 2.17 所示。对于表中未包括的建筑物，其地基变形允许值可根据上部结构对地基变形的适应能力和使用上的要求确定。

表 2.17 建筑物的地基变形允许值

变形特征		地基土类别	
		中、低压缩性土	高压缩性土
砌体承重结构基础的局部倾斜		0.002	0.003
工业与民用建筑相邻柱基的沉降差	框架结构；	$0.002l$	$0.003l$
	砌体墙填充的边排柱；	$0.0007l$	$0.001l$
	当基础不均匀沉降时不产生附加应力的结构	$0.005l$	$0.005l$
单层排架结构(柱距为 6m)柱基的沉降量/mm		(120)	200
桥式吊车轨面的倾斜(按不调整轨道考虑)	横向	0.004	
	纵向	0.003	
多层和高层建筑的整体倾斜	$H_g \leqslant 24$	0.004	
	$24<H_g \leqslant 60$	0.003	
	$60<H_g \leqslant 100$	0.0025	
	$H_g>100$	0.002	
体型简单的高层建筑基础的平均沉降量/mm		200	
高耸结构基础的倾斜	$H_g \leqslant 20$	0.008	
	$20<H_g \leqslant 50$	0.006	
	$50<H_g \leqslant 100$	0.005	
	$100<H_g \leqslant 150$	0.004	
	$150<H_g \leqslant 200$	0.003	
	$200<H_g \leqslant 250$	0.002	
高耸结构基础的沉降量/mm	$H_g \leqslant 100$	400	
	$100<H_g \leqslant 200$	300	
	$200<H_g \leqslant 250$	200	

注：① 本表数值为建筑物地基实际最终变形允许值。

② 有括号者仅适用于中压缩性土。

③ l 为相邻柱基的中心距(mm)，H_g 为自室外地面起算的建筑物高度(m)。

④ 倾斜指基础倾斜方向两端点的沉降差与其距离之比。

⑤ 局部倾斜指砌体承重结构沿纵向 6～10m 内基础两点的沉降差与其距离的比值。

2.7　地基稳定性验算

1. 圆弧滑动整体稳定性

在竖向中心荷载作用下，只要满足地基承载力要求，地基稳定性即可得到保证。经常承受水平荷载的建(构)筑物，如挡土结构物、水工结构物、高层建筑及高耸结构物等，其地基的稳定性是设计中的主要问题，必须进行地基稳定性验算。

地基稳定性可采用圆弧滑动面法进行验算。最危险的滑动面上诸力对滑动中心所产生的抗滑力矩与滑动力矩之比(即抗滑稳定安全系数)应大于等于 1.2。

2. 土坡坡顶上的建筑物

如果在土坡坡顶上修建建筑物，首先应该保证土坡自身的稳定性。位于稳定土坡坡顶上的建筑物，应使其离边坡的坡面足够远，以防止边坡在基础荷载作用下失稳。当垂直于坡顶边缘线的基础底面边长小于或等于 3m 时，其基础底面外边缘线至坡顶的水平距离 a 值应符合下列要求，但不得小于 2.5m。

3. 建筑物抗浮与基坑抗突涌验算

建筑物基础存在浮力作用时，应进行抗浮稳定性验算。对于简单的浮力作用情况，基础抗浮稳定性安全系数应大于等于 1.05；基坑底面以下埋藏有承压含水层时，基底至承压含水层顶面间保留土层厚度应足够大。

抗浮稳定性不满足设计要求时，可采用增加压重或设置抗浮构件等措施。在整体满足抗浮稳定性要求而局部不满足时，也可采用增加结构刚度的措施。

2.8　减轻不均匀沉降损害的措施

为减少不均匀沉降造成的危害，对于软弱或软硬不均地基上的建筑物，在选择地基基础方案时可采取以下措施。

(1) 采用整体刚度较大的浅基础(如柱下条形基础、筏基和箱基等)。

(2) 采用桩基础及其他深基础。

(3) 对不良地基进行处理。

(4) 从地基、基础、上部结构相互作用的观点出发，在建筑、结构、施工方面采取措施(应优先考虑)。

2.8.1　建筑措施

1. 建筑物体型应力求简单

建筑物平面和立面上的轮廓形状构成了建筑物的体型。复杂的体型常常是削弱建筑物整体刚度、加剧不均匀沉降的重要因素。因此，在满足使用和其他要求的前提下，建筑体型应力求简单。当建筑体型比较复杂时，宜根据其平面形状和高度差异情况，在适当部位用沉降缝将其划分成若干个刚度较好的单元；当高度差异或荷载差异较大时，可将两者隔开一定距离，当拉开距离后的两单元必须连接时，应采用能自由沉降的连接构造。

平面形状复杂(如“L”、“T ”、“H ”等形)的建筑物，纵、横单元交叉处基础密集，地基中由各单元荷载产生的附加应力互相重叠，局部沉降量增加。此类建筑物整体刚度差、刚度不对称，当地基出现不均匀沉降时容易产生扭曲应力，因而更容易使建筑物开裂。图 2.25 所示为软土地基上一幢“L”形平面的建筑物一翼墙身开裂的实例。

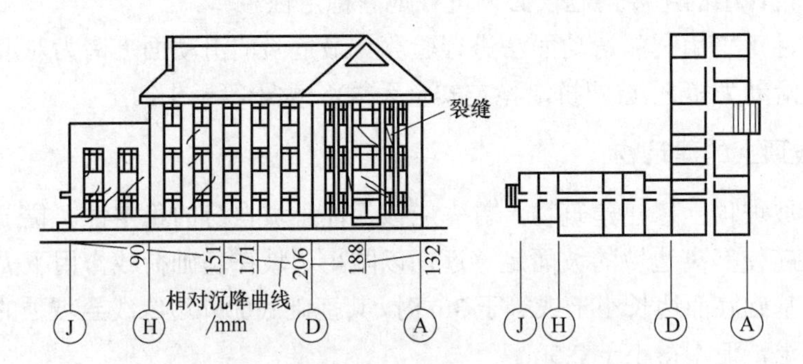

图 2.25 某“L”形建筑物一翼墙身开裂

建筑物高低(或轻重)变化太大，地基各部分所受的荷载轻重不同，也容易出现较大的不均匀沉降，造成较低部分开裂，如图 2.26 所示。

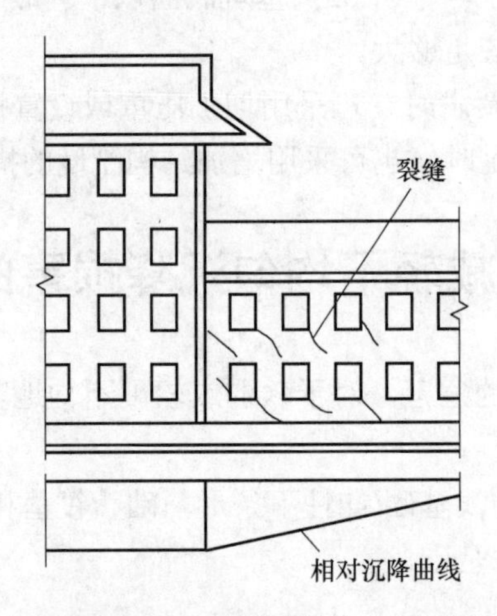

图 2.26 建筑物因高差太大而开裂

2. 控制长高比及合理布置墙体

建筑物的长高比是建筑物长度或沉降缝分隔的单元长度 L 与自基础底面标高算起的建筑物高度 H_f 之比。建筑物的长高比是作为砌体承重房屋刚度的主要指标。长高比小，则其整体刚度好，调整不均匀沉降的能力强。过长的建筑物，纵墙将会因较大挠曲出现开裂，如图 2.27 所示。

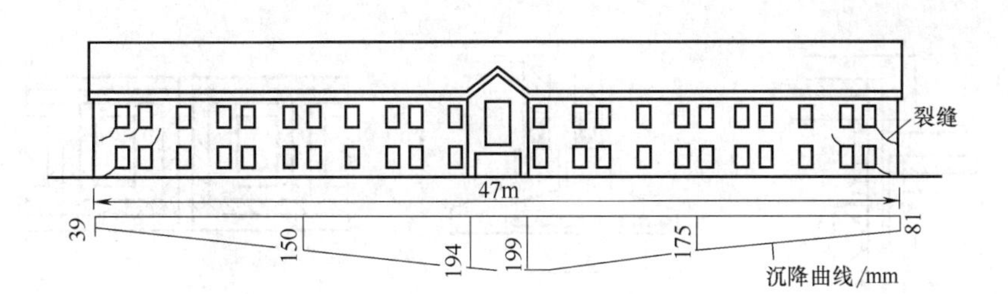

图 2.27　建筑物因长高比(7.6)过大而开裂

对于砌体承重结构的房屋，宜采用下列措施增强房屋整体刚度和强度。

(1) 对于三层和三层以上的房屋，其长高比 L/H_f 宜小于或等于 2.5；当房屋的长高比为 $2.5 < L/H_f \leqslant 3.0$ 时，宜做到纵墙不转折或少转折，并应控制其内横墙间距或增强基础刚度和承载力。当房屋的预估最大沉降量小于或等于 120mm 时，其长高比可不受限制。

(2) 墙体内宜设置钢筋混凝土圈梁或钢筋砖圈梁。

(3) 在墙体上开洞过大时，宜在开洞部位配筋或采用构造柱及圈梁加强。

合理布置纵横墙是增强砌体结构房屋整体刚度的重要措施之一。因此，应尽量使内外纵墙贯通，不转折或少转折，内横墙间距不宜过大，内横墙与纵墙的连接应牢靠，必要时还应增强基础的刚度和强度。

3. 设置沉降缝

用沉降缝将建筑物包括基础分割为两个或多个独立的沉降单元，可有效地防止地基不均匀沉降产生的危害。建筑物的下列部位宜设置沉降缝。

(1) 建筑平面的转折部位。

(2) 高度差异或荷载差异处。

(3) 长高比过大的砌体承重结构或钢筋混凝土框架结构的适当部位。

(4) 地基土的压缩性有显著差异处。

(5) 建筑结构或基础类型不同处。

(6) 分期建造房屋的交界处。

沉降缝的构造如图 2.28 所示。

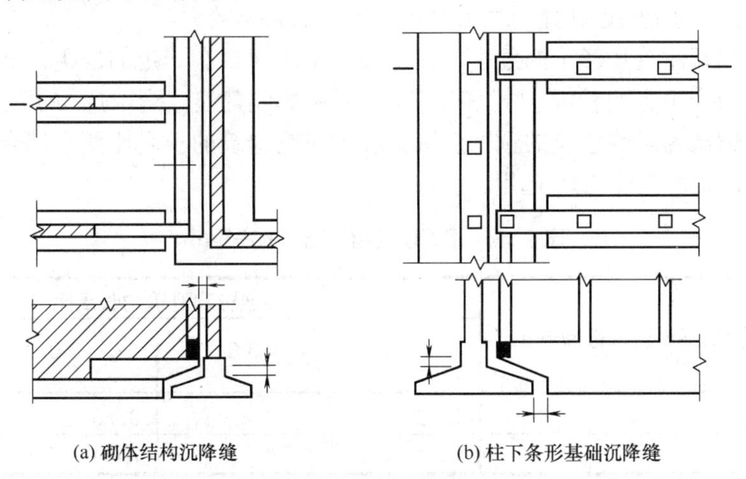

(a) 砌体结构沉降缝　　(b) 柱下条形基础沉降缝

图 2.28　基础沉降缝构造

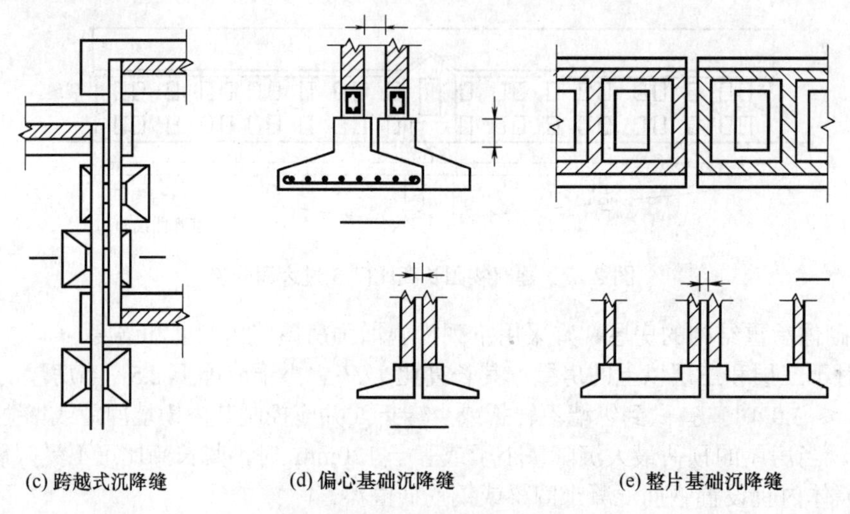

(c) 跨越式沉降缝　　(d) 偏心基础沉降缝　　(e) 整片基础沉降缝

图 2.28　基础沉降缝构造(续)

沉降缝内一般不能填塞。沉降缝还要求有一定的宽度，以防止缝两侧单元发生互倾沉降时造成单元结构间的挤压破坏。一般沉降缝宽度要求，2～3 层房屋为 50～80mm，4～5 层房屋为 80～120mm，6 层及以上不小于 120mm。

沉降缝的造价颇高，且要增加建筑及结构处理上的困难，所以不宜轻易使用。有防渗要求的地下室一般不宜设置沉降缝。因此，对于具有地下室和裙房的高层建筑，为减少高层部分与裙房间的不均匀沉降，常在施工时采用后浇带将两者断开，待两者间的后期沉降差能满足设计要求时再将其连接成整体。

4. 控制相邻建筑物基础间的间距

当两基础相邻过近时，由于地基附加应力扩散和叠加的影响，会使两基础的沉降比各自单独存在时增大很多。因此，在软弱地基上，两建筑物基础间净距太小，相邻影响引起的附加不均匀沉降可能造成建筑物的开裂或互倾。

(1) 同期建造的两建筑物轻(低)重(高)差别较大时，轻者受重者影响较大。

(2) 原有建筑物受临近新建重型或高大建筑物的影响较大。

为了避免相邻建筑物影响的危害，建筑物基础之间要有一定的净距，其值视地基的压缩性、影响建筑(产生影响者)的规模和重量，以及被影响建筑(受影响者)的刚度等因素而定。这些因素可以归结为影响建筑的预估沉降量和被影响建筑的长高比两个综合指标。相邻建筑物基础间的净距可按表 2.18 选用。

表 2.18　相邻建筑物基础间的净距(m)

影响建筑的预估平均沉降量 s/mm	被影响建筑的长高比	
	$2.0 \leqslant \frac{L}{H_f} < 3.0$	$3.0 \leqslant \frac{L}{H_f} < 5.0$
70～150	2～3	3～6
160～250	3～6	6～9

续表

影响建筑的预估平均沉降量 s/mm	被影响建筑的长高比	
	$2.0 \leqslant \frac{L}{H_f} < 3.0$	$3.0 \leqslant \frac{L}{H_f} < 5.0$
260～400	6～9	9～12
>400	9～12	≥12

注：① 表中 L 为建筑物长度或沉降缝分隔的单元长度；H_f 为自基础底面标高算起的建筑物高度(m)。
② 当被影响建筑的长高比为 $1.5 < L/H_f < 2.0$ 时，其间净距可适当缩小。

相邻高耸结构或对倾斜要求严格的构筑物的外墙间隔距离应根据倾斜允许值计算确定。

5. 调整某些设计标高

建筑物的沉降改变了原有各组成部分的标高，严重时将影响建筑物的使用功能，应根据可能产生的不均匀沉降采取下列相应措施进行调整。

(1) 室内地坪和地下设施的标高，应根据预估沉降量予以提高。建筑物各部分(或设备之间)有联系时，可将沉降较大者标高提高。

(2) 建筑物与设备之间应留有净空。当建筑物有管道穿过时，应预留孔洞，或采用柔性的管道接头等。

2.8.2 结构措施

1. 减轻建筑物的自重

基底压力中，建筑物自重(包括基础及覆土重)所占的比例很大，据估计，工业建筑物为1/2 左右，民用建筑物可达 3/5 以上。因此，常采取措施减轻建筑物自重，以便达到减少沉降量的目的。

(1) 减小墙体的重量。应采用轻质高强墙体材料，如空心砌块、多孔砖、混凝土墙板等。此外，某些非承重墙可用轻质隔墙代替。

(2) 选用轻型结构。例如，可采用预应力钢筋混凝土结构、轻钢结构及各种轻型空间结构等。

对于工业厂房屋盖，可将过去常用的大型屋面板加外防水屋盖改为各种自防水轻型屋面板，重量可减轻许多。

(3) 减少基础和回填土的重量。可采用补偿性基础、薄壳基础、无埋式薄板基础等自重轻、回填土少的基础型式，以及用架空地板代替室内填土以减轻基底压力。

2. 设置圈梁

设置圈梁是一般混合结构加强结构刚度、增强结构整体性、减少不均匀沉降危害的有效措施。

1) 圈梁种类

(1) 现浇的钢筋混凝土梁。其梁宽同墙厚，梁高不小于 120mm，混凝土强度等级不低于 C15，纵向钢筋不少于 4Φ8，箍筋间距不大于 300mm。

(2) 钢筋砖圈梁。在水平灰缝内夹筋形成钢筋砖带，高度为 4～6 皮砖，用 M5 砂浆砌筑，水平通长钢筋不少于 4Φ6，水平间距不宜大于 120mm，分上、下两层设置。

2) 圈梁的设置要求

(1) 在多层房屋的基础和顶层处宜各设置一道，其他各层可隔层设置，必要时也可层层设置。单层工业厂房、仓库，可结合基础梁、连系梁、过梁等酌情设置。

(2) 圈梁应设置在外墙、内纵墙和主要内横墙上，并宜在平面内连成封闭系统。

3. 减小或调整基底附加压力

(1) 选用轻型结构，减少墙体重量，采用架空地板代替室内厚填土。

(2) 设置地下室或半地下室，采用覆土少、自重轻的基础型式。

(3) 调整各部分的荷载分布、基础宽度或埋置深度。

(4) 对不均匀沉降限制严格或重要的建筑物，可选用较小的基底应力。

4. 增强上部结构刚度或采用对不均匀沉降欠敏感的结构

合理增加上部结构的刚度和强度，可以增强结构和基础抵抗因不均匀沉降所产生的附加应力带来的危害的能力。

对于单层的工业厂房、仓库和某些公用建筑，可采用排架、三铰拱(图 2.29)等铰结结构，这类非敏感性结构不会因支座的相对变位产生很大的附加应力，故可以避免不均匀沉降的危害。

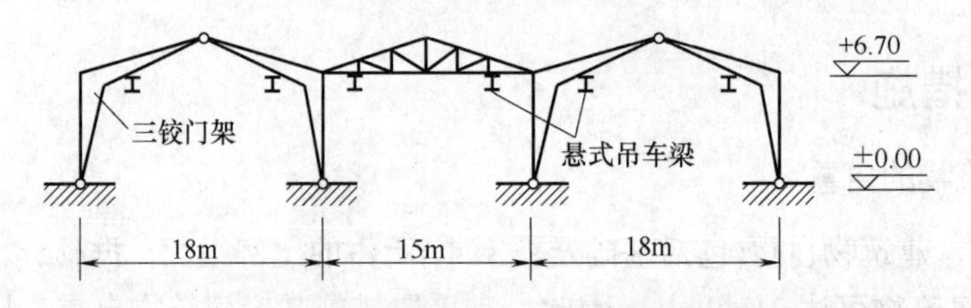

图 2.29 某仓库三铰门架结构示意图

但应注意，即使采用了这些结构，严重的不均匀沉降对屋盖系统、围护结构、吊车梁及各种纵、横联系构件等还是有害的，因此应考虑采取相应的防范措施。

2.8.3 施工措施

在软弱地基上进行工程建设，合理安排施工程序，注意某些施工方法，也能收到减小或调整部分不均匀沉降的效果。

1. 保持地基土的原状结构

在淤泥及淤泥质土的地基上开挖基坑时，要注意尽可能地不扰动土的原状结构，通常可在坑底保留厚约 200mm 的原土层，待施工垫层时再挖除。如坑底软土已被扰动，可先铺一层中粗砂，再铺碎砖、片石、块石等进行处理。

2. 选择合理的施工方法

在已建成的轻型建筑物周围不宜堆放大量建筑材料或土方，以免引起建筑物产生附加沉降。在进行井点排水降低地下水位及挖深坑修建地下室时，应注意对邻近建筑物可能产生的不良影响。

3. 合理安排施工顺序

当拟建的相邻建筑物之间轻(低)重(高)悬殊时，一般按先重后轻、先高后低的程序进行施工；有时还需要在较重建筑物竣工后歇一段时间，再建造轻的邻近建筑物。当高层建筑的主、裙楼下有地下室时，可在主、裙楼相交的裙楼一侧适当位置(一般是 1/3 跨度处)设置施工后浇带。如果重的主体结构有轻的附属部分相连时，也可按上述原则处理。拟建的密集建筑群内如有采用桩基础的建筑物，桩的设置应先于其他工序。

思考与练习题

2.1　地基基础设计方案有哪几种？

2.2　地基基础设计基本原则和要求有哪些？

2.3　关于作用效应组合与抗力限值的取用有哪些规定？

2.4　常用的基础类型及适用条件有哪些？

2.5　什么是无筋扩展基础？无筋扩展基础的类型有哪些？构造上有何要求？

2.6　什么是扩展基础？扩展基础的类型有哪些？

2.7　确定基础埋深时应考虑哪些因素？

2.8　确定地基承载力的原则有哪些？

2.9　地基变形特征有哪些？如何控制地基变形？

2.10　减轻建筑物不均匀沉降损害的建筑、结构及施工措施有哪些？

2.11　某场地地质条件为：第 1 层为杂填土，层厚 1.0m，γ= 18kN/m^3；第 2 层为粉质黏土，层厚 4.2m，γ=18.5kN/m^3，e=0.85，I_L=0.75，地基承载力特征值 f_{ak}=118kPa。计算下列基础修正后的地基承载力特征值：

(1)　基础底面为 4.0m×2.5m 的矩形独立基础，埋深 d=1.2m；

(2)　基础底面宽 b=2.5m 的条形基础，埋深 d=1.2m。

2.12　某柱下独立基础底面尺寸为 3.2m×2.0m，埋深 d=1.8m；持力层地基土为粉质黏土，土的重度γ= 18.5kN/m^3，黏聚力 c_k=10.0kPa，内摩擦角φ_k=30°，试确定持力层地基承载力特征值。

2.13　某场地土层分布如图 2.30 所示，地表面的作用标准组合值 F_k=300kN/m，M_k=35kN·m/m，设计基础埋置深度 d=0.8m，条形基础底面宽度 b=2.0m，试验算地基承载力。

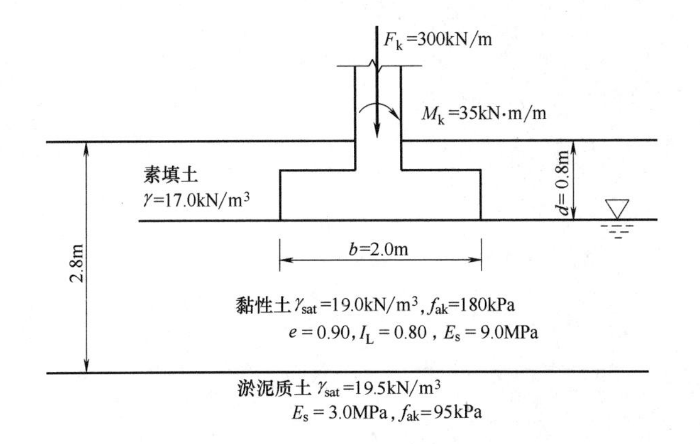

图 2.30　思考与练习题 2.13 图

[illegible]

[illegible]

思考与练习题

2.1 [illegible]

2.2 [illegible]

2.3 [illegible]

2.4 [illegible]

2.5 [illegible]

2.6 [illegible]

2.7 [illegible]

2.8 [illegible]

2.9 [illegible]

2.10 [illegible]

2.11 [illegible] 1.0m [illegible] 18kN/m³ [illegible]

(1) [illegible] 4.0m×2.0m [illegible] 1.2m。

(2) [illegible] 1.2m。

2.12 [illegible]

2.13 [illegible] 2.0m [illegible]

图 2.30 思考题 2.13图

第 3 章　浅基础的结构与构造设计

3.1　概　　述

地基、基础和上部结构相互接触，相互联系，组成一个完整的体系。在它们的接触处，既传递荷载，又相互约束、相互(共同)作用，若将三者分开，它们不仅要满足静力平衡条件，还要在接触处满足变形协调和位移连续的条件，这就是共同作用的基本概念。在地基、基础和上部结构共同作用体系中，基础是一个承上启下的结构物，它将上部结构的荷载传递给地基土，又通过自身的刚度对上调整上部结构，对下约束地基土变形，使地基、基础和上部结构形成一个共同受力、共同变形、协调一致的整体。基础截面内力(弯矩、剪力、扭矩等)是上部结构的荷载与地基反力共同作用的结果，基础内力计算的关键是求解基底反力的大小和分布，而上部结构、基础与地基之间的相互作用力与这三者之间的变形特性和刚度条件密切相关，因此不应将这三者分开后单独求解，也就是应该考虑上部结构、基础与地基的共同作用。这种方法称为共同作用设计分析法，因其比较复杂，计算参数较难确定，只在重大工程中使用。

在一般工程中，把上部结构、基础与地基分离开来进行计算，即视上部结构底端为固定支座或固定铰支座，不考虑荷载作用下各墙柱端部的相对位移，并按此进行内力分析。这种分析与设计方法称为常规设计分析法(图 3.1)。

浅基础在上部结构荷载和基底反力作用下可能发生的破坏模式有 4 种，即剪切破坏、斜压破坏、冲切破坏和弯曲破坏，如图 3.2 所示。一般地，基础的破坏除了与荷载及地基土性质有关外，还与基础的材料、结构及构造密切相关。

无筋扩展基础(刚性基础)的材料(如砖、素混凝土、灰土、三合土等)抗压强度高，而抗拉、抗剪强度低，设计时采用增大其高度(保证截面刚度)的方法，使基础尽量不承受拉应力和剪应力，而主要承受压应力，并保证基础内的应力都不超过材料的强度，基础不发生任何形式的破坏。在实际设计中，主要采用控制基础宽高比(或刚性角)方法来达到这一目的，而一般不需要进行抗剪切、抗冲切等验算。

由钢筋混凝土建造的基础材料的抗拉、抗剪强度较高，基础截面的高度较小，而且其形状布置也较灵活，可以“宽基浅埋”。但是如果材料选择、截面高度及配筋等设计不合理，就可能发生纯剪、斜压(拉)、冲切或弯曲等破坏。因此，钢筋混凝土基础结构设计验算的内容包括抗剪切、抗冲切及配筋等。

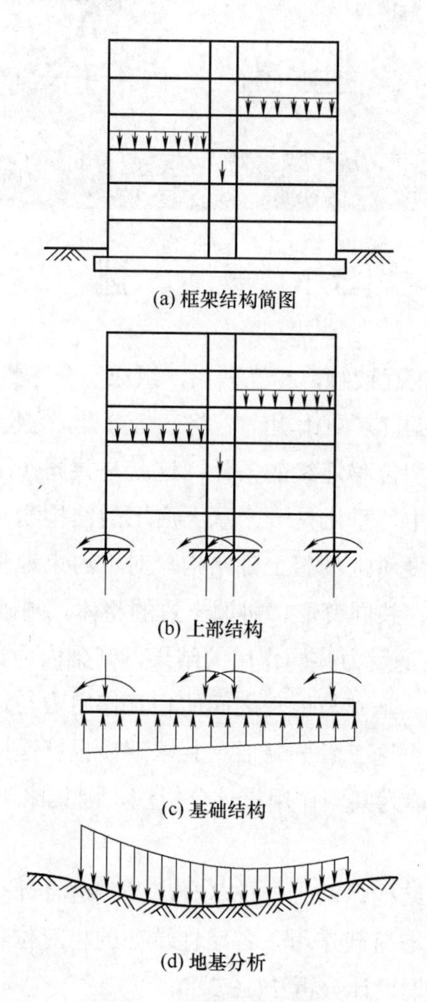

图 3.1　常规设计分析法

在进行基础结构设计(基础高度确定、基础截面配筋)时，上部结构传来的作用效应应按承载能力极限状态下作用的基本组合计算，相应的基底反力不计基础及其上土的重力，即为基本组合净反力。

对于独立基础及墙下条形基础，地基反力通常假定为线性分布。对于柱下条形基础和筏板基础，如果持力层土质、柱距和荷载分布不均匀，宜按弹性地基梁计算。

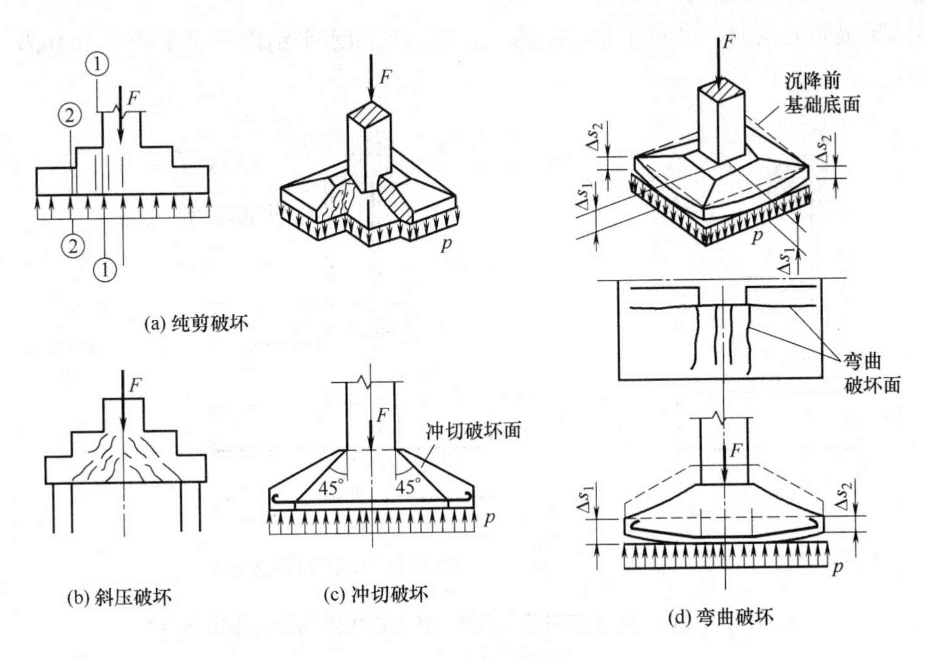

图 3.2 浅基础的破坏模式

3.2 无筋扩展基础

无筋扩展基础台阶宽高比为基础外伸长度与基础高度的比值，即图 3.3 中角α 的正切，即

$$\tan\alpha = \frac{b-b_0}{2H_0} \tag{3.1}$$

设计时应满足

$$H_0 \geqslant \frac{b-b_0}{2\tan\alpha} \tag{3.2}$$

式中：$\tan\alpha$——基础台阶宽高比 b_2/H_0，其允许值可按表 3.1 选用；$b_2=(b-b_0)/2$ 为基础外伸长度；

b——基础底面宽度；

b_0——基础顶面墙体宽度或柱脚宽度；

H_0——基础高度。

由 2.2.1 节可知，用“二皮一收”和“二一间隔收”法砌筑的砖基础“大放脚”都可以满足砖基础宽高比为 1∶1.50 的要求，用“二一间隔收”法砌筑的基础高度较“二皮一收”法的小些。由表 3.1 可知，除砖基础外，同样基础宽度条件下，毛石基础、灰土基础和三合土基础限制的宽高比值较小，要求的基础高度要比素混凝土和毛石混凝土基础的大，但当基底压力大于 200kPa 时，不宜再采用毛石、灰土及三合土作基础材料。

对于钢筋混凝土柱下无筋扩展基础，其柱脚高度 h_1 不得小于 b_1[图 3.3(b)]，并不应小于 300 mm，且不小于 $20d$(d 为柱纵向受力钢筋的最大直径)。当纵向钢筋在柱脚内的竖向锚固长度不满足锚固要求时，可沿水平方向弯折，弯折后的水平锚固长度不应小于 10d，也不应大于 20d。

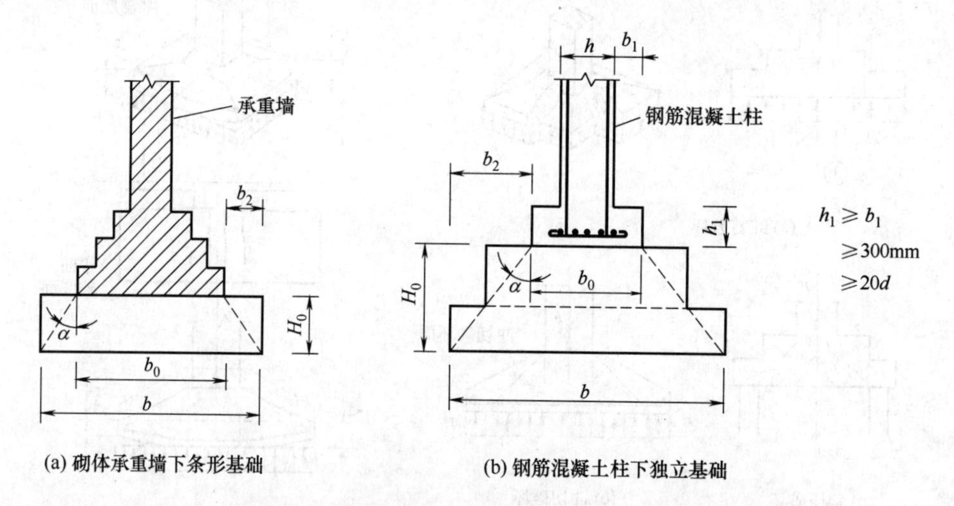

(a) 砌体承重墙下条形基础　　(b) 钢筋混凝土柱下独立基础

图 3.3 无筋扩展基础构造示意图 (d 为柱中纵向钢筋最大直径)

表 3.1 无筋扩展基础台阶宽高比的允许值

基础材料	质量要求	台阶宽高比的允许值		
		$p_k \leqslant 100$	$100 < p_k \leqslant 200$	$200 < p_k \leqslant 300$
混凝土基础	C15 混凝土	1∶1.00	1∶1.00	1∶1.25
毛石混凝土基础	C15 混凝土	1∶1.00	1∶1.25	1∶1.50
砖基础	砖不低于 MU10，砂浆不低于 M5	1∶1.50	1∶1.50	1∶1.50
毛石基础	砂浆不低于 M5	1∶1.25	1∶1.50	—
灰土基础	体积比 3∶7 或 2∶8 的灰土，其最小干密度： 粉土 1550kg/m^3； 粉质黏土 1500kg/m^3； 黏土 1450kg/m^3	1∶1.25	1∶1.50	—
三合土基础	石灰∶砂∶骨料体积比为 1∶2∶4～1∶3∶6，每层约虚铺220mm，夯至150mm	1∶1.50	1∶2.00	—

注：① p_k 为作用的标准组合时基础底面处的平均压力值(kPa)。

② 阶梯形毛石基础的每阶伸出宽度不宜大于 200mm。

③ 当基础由不同材料叠合组成时，应对接触部分作抗压验算。

④ 混凝土基础单侧扩展范围内基础底面处的平均压力值超过 300kPa 时，应进行抗剪验算；对于基底反力集中于立柱附近的岩石地基，应进行局部受压承载力验算。

【例 3.1】设计例 2.1 中的墙下刚性条形基础。

【解】如果全部用砖基础做大放脚，基础埋深不满足要求(请读者作为练习)，故采用在素混凝土垫层上设置砖大放脚。

采用 MU10 砖和 M5 砂浆，C15 素混凝土，厚 300mm。

基底压力为

$$p_k = \frac{F_k + G_k}{A} = \frac{190 + 20 \times 1.2 \times 0.8}{1.2} = 174.3(\text{kPa})$$

查表 3.1 得混凝土基础宽高比允许值为 1∶1.00，所以混凝土台阶最大缩进值 b_2 = 300mm。

砖放脚所需阶数

$$n \geqslant \frac{1300 - 240 - 300 \times 2}{60 \times 2} = 3.8$$

取 $n = 4$。采用“二一间隔收”砌法，相应的基础高度为

$$H = 120 \times 2 + 60 \times 2 + 300 = 660(\text{mm})$$

基础顶面埋深验算

$$800 - 660 = 140\text{mm} > 100\text{mm}$$

合适。

基础宽度验算(如果 n 的计算值是整数时，此验算可省略)：

$$300 \times 2 + 240 + 60 \times 8 = 1320\text{mm} > 1300\text{mm}$$

所以，混凝土台阶缩进值调整为 $b_2 = 290$mm。

绘制基础施工图，如图 3.4 所示。

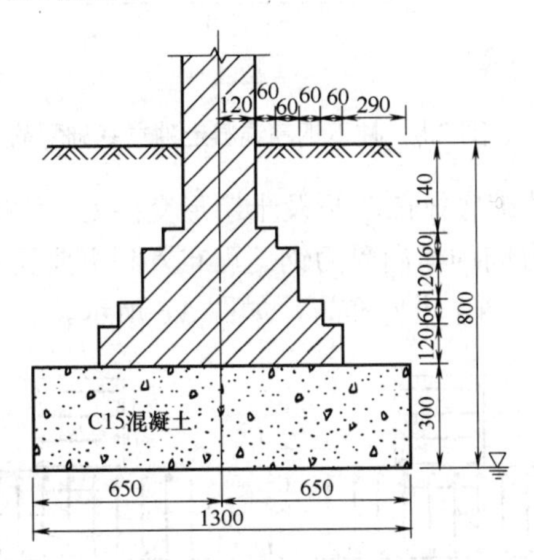

图 3.4　墙下刚性条形基础施工图

3.3 扩 展 基 础

3.3.1 扩展基础的构造要求

(1) 锥形基础的边缘高度不宜小于 200mm，且两个方向的坡度不宜大于 1∶3；阶梯形基础的每阶高度宜为 300～500mm。

(2) 垫层厚度不宜小于 70mm，垫层混凝土强度等级不宜低于 C10。常做成 100mm 厚 C10 素混凝土垫层，两边各伸出基础 100mm。

(3) 扩展基础底板受力钢筋的最小配筋率应不小于 0.15%，底板受力钢筋的最小直径不应小于 10mm；间距不应大于 200mm，也不应小于 100mm。墙下钢筋混凝土条形基础纵向分布钢筋的直径不应小于 8mm；间距不应大于 300mm；每延米分布钢筋的面积不应小于受力钢筋面积的 15%。当有垫层时钢筋保护层的厚度不小于 40mm，无垫层时不小于 70mm。

(4) 混凝土强度等级不应低于 C20。

(5) 当柱下钢筋混凝土独立基础的边长和墙下钢筋混凝土条形基础的宽度大于或等于 2.5m 时，底板受力钢筋的长度可取边长或宽度的 0.9 倍，并宜交错布置，如图 3.5 所示。

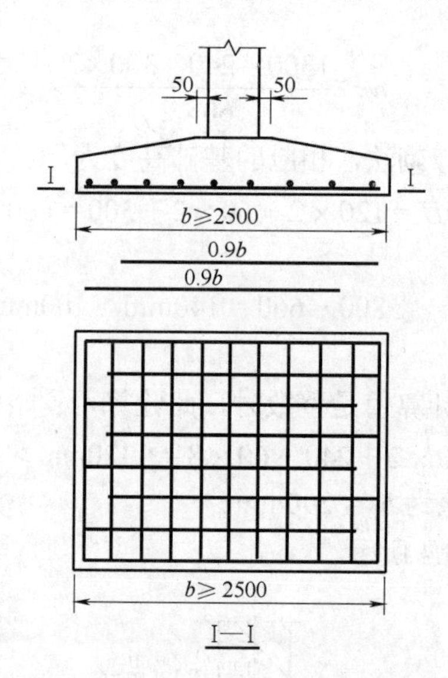

图 3.5　柱下钢筋混凝土独立基础配筋

(6) 钢筋混凝土条形基础底板在 T 形及十字形交接处，底板横向受力钢筋仅沿一个主要受力方向通长布置，另一方向的横向受力钢筋可布置到主要受力方向底板宽度 1/4 处。在拐角处底板横向受力钢筋应沿两个方向布置，如图 3.6 所示。

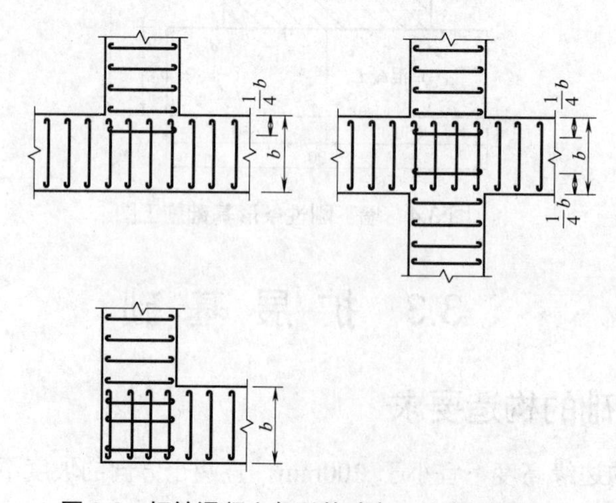

图 3.6　钢筋混凝土条形基础交叉处底板配筋

《规范》对钢筋混凝土柱和剪力墙纵向受力钢筋在基础内的锚固长度，现浇柱的基础，其插筋的数量、直径以及钢筋种类及构造，预制钢筋混凝土柱与杯口基础的连接构造，预制钢筋混凝土柱(包括双肢柱)与高杯口基础的连接构造等都提出了相应的要求，这里从略。

3.3.2　扩展基础结构设计的计算原则

扩展基础的结构设计包括抗弯(配筋)计算，抗冲切、抗剪切验算(基础高度确定)等。

在扩展基础的结构设计中，上部结构传来的荷载效应组合和相应的基底反力应按承载能力极限状态下荷载效应的基本组合，并扣除基础及其上土的自重(基底净反力)。

《建筑地基基础设计规范》(GB 50007—2011)规定，扩展基础的计算应符合下列规定。

(1) 对于柱下独立基础，当冲切破坏锥体落在基础底面以内时，应验算柱与基础交接处以及基础变阶处的受冲切承载力。

(2) 对于基础底面短边尺寸小于或等于柱宽加两倍基础有效高的柱下独立基础，以及墙下条形基础，应验算柱(墙)与基础交接处的基础受剪切承载力。

(3) 基础底板的配筋应按抗弯计算确定。

(4) 当基础的混凝土强度等级小于柱的混凝土强度等级时，应验算柱下基础顶面的局部受压承载力。

3.3.3　钢筋混凝土墙下条形基础

设计钢筋混凝土墙下条形基础时，底面宽度 b 根据地基承载力要求确定，基础的抗弯能力由计算底板配筋保证，基础的高度 h 由混凝土抗剪切条件确定。

1. 底板配筋计算

墙下钢筋混凝土条形基础的内力计算一般按平面应变问题处理，在长度方向取 1m 计算。《规范》给出的底板横向弯矩计算公式为(图 3.7)

$$M_1 = \frac{1}{12}a_1^2[(2l + a')(p_{\max} + p_1 - 2G/A) + (p_{\max} - p_1)l] \tag{3.3}$$

其中，$l = a' = 1$(条形基础取 1m 长度计算)，则式(3.3)成为

$$M_1 = \frac{1}{6}a_1^2(2p_{\max} + p_1 - 3G/A) \tag{3.4}$$

通常可采用基底净反力计算，即

$$M_{\mathrm{I}} = \frac{1}{2}a_1^2 p_{1j} \tag{3.5}$$

式中：M_{I}——任意截面Ⅰ—Ⅰ处相应于作用的基本组合时的弯矩设计值；

a_1——任意截面Ⅰ—Ⅰ至基底边缘最大反力处的距离，当墙体材料为混凝土时，取 $a_1 = b_1$，如为砖墙且放脚不大于 1/4 砖长时，取 $a_1 = b_1 + 1/4$ 砖长；

l，b——基础底面的边长；

$p_{\max}$——相应于作用的基本组合时的基础底面边缘最大地基反力设计值；

p_1——相应于作用的基本组合时在任意截面Ⅰ—Ⅰ处基础底面地基反力设计值；

p_{1j}——相应于作用的基本组合时在任意截面Ⅰ—Ⅰ处基础底面地基净反力设计值，常取 $p_{j\max}$；

G——考虑荷载分项系数的基础自重及其上的土自重，当组合值由永久荷载控制时，$G = 1.35G_k$，G_k 为基础及其上土的标准自重；

A——基础底面积，条形基础 $A = b \times 1 = b$。

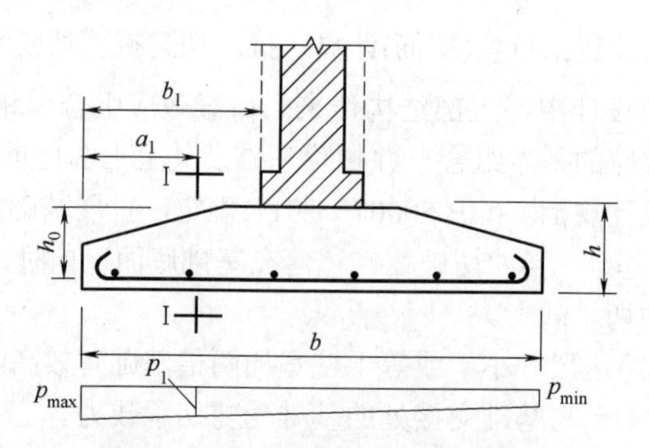

图 3.7 墙下条形基础计算示意图

基础底板配筋应符合《混凝土结构设计规范》(GB 50010—2010)正截面受弯承载力计算要求。如果按简化矩形截面单筋板考虑，取 $\xi = x / h_0 = 0.2$，按式(3.6)简化计算，即

$$A_s = \frac{M_{\mathrm{I}}}{0.9 f_y h_0} \tag{3.6}$$

式中：A_s ——每米长基础底板受力钢筋截面面积；

f_y ——钢筋抗拉强度设计值；

h_0 ——基础底板有效高度，即基础板厚度减去钢筋保护层厚度(有垫层 40mm，无垫层 70mm)和 1/2 倍的钢筋直径。

基础底板配筋还应该满足最小配筋率和构造要求。在计算最小配筋率时，阶梯形和锥形截面基础的有效矩形面积的有效高度 h_0 的确定可参考《混凝土结构设计规范》(GB 50010—2010)。

2. 受剪承载力验算

钢筋混凝土墙下条形基础的墙与基础交接处受剪承载力取单位长度计算，取Ⅰ—Ⅰ计算截面为，则剪力 V_{I} 为(见图 3.7，其中基底压力改为基底净反力)

$$V_{\mathrm{I}} = \frac{1}{2}(p_{j\max} + p_{1j})a_1 \tag{3.7}$$

或者

$$V_{\mathrm{I}} = \frac{a_1}{2b}[(2b - a_1)p_{j\max} + a_1 p_{j\min}] \tag{3.8}$$

式中，$p_{j\max}$，$p_{j\min}$——相应于作用的基本组合时基底地基净反力的最大值和最小值。

在不配置箍筋和弯起钢筋的受弯钢筋时，钢筋混凝土墙下条形基础的高度应满足混凝土的抗剪切条件，即

$$V_{\mathrm{I}} \leqslant 0.7\beta_{hs} f_t h_0 \tag{3.9}$$

或

$$h_0 \geqslant \frac{V_1}{0.7\beta_{hs} f_t} \tag{3.10}$$

式中：f_t ——混凝土轴心抗拉强度设计值；

h_0——基础底板有效高度；

β_{hs}——截面高度影响系数，$\beta_{hs} = (800 / h_0)^{1/4}$，当 $h_0 < 800$mm 时，取 $h_0 = 800$mm；当 $h_0 > 2000$mm 时，取 $h_0 = 2000$mm。

基础高度 h 为有效高度 h_0 加上混凝土保护层厚度，设计时可初选基础高度 $h = b / 8$。

阶梯形和锥形截面基础的有效矩形面积的有效高度 h_0，可参考《混凝土结构设计规范》(GB 5000—2010)。

3.3.4　钢筋混凝土柱下独立基础

设计钢筋混凝土柱下独立基础时，底面面积 A 根据地基承载力要求确定，基础的抗弯能力由计算底板配筋保证，基础的高度 h 由混凝土抗冲切、抗剪切条件确定。在大多数条件下，如果基础底面短边尺寸大于柱宽加两倍基础有效高度，基础高度满足抗冲切条件，则抗剪切条件也就可以满足。也就是说，抗冲切条件为控制条件。规范规定，如果基础底面短边尺寸小于或等于柱宽加两倍基础有效高度，要按照抗剪切承载力验算基础高度。

1. 受冲切承载力验算

对于矩形截面柱的矩形基础，应验算柱与基础交接处以及基础变阶处的受冲切承载力。受冲切承载力应按式(3.11)验算(图 3.8)。

$$F_l \leqslant 0.7\beta_{hp} f_t a_m h_0 \tag{3.11}$$

$$a_m = (a_t + a_b) / 2 \tag{3.12}$$

$$F_l = p_j A_l \tag{3.13}$$

式中：β_{hp}——受冲切承载力截面高度影响系数，当 h 不大于 800mm 时，β_{hp} 取 1.0，当 h 大于等于 2000mm 时，β_{hp} 取 0.9，其间按线性内插法取用；

f_t ——混凝土轴心抗拉强度设计值；

h_0——基础冲切破坏锥体的有效高度；

a_m——冲切破坏锥体最不利一侧计算长度；

a_t——冲切破坏锥体最不利一侧斜截面的上边长，当计算柱与基础交接处的受冲切承载力时，取柱宽；当计算基础变阶处的受冲切承载力时，取上阶宽；

a_b——冲切破坏锥体最不利一侧斜截面在基础底面积范围内的下边长，当冲切破坏锥体的底面落在基础底面以内[图 3.8(a)，(b)]，计算柱与基础交接处的受冲切承载力时，取柱宽加 2 倍基础有效高度；当计算基础变阶处的受冲切承载力时，取上阶宽加 2 倍该处的基础有效高度；

p_j——扣除基础自重及其上土重后相应于作用的基本组合时的地基土单位面积净反力，对于偏心受压基础可取基础边缘处最大地基土单位面积净反力；

A ——冲切验算时取用的部分基底面积[图 3.8(a)，(b)中的阴影面积 $ABCDEF$]；

F_l——相应于作用的基本组合时作用在 A_l 上的地基土净反力设计值。

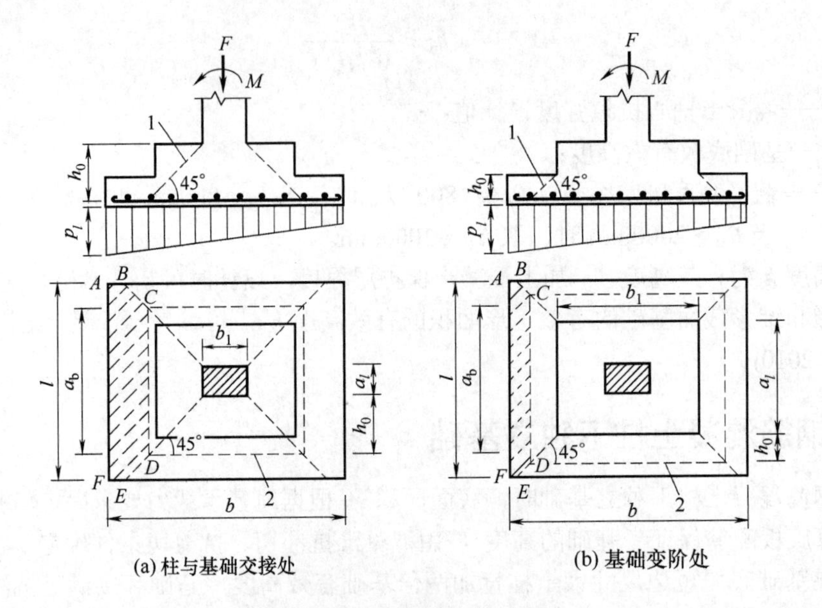

图 3.8 矩形基础抗冲切计算

1—冲切破坏锥体最不利一侧的斜截面；2—冲切破坏锥体的底面线

2. 受剪承载力验算

当基础底面短边尺寸小于或等于柱宽加两倍基础有效高度时(图 3.9)，应按式(3.14)验算柱与基础交接处截面受剪承载力[参见式(3.9)]

$$V_s \leqslant 0.7\ \beta_{hs}\ f_t\ A_0 \tag{3.14}$$

$$\beta_{hs} = (800/h_0)^{1/4} \tag{3.15}$$

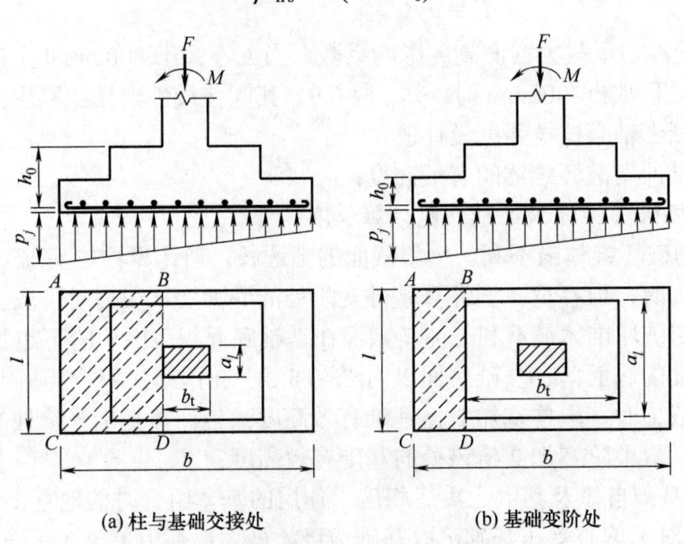

图 3.9 验算阶形基础受剪切承载力示意图

式中：V_s ——柱与基础交接处的剪力设计值(kN)，图 3.9(b)中的阴影面积乘以基底平均净反力；

β_{hs}——受剪切承载力截面高度影响系数，当 $h_0 < 800$mm 时，取 $h_0 = 800$mm；当

$h_0>2000\text{mm}$ 时，取 $h_0=2000\text{mm}$；

A_0——验算截面处基础的有效截面面积(m^2)，当验算截面为阶梯形或锥形时，可将其折算成矩形截面，截面的折算宽度按式(3.16)～式(3.19)计算。

对于阶梯形基础(图 3.10)，计算变阶处截面的斜截面受剪承载力时，截面有效高度为下阶有效高，截面计算宽度为下阶相应方向宽度；计算柱边截面 $A—A$ 和 $B—B$ 处的斜截面受剪承载力时，其截面有效高度均为 $h_{01}+h_{02}$，截面计算宽度按式(3.16)、式(3.17)：

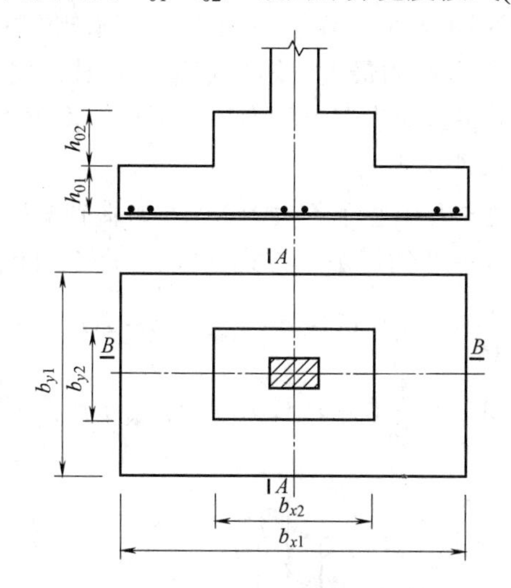

图 3.10　阶梯形截面基础斜截面受剪承载力计算

对于 $A—A$ 截面

$$b_{y0}=\frac{b_{y1}\cdot h_{01}+b_{y2}\cdot h_{02}}{h_{01}+h_{02}} \tag{3.16}$$

对于 $B—B$ 截面

$$b_{x0}=\frac{b_{x1}\cdot h_{01}+b_{x2}\cdot h_{02}}{h_{01}+h_{02}} \tag{3.17}$$

对于锥形基础，应对 $A—A$ 及 $B—B$ 两个截面进行受剪承载力计算(图 3.11)，截面有效高度均为 h_0，截面的计算宽度按式(3.18)、式(3.19)计算：

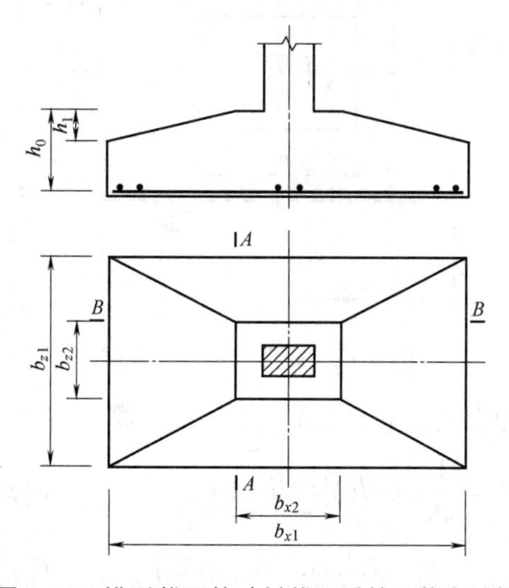

图 3.11　锥形截面基础斜截面受剪承载力计算

对于 A—A 截面
$$b_{y0}=[1-0.5\frac{h_1}{h_0}(1-\frac{b_{y2}}{b_{y1}})]b_{y1} \tag{3.18}$$

对于 B—B 截面
$$b_{x0}=[1-0.5\frac{h_1}{h_0}(1-\frac{b_{x2}}{b_{x1}})]b_{x1} \tag{3.19}$$

3. 基础底板配筋

由于独立基础底板在地基净反力 p_j 作用下在两个方向均发生弯曲，所以两个方向都要配受力钢筋，钢筋面积按两个方向的最大弯矩分别计算。计算时，应符合《混凝土结构设计规范》(GB 50010—2010)中正截面受弯承载力计算要求，配筋面积可按式(3.6)简化计算，同时应该满足最小配筋率与构造要求。

当台阶的宽高比不大于 2.5 及偏心距不大于 $b/6$(b 为基础宽度)时，基础在纵向和横向两个方向的任意截面Ⅰ—Ⅰ和Ⅱ—Ⅱ的弯矩可按式(3.20)、式(3.21)计算(图 3.12)，即

$$M_{\text{I}}=\frac{1}{48}(b-b_0)^2[(2l+a)(p_{\max}+p_1-2G/A)+(p_{\max}-p_1)l] \tag{3.20}$$

$$M_{\text{II}}=\frac{1}{48}(l-a)^2(2b+b_0)(p_{\max}+p_{\min}-2G/A) \tag{3.21}$$

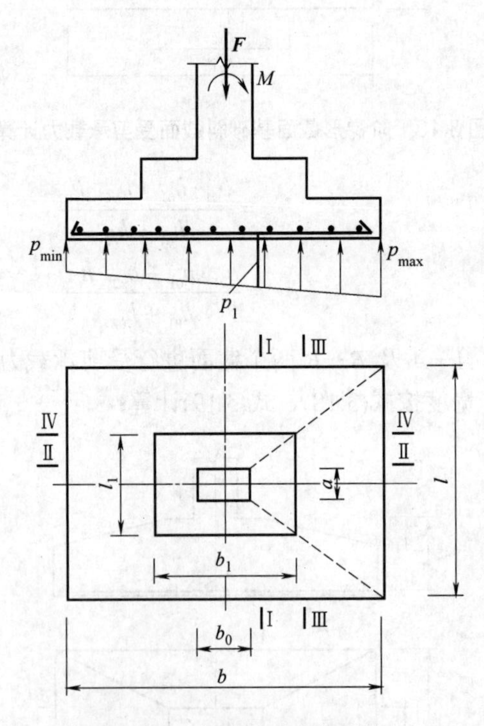

图 3.12 矩形基础弯矩计算

习惯上，常采用基底净反力按式(3.22)、式(3.23)计算

$$M_{\text{I}}=\frac{1}{48}(b-b_0)^2\left[(2l+a)(p_{j\max}+p_{1j})+(p_{j\max}+p_{1j})l\right] \tag{3.22}$$

$$M_{\text{II}}=\frac{1}{48}(l-a)^2(2b+b_0)(p_{j\max}+p_{j\min}) \tag{3.23}$$

式中：M_{I}，M_{II}——任意截面Ⅰ—Ⅰ、Ⅱ—Ⅱ处相应于荷载效应基本组合时的弯矩设计值；

b，l——弯矩作用方向和垂直于弯矩作用方向的基础底面的边长；

b_0，a——弯矩作用方向和垂直于弯矩作用方向柱截面的边长；

p_{max}，p_{min}——相应于荷载效应基本组合时的基础底面边缘最大和最小地基反力设计值；

p_{jmax}，p_{jmin}——相应于荷载效应基本组合时基底地基净反力最大和最小值；

p_1——相应于荷载效应基本组合时在任意截面Ⅰ—Ⅰ处基础底面地基反力设计值；

p_{1j}——相应于荷载效应基本组合时在任意截面Ⅰ—Ⅰ处基础底面地基净反力设计值；

G——考虑荷载分项系数的基础自重及其上的土自重，当组合值由永久荷载控制时，$G=1.35G_k$，G_k为基础及其上土的标准自重。

注意，式(3.20)与式(3.22)及式(3.21)与式(3.23)是完全等价的，计算时取方便的公式即可。

同理，对于柱下独立台阶式基础，则还应分别计算变阶处的弯矩M_{III}、M_{IV}，其值为

$$M_{\text{III}}=\frac{1}{48}(b-b_1)^2\left[(2l+l_1)(p_{j\max}+p_{\text{III}j})+(p_{j\max}+p_{\text{III}j})l\right] \tag{3.24}$$

$$M_{\text{IV}}=\frac{1}{48}(l-l_1)^2(2b+b_1)(p_{j\max}+p_{j\min}) \tag{3.25}$$

式中：M_{III}，M_{IV}——任意截面Ⅲ—Ⅲ、Ⅳ—Ⅳ处相应于荷载效应基本组合时的弯矩设计值；

b_1，l_1——弯矩作用方向和垂直于弯矩作用方向的上阶边长；

$p_{\text{III}j}$——相应于荷载效应基本组合时在任意截面Ⅲ—Ⅲ处基础底面地基净反力设计值。

比较由M_{I}、M_{III}和M_{II}、M_{IV}计算的配筋面积，分别取计算面积较大者双向配筋。

《建筑地基基础设计规范》(GB 50007—2011)规定，当满足条件$2\leqslant\omega=l/b\leqslant3$(其中$l$、$b$分别为柱下独立基础底面长边、短边尺寸) 时，基础底板短向钢筋应按下述方法布置：将全部短向钢筋的面积乘以λ后求得的钢筋均匀分布在与中心线重合的宽度等于基础短边的中间带宽范围内(图 3.13)，其余的短向钢筋则均匀分布在中间带宽的两侧。长向配筋应均匀分布在基础全宽范围内。λ按式(3.26)计算：

$$\lambda=1-\omega/6 \tag{3.26}$$

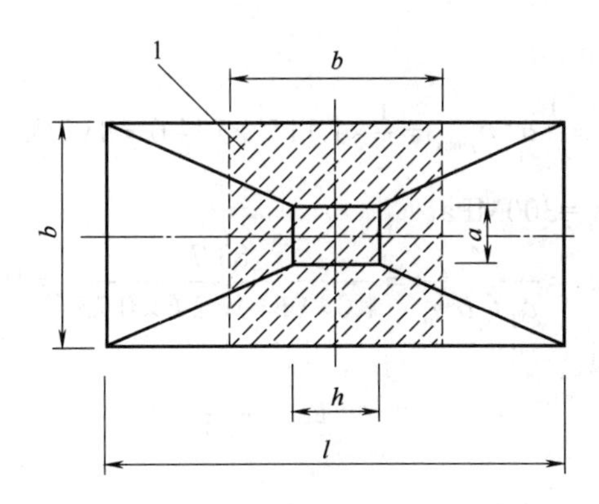

图 3.13　基础底板短向钢筋配置示意

1—λ 倍短向全部钢筋面积均匀配置在阴影范围内

【例 3.2】某场地地基土为粉质黏土，$e=0.88$，$I_L=0.90$，$\gamma=18.0\text{kN/m}^3$，$\gamma_{sat}=19.0\text{kN/m}^3$，地下水位埋深为 1.8m，地基承载力特征值$f_{ak}=120\text{kPa}$。场地内某教学楼外墙厚 370mm，传

至基础顶面的竖向荷载标准组合值 F_k=265kN/m，基本组合值 F=350kN/m，基础埋深为1.20m(自室外地面算起)，室内外高差为0.5m，试设计该钢筋混凝土墙下条形基础。

【解】(1) 地基承载力特征值修正。

查表2.11，得η_b=0，η_d=1.0，则修正后得地基承载力特征值为

$$f_a=120+1.0\times18\times(1.2-0.5)=132.6(\text{kPa})$$

(2) 求基础宽度。

基础宽度[计算基础埋深取 $d=(1.2+1.7)/2=1.45\text{m}$]为

$$b\geqslant\frac{F_k}{f_a-\gamma_G d}=\frac{265}{132.6-20\times1.45}=2.56(\text{m})$$

取 $b=2.6\text{m}$。

(3) 确定基础底板厚度。

按照钢筋混凝土墙下条形基础构造要求初步取 $h=b/8=2.6/8=0.325(\text{m})$，初选 $h=0.300\text{m}$。

下面按照抗剪切条件验算基础高度。

地基净反力设计值为

$$p_j=F/b=350/2.6=134.6(\text{kPa})$$

截面至基础边缘的距离为

$$a_1=(b-b_0)/2=(2.6-0.37)/2=1.115(\text{m})$$

截面Ⅰ—Ⅰ的剪力设计值为

$$V_{\text{I}}=p_j a_1=134.6\times1.115=150.1(\text{kN})$$

选用C20混凝土，f_t=1.10MPa，f_c=9.6MPa。

基础底板有效高度 h_0=300−40−20/2=250(mm)=0.25(m)(按有垫层、ϕ20底板筋直径计)，截面高度影响系数β_{hs}=1。所以，基础抗剪切承载力为

$$V_{\text{I}}=0.7\beta_{hs}f_t h_0=0.7\times1.0\times1100\times0.25=192.5(\text{kN})>150.1(\text{kN})$$

合适。

(4) 底板配筋计算。

计算截面Ⅰ—Ⅰ的弯矩

$$M_{\text{I}}=\frac{1}{2}a_1^2 p_{j\max}=\frac{1}{2}\times1.115^2\times134.6=83.7(\text{kN}\cdot\text{m/m})$$

选用HRB335钢筋，f_y=300MPa。

$$\alpha_s=\frac{M_{\text{I}}}{\alpha_1 f_c b h_0^2}=\frac{83.7}{1.0\times9600\times2.6\times0.25^2}=0.0537$$

由$\alpha_s=\xi(1-0.5\xi)$，得

$$\xi=0.055$$

由$\gamma_s=1-0.5\xi$，得

$$\gamma_s=0.973$$

于是，所需钢筋面积

$$A_s=\frac{M_{\text{I}}}{\gamma_s f_y h_0}=\frac{83.7}{0.973\times300\,000\times0.25}=0.001147\ \text{m}^2=1147\ \text{mm}^2$$

选用6Φ16@170(实配每延米 $A_s=1206\text{mm}^2$)，分布筋选12Φ8@250。

配筋率验算：$\rho=A_s/A=1206\times10^{-6}/(0.25\times1.0)=0.0048>0.15\%=0.0015$(合适)。

分布筋面积为 604mm^2，为受力筋面积的 0.5 倍，大于受力筋面积的 15%，合适。

(5) 绘制基础施工图。

基础剖面图如图 3.14 所示。

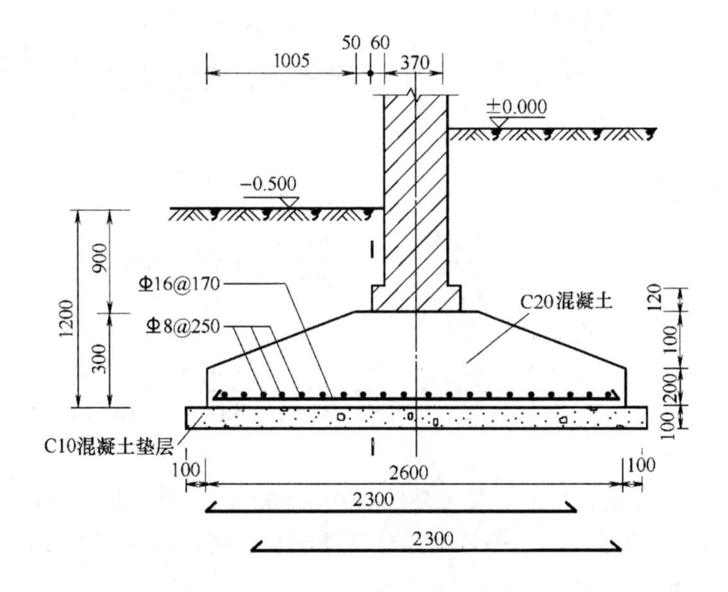

图 3.14　钢筋混凝土墙下条形基础剖面图

【例 3.3】 某框架柱截面为 500mm×600mm，地表的作用基本组合值 F=1480kN，M=145kN·m，V=20kN，基础埋深为 2m，基础底面为 2.6m×3.6m，如图 3.15 所示。基础材料选用 C25 混凝土，HRB335 钢筋。试进行台阶式基础的高度和配筋计算。

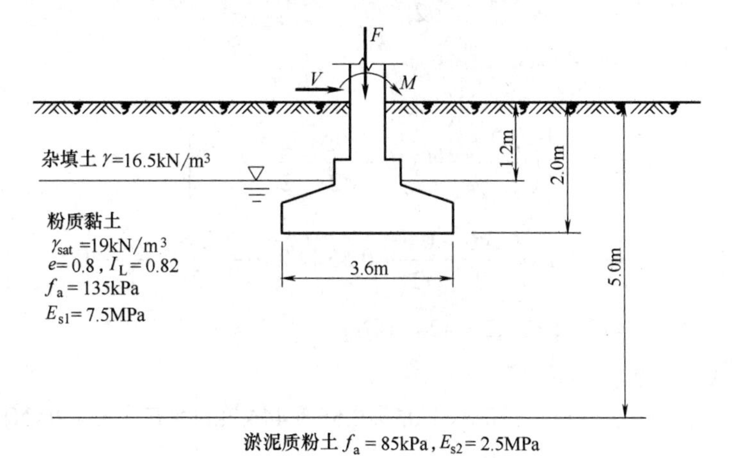

图 3.15　柱下独立基础算例

【解】

1) 计算基底反力和基底净反力

(1) 反力计算。

基础底面积 $A = 2.6 \times 3.6 = 9.36\text{m}^2$，基础及其上土重 G_k =20 × 9.36 × 1.2 + (20 − 10) ×

$9.36\times(2.0-1.2)=299.5\text{kN}$，$G=1.35\,G_k=404.4\text{kN}$。

偏心距

$$e=\frac{\sum M}{\sum F}=\frac{145+20\times2.0}{1480+404.4}=0.099(\text{m})\ <\ \frac{1}{6}l=0.6(\text{m})$$

基础边缘处的最大和最小反力

$$\frac{p_{\max}}{p_{\min}}=\frac{F+G}{A}\left(1\pm\frac{6e}{l}\right)=\frac{1480+404.4}{9.36}\times\left(1+\frac{6\times0.098}{3.6}\right)=\frac{234.2(\text{kPa})}{168.4(\text{kPa})}$$

(2) 净反力计算。

偏心距

$$e_j=\frac{\sum M}{\sum F}=\frac{145+20\times2.0}{1480}=0.125(\text{m})$$

基础边缘处的最大和最小净反力

$$\frac{p_{j\max}}{p_{j\min}}=\frac{F}{A}\left(1\pm\frac{6e_j}{l}\right)=\frac{1480}{9.36}\times\left(1\pm\frac{6\times0.125}{3.6}\right)=\frac{191.1(\text{kPa})}{125.2(\text{kPa})}$$

2) 基础高度计算

初步选取台阶式基础，C25 混凝土基础总高为 600mm，分两阶，每阶 300mm，上阶面积为 1.8m × 2.4m，有垫层，柱与基础交接处的基础有效高为 $h_0=550\text{mm}$，变阶处的基础有效高为 $h_0=250\text{mm}$(图 3.16)。

(1) 柱与基础交接处Ⅰ—Ⅰ截面抗冲切验算。

$a_t+2\,h_0=500+2\times550=1600(\text{mm})=1.6\text{m}<2.6\text{m}$，冲切锥体落在基础底面内，取 $a_b=1.6\text{m}$。

$$a_m=\frac{a_t+a_b}{2}=\frac{0.5+1.6}{2}=1.05(\text{m})$$

偏心荷载作用下取 p_j 为 $p_{j\max}$。

冲切荷载为

$$F_l=p_{j\max}\left[\left(\frac{l}{2}-\frac{l_0}{2}-h_0\right)b-\left(\frac{b}{2}-\frac{b_0}{2}-h_0\right)^2\right]$$

$$=191.1\times\left[\left(\frac{3.6}{2}-\frac{0.6}{2}-0.55\right)\times2.6-\left(\frac{2.6}{2}-\frac{0.5}{2}-0.55\right)^2\right]$$

$$=191.1\times2.22=424.2(\text{kN})$$

抗冲切承载力为($\beta_{hp}=1.0$)

$0.7\,\beta_{hp}f_t\,a_m\,h_0=0.7\times1.0\times1100\times1.05\times0.55=444.7\text{kN}>F_l=424.2(\text{kN})$

合适。

(2) 变阶处Ⅲ—Ⅲ截面抗冲切验算。

$a_t=b_1=1.8\text{m}$，$a_t+2\,h_0=1.8+2\times0.25=2.3\text{m}<2.6\text{m}$，冲切锥体落在基础底面内，取 $a_b=2.3\text{m}$。

$$a_m=\frac{a_t+a_b}{2}=\frac{1.8+2.3}{2}=2.05(\text{m})$$

冲切荷载为

$$F_l = p_{j\max}\left[\left(\frac{l}{2}-\frac{l_1}{2}-h_0\right)b-\left(\frac{b}{2}-\frac{b_1}{2}-h_0\right)^2\right]$$

$$=191.1\times\left[\left(\frac{3.6}{2}-\frac{2.4}{2}-0.25\right)\times 2.6-\left(\frac{2.6}{2}-\frac{1.8}{2}-0.25\right)^2\right]$$

$$=191.1\times 0.8875=169.6(\text{kN})$$

抗冲切承载力为

$0.7\beta_{hp}f_t a_m h_0 = 0.7\times 1.0\times 1100\times 2.05\times 0.25 = 394.6(\text{kN}) > F_l = 169.6\text{kN}$(合适)

讨论：需不需要再验算截面Ⅱ—Ⅱ和Ⅳ—Ⅳ的抗冲切承载力？

3) 配筋计算——按规范公式计算(HRB335 钢筋)

(1) 基础长边方向。

① 柱边Ⅰ—Ⅰ截面。

$$p_1 = p_{\max}-\frac{l-l_0}{2}\frac{p_{\max}-p_{\min}}{l}=234.2-\frac{3.6-0.6}{2}\times\frac{234.2-168.4}{3.6}=206.8(\text{kPa})$$

$$M_{\text{I}}=\frac{1}{48}(l-l_0)^2[(2b+b_0)(p_{\max}+p_1-2G/A)+(p_{\max}-p_1)b]$$

$$=\frac{1}{48}(3.6-0.6)^2\times[(2\times 2.6+0.5)\times(234.2+206.8-2\times 404.4/9.36)+(234.2-206.8)\times 2.6]$$

$$=392.3(\text{kN}\cdot\text{m})$$

$$A_{s\text{I}}=\frac{M_{\text{I}}}{0.9f_y h_0}=\frac{392.3}{0.9\times 300\,000\times 0.55}=0.002\,642\text{m}^2=2642\text{mm}^2$$

② 变阶处Ⅲ—Ⅲ截面。

$$p_{\text{III}} = p_{\max}-\frac{l-l_1}{2}\frac{p_{\max}-p_{\min}}{l}=234.2-\frac{3.6-2.4}{2}\times\frac{234.2-168.4}{3.6}=223.2\text{kPa}$$

$$M_{\text{III}}=\frac{1}{48}(l-l_1)^2[(2b+b_1)(p_{\max}+p_{\text{III}}-2G/A)+(p_{\max}-p_{\text{III}})b]$$

$$=\frac{1}{48}(3.6-2.4)^2\times[(2\times 2.6+1.8)\times(234.2+223.2-2\times 404.4/9.36)+(234.2-223.2)\times 2.6]$$

$$=78.8\text{kN}\cdot\text{m}$$

$$A_{s\text{III}}=\frac{M_{\text{III}}}{0.9f_y h_0}=\frac{78.8}{0.9\times 300\,000\times 0.25}=0.001167\text{m}^2=1167\text{mm}^2$$

比较 $A_{s\text{I}}$ 和 $A_{s\text{III}}$，按 $A_{s\text{I}}$ 配筋，选 14Φ16@200(实配 $A_s = 2815\text{mm}^2$)。

③ 配筋率验算。

柱边Ⅰ—Ⅰ截面的有效面积为

$$A = b_{y1}\cdot h_{01}+b_{y2}\cdot h_{02} = 2.6\times 0.25+1.8\times 0.30 = 1.19(\text{m})$$

$$\rho = A_s/A = 2815\times 10^{-6}/1.19 = 0.0024 > 0.15\% = 0.0015\ (\text{合适})。$$

(2) 基础短边方向。

① 柱边Ⅱ—Ⅱ截面。

$$M_{\mathrm{II}}=\frac{1}{48}(b-b_0)^2(2l+l_0)(p_{\max}+p_{\min}-2G/A)$$
$$=\frac{1}{48}(2.6-0.5)^2\times(2\times3.6+0.6)\times(234.2+168.4-2\times404.4/9.36)$$
$$=226.6(\mathrm{kN\cdot m})$$

$$A_{\mathrm{sII}}=\frac{M_{\mathrm{II}}}{0.9f_yh_0}=\frac{226.6}{0.9\times300\,000\times0.55}=0.001\,526\mathrm{m}^2=1526\mathrm{mm}^2$$

② 变阶处Ⅳ—Ⅳ截面。

$$M_{\mathrm{IV}}=\frac{1}{48}(b-b_1)^2(2l+l_1)(p_{\max}+p_{\min}-2G/A)$$
$$=\frac{1}{48}(2.6-1.8)^2\times(2\times3.6+2.4)\times(234.2+168.4-2\times404.4/9.36)$$
$$=40.5(\mathrm{kN\cdot m})$$

$$A_{\mathrm{sIV}}=\frac{M_{\mathrm{IV}}}{0.9f_yh_0}=\frac{40.5}{0.9\times300\,000\times0.25}=0.0006\mathrm{m}^2=600\mathrm{mm}^2$$

按 A_{sII} 配筋，选 19Φ12@200(实配 $A_s=2149\mathrm{mm}^2$)。

③ 配筋率验算。

柱边Ⅱ—Ⅱ截面的有效面积为

$$A=b_{x1}\cdot h_{01}+b_{x2}\cdot h_{02}=3.6\times0.25+2.4\times0.30=1.62\mathrm{m}$$
$$\rho=A_s/A=2149\times10^{-6}/1.62=0.0013<0.15\%=0.0015\ (\text{不合适})$$

④ 调整配筋。

按最小配筋率 0.15%得需要的配筋面积为 $A_s=1.62\times0.15\%=0.002\,430\mathrm{m}^2=2430\mathrm{mm}^2$，选 22Φ12@170(实配 $A_s=2488\mathrm{mm}^2$)。

4) 配筋计算——按基底净反力公式计算(省略配筋率验算与调整配筋)

(1) 基础长边方向。

① 柱边Ⅰ—Ⅰ截面。

$$p_{1j}=p_{j\max}-\frac{l-l_0}{2}\frac{p_{j\max}-p_{j\min}}{l}=191.1-\frac{3.6-0.6}{2}\times\frac{191.1-125.2}{3.6}=163.6(\mathrm{kPa})$$

$$M_{\mathrm{I}}=\frac{1}{48}(l-l_0)^2\left[(2b+b_0)(p_{j\max}+p_{1j})+(p_{j\max}-p_{1j})b\right]$$
$$=\frac{1}{48}(3.6-0.6)^2\times[(2\times2.6+0.5)\times(191.1+163.6)+(191.1-163.6)\times2.6]$$
$$=392.5(\mathrm{kN\cdot m})$$

$$A_{\mathrm{sI}}=\frac{M_{\mathrm{I}}}{0.9f_yh_0}=\frac{392.5}{0.9\times300\,000\times0.55}=0.002\,642(\mathrm{m}^2)=2642(\mathrm{mm}^2)$$

② 变阶处Ⅲ—Ⅲ截面。

$$p_{\mathrm{III}j}=p_{j\max}-\frac{l-l_1}{2}\frac{p_{j\max}-p_{j\min}}{l}=191.1-\frac{3.6-2.4}{2}\times\frac{191.1-125.2}{3.6}=180.1(\mathrm{kPa})$$

$$M_{\mathrm{III}}=\frac{1}{48}(l-l_0)^2\left[(2b+b_1)(p_{j\max}+p_{\mathrm{III}j})+(p_{j\max}-p_{\mathrm{III}j})b\right]$$

$$=\frac{1}{48}(3.6-2.4)^2\times[(2\times2.6+1.8)\times(191.1+180.1)+(191.1-180.1)\times2.6]$$

$$=78.8(\mathrm{kN\cdot m})$$

$$A_{\mathrm{sIII}}=\frac{M_{\mathrm{III}}}{0.9f_yh_0}=\frac{78.8}{0.9\times300\,000\times0.25}=0.001167(\mathrm{m}^2)=1167(\mathrm{mm}^2)$$

比较 A_{sI} 和 A_{sIII}，按 A_{sI} 配筋，选 14Φ16@200(实配 $A_s=2815\mathrm{mm}^2$)。

(2) 基础短边方向。

① 柱边Ⅱ—Ⅱ截面。

$$M_{\mathrm{II}}=\frac{1}{48}(b-b_0)^2(2l+l_0)(p_{j\max}+p_{j\min})$$

$$=\frac{1}{48}(2.6-0.5)^2\times(2\times3.6+0.6)\times(191.1+125.2)$$

$$=226.7(\mathrm{kN\cdot m})$$

$$A_{\mathrm{sII}}=\frac{M_{\mathrm{II}}}{0.9f_yh_0}=\frac{226.7}{0.9\times300\,000\times0.55}=0.001\,526(\mathrm{m}^2)=1526(\mathrm{mm}^2)$$

② 变阶处Ⅳ—Ⅳ截面。

$$M_{\mathrm{IV}}=\frac{1}{48}(b-b_1)^2(2l+l_1)(p_{j\max}+p_{j\min})$$

$$=\frac{1}{48}(2.6-1.8)^2\times(2\times3.6+2.4)\times(191.1+125.2)$$

$$=40.5(\mathrm{kN\cdot m})$$

$$A_{\mathrm{sIV}}=\frac{M_{\mathrm{IV}}}{0.9f_yh_0}=\frac{40.5}{0.9\times300\,000\times0.25}=0.000\,600(\mathrm{m}^2)$$

$$=600(\mathrm{mm}^2)$$

按 A_{sII} 配筋，选 19Φ12@200(实配 $A_s=2149\mathrm{mm}^2$)。

计算结果又一次证明，采用基底压力或基底净反力计算，结果是完全一样的，而采用基底净反力计算更方便些。

5) 绘制基础施工图

基础施工图如图 3.16 所示。

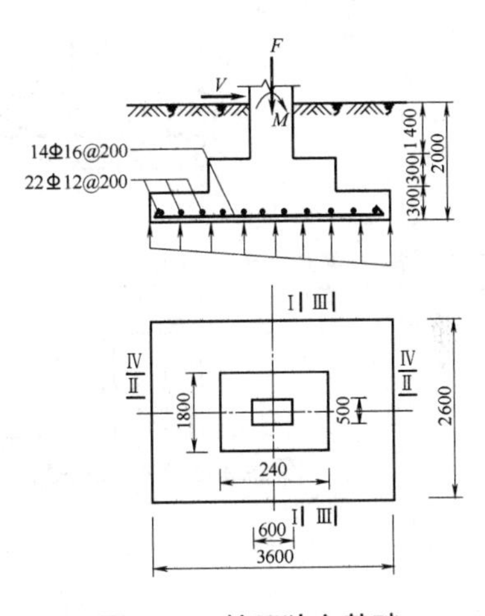

图 3.16　柱下独立基础

3.4　柱下钢筋混凝土条形基础设计

当钢筋混凝土柱下独立基础不能满足地基承载力或变形要求时，可将某轴上各独立基础连接起来，形成柱下条形基础。如果必要，也可以在两个方向上都做条形连续基础，形成交叉梁基础。

3.4.1　柱下钢筋混凝土条形基础的构造要求

柱下条形基础的构造除满足对扩展基础的要求外，还应该符合下列规定(图 3.17)。

(1) 柱下条形基础梁的高度宜为柱距的1/4～1/8。翼板厚度不应小于200mm。当翼板厚度大于250mm时，宜采用变厚度翼板，其坡度宜小于或等于1∶3。

(2) 条形基础的端部宜向外伸出，其长度宜为第一跨距的0.25倍。

(3) 在现浇柱与条形基础梁的交接处，基础梁的平面尺寸应大于柱的平面尺寸，且柱的边缘至基础梁边缘的距离不得小于50mm(图3.17)。

(4) 条形基础梁顶部和底部的纵向受力钢筋除满足计算要求外，顶部钢筋按计算配筋全部贯通，底部通长钢筋不应少于底部受力钢筋截面总面积的1/3。

(5) 柱下条形基础的混凝土强度等级不应低于C20。

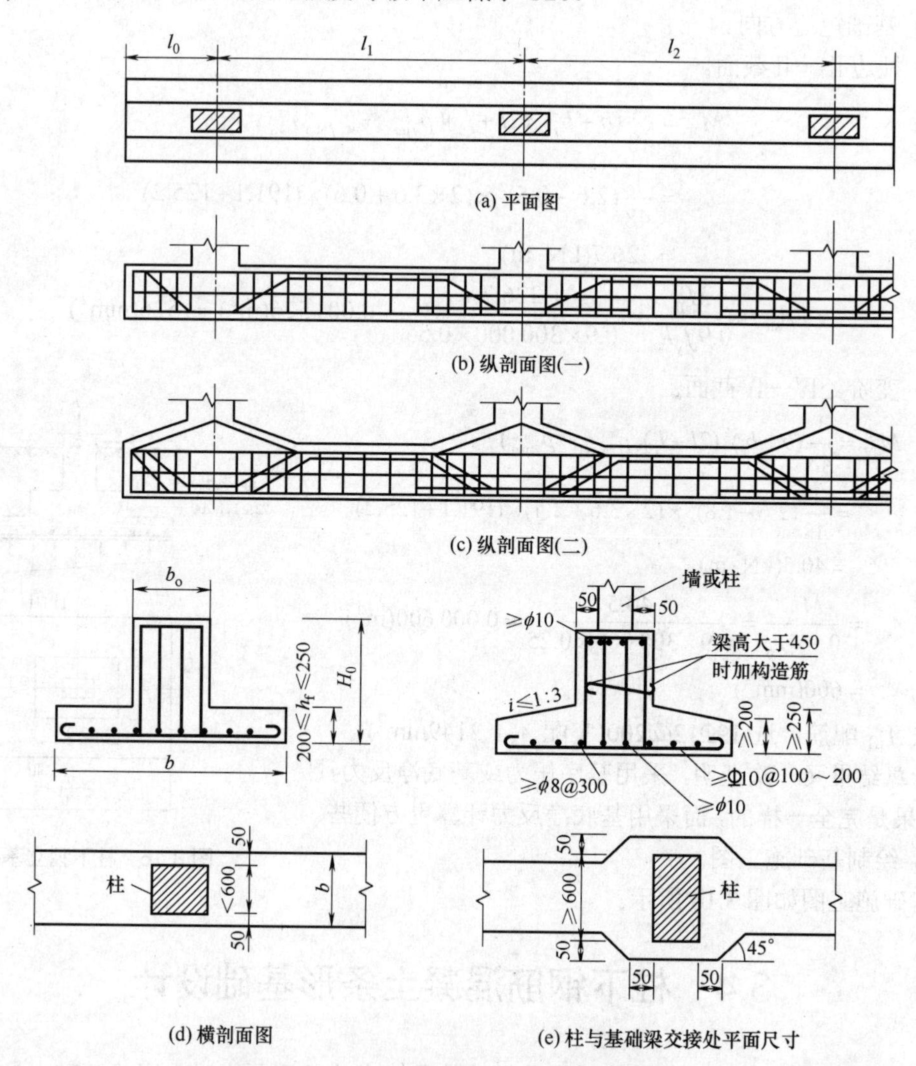

图3.17　柱下钢筋混凝土条形基础的构造

3.4.2　柱下钢筋混凝土条形基础内力计算方法

1. 条形基础梁计算原则

根据柱下钢筋混凝土条形基础受力特点可知，此类基础横向上的剪力和弯矩由翼板承

担，纵向上的剪力和弯矩由基础梁承担，计算时应满足静力平衡和变形协调的共同作用条件。内力计算方法有简化计算方法(倒梁法、静定分析法)和弹性地基梁法等。

在确定基础底面尺寸时，先按构造要求确定长度 l，再将基础视为刚性，按简化算法由地基承载力确定其宽度。应尽量使基础形心与外力重心重合，使基底反力均匀分布；如有偏心，则呈阶梯形分布。

在计算基础梁时，可将翼板视为悬臂于肋梁两侧，按悬臂板考虑。翼板的斜截面抗剪能力和底板配筋可按扩展基础的算法计算。如果基础沿横向偏心受荷，也按扩展基础偏心荷载作用下的情况计算。

柱下钢筋混凝土条形基础的计算应满足下列要求。

(1) 在比较均匀的地基上，上部结构刚度较好，荷载分布较均匀，且条形基础梁的高度不小于 1/6 柱距时，地基反力可按直线分布，条形基础梁的内力可按连续梁计算，此时边跨跨中弯矩及第一内支座的弯矩值宜乘以 1.2 的系数。

(2) 当不满足上述要求时，宜按弹性地基梁计算。

(3) 对于交叉条形基础，交点上的柱荷载可按静力平衡条件及变形协调条件进行分配。其内力可按上述规定分别进行计算。

(4) 应验算柱边缘处基础梁的受剪承载力。

(5) 当存在扭矩时，尚应作抗扭计算。

(6) 当条形基础的混凝土强度等级小于柱的混凝土强度等级时，尚应验算柱下条形基础梁顶面的局部受压承载力。

2. 弹性地基梁法

1) 文克勒(Winkler)地基梁法(基床系数法)

基本假定：地基上任一点所受的压力强度 p 与该点的地基沉降 s 成正比，即

$$p = k \cdot s \tag{3.27}$$

式中，比例常数 k 称为基床反力系数(简称基床系数，单位为 MN/m^3)。

根据这个假定，地面上某点的沉降与相邻点的压力无关，实质上就是把地基看成无数独立的、侧面无摩擦的小土柱组成的体系[图 3.18(a)]，可以用一系列独立弹簧代替土柱[图 3.18(b)]。这就是著名的文克勒(Winkler)地基模型。文克勒模型的基底反力图与基础的竖向位移图是相似的，如果基础是刚性的，则基底反力图呈线性分布[图 3.18(c)]。

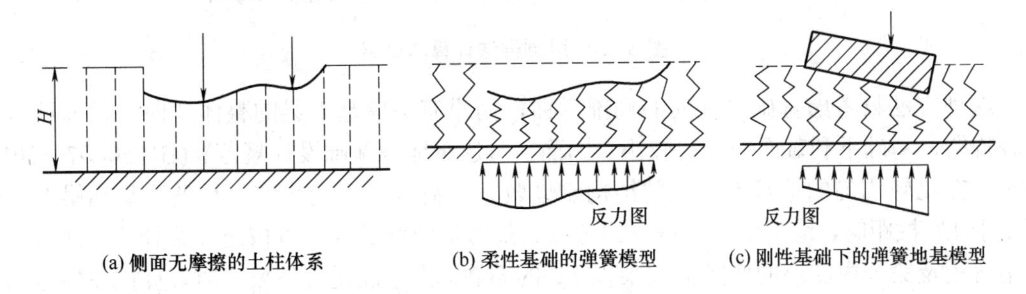

(a) 侧面无摩擦的土柱体系　(b) 柔性基础的弹簧模型　(c) 刚性基础下的弹簧地基模型

图 3.18　文克勒地基模型

按照文克勒地基模型原理，地基的沉降只发生在基底范围以内，这与实际情况不符。其原因在于忽略了地基中的剪应力，而正是由于剪应力的存在，地基中的附加应力才能扩

散分布，使基底以外的地表发生沉降。

文克勒地基模型适用于抗剪强度很低的半液态土(如淤泥、软黏土等)地基或塑性区相对较大土层上的柔性基础，厚度不超过梁或板的 1/2 短边宽度的薄压缩层地基(如薄的破碎岩层)上的柔性基础。

2) 半无限弹性体法

基本假定：假定地基为半无限弹性体，按布辛涅斯克(J. Boussinesq)解，将柱下条形基础视作半无限弹性体表面上的梁，当荷载作用在半无限弹性体表面时，某点的沉降不仅与作用在该点上的压力大小有关，同时也和邻近处作用的荷载有关。

半无限弹性体空间模型虽然具有能够扩散应力和变形的优点，但是它的扩散能力往往超过地基的实际情况，所以计算所得的沉降量和地表的沉降范围往往比实测结果要大，这与它具有无限大的压缩层(沉降计算深度)有关，尤其是它未能考虑到地基的成层性、非均匀性以及土体应力—应变关系的非线性等重要因素。

半无限弹性体法适用于压缩层深度较大的一般土层上的柔性基础，并要求地基土的弹性模量和泊松比值较为准确。当作用于地基上的荷载不很大，地基处于弹性变形状态时，用这种方法计算才较符合实际。

3. 简化的内力计算方法

柱下条形基础梁内力简化计算方法有倒梁法和静定分析方法，按线性分布计算地基反力，按连续梁计算基础梁内力。

1) 倒梁法

基本原理为，将上部结构视为绝对刚性，各柱之间没有差异沉降，因而可把柱脚视为基础梁的支座；同时假定地基为弹性体，变形后基础底面仍为平面；并假定基底净反力线性分布，按倒置的普通连续梁计算纵向内力，如图 3.19 所示。

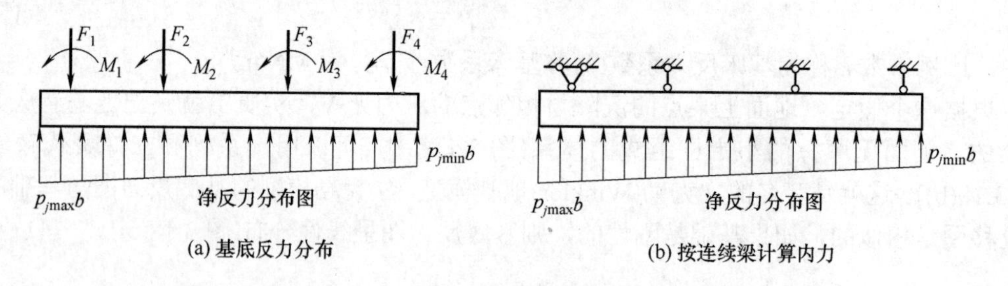

(a) 基底反力分布　　(b) 按连续梁计算内力

图 3.19　用倒梁法计算基础梁

这种方法只考虑基础梁柱间的局部弯曲，而没有考虑基础梁的整体弯曲，因而所得弯矩较均衡，基础不利截面的弯矩较小。因而，《建筑地基基础设计规范》(GB 50007—2011)规定，在比较均匀的地基上，上部结构刚度较好、荷载分布较均匀，且条形基础梁的高度不小于 1/6 柱距时，地基反力可按直线分布、条形基础梁的内力可按连续梁计算，此时边跨跨中弯矩及第一内支座的弯矩值宜乘以 1.2 的系数。当不满足上述要求时，宜按弹性地基梁计算。

另外，由于上部结构的整体刚度对基础整体弯曲的抑制作用，使柱荷载的分布均匀化，支座反力可能不等于原柱的竖向集中荷载，计算时必须进行调整。

倒梁法计算步骤如下。

(1) 绘出条形基础的计算草图，包括荷载、尺寸等，如图 3.20 所示。

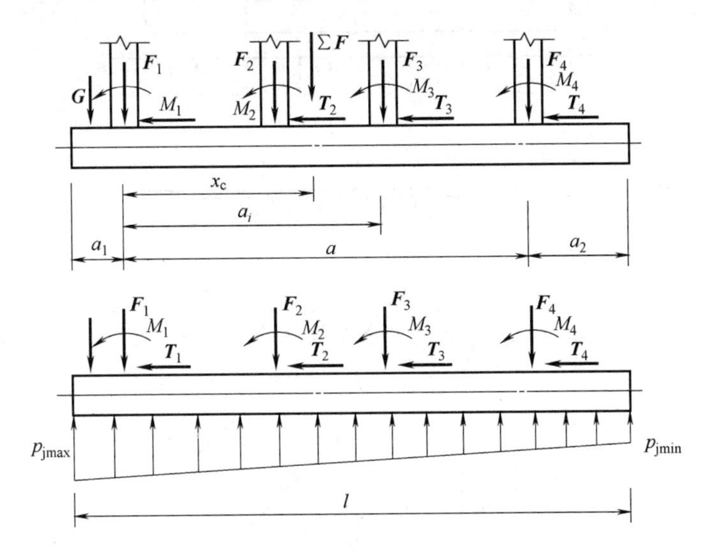

图 3.20　倒梁法计算柱下条形基础尺寸图

(2) 求合力 $R=\sum F_i$ 作用点的位置，目的是尽可能将偏心的地基反力化成均匀的地基反力，然后确定基础梁的长度 l。

设荷载合力($R=\sum F_i$)作用点离边柱的距离为 x_c，以边柱支座为参考点，则有

$$x_c=\frac{\sum F_i a_i+\sum M_i}{\sum F_i}$$

设基础梁两端外伸的长度为 a_1、a_2，两边柱之间的轴线距离为 a。在基础平面布置允许的情况下，基础梁两端应有适当长度伸出边柱外，目的是增大底板的面积及调整底板形心的位置，使其合力作用点与底面形心相重合或接近。但伸出的长度 a_1 或 a_2 也不宜太大，一般宜取第一跨距的 0.25～0.3 倍。悬挑部分依具体情况可采用一端悬挑或两端悬挑。

(3) 当 x_c 确定之后，按合力作用点与底面形心相重合的原则可以定出基础的长度 l，若 a_1 已知，有

$$l=2(x_c+a_1)=a_1+a+a_2$$

$$a_2=2x_c+a_1-a$$

若 a_2 已知，有

$$a_1=a+a_2-2x_c$$

(4) 按地基承载力 f_a 确定宽度 b。

(5) 计算基底净反力。$p_{j\max}$、$p_{j\min}$ 为

$$p_{\substack{j\max\\j\min}}=\frac{\sum F_i}{bl}\pm\frac{6M_i}{bl^2} \tag{3.28}$$

(6) 确定基础梁底板厚度 h。

(7) 求基础梁纵向内力 M、Q 和支座反力。

(8) 调整不平衡力。

调整不平衡力的方法如图 3.21 所示。

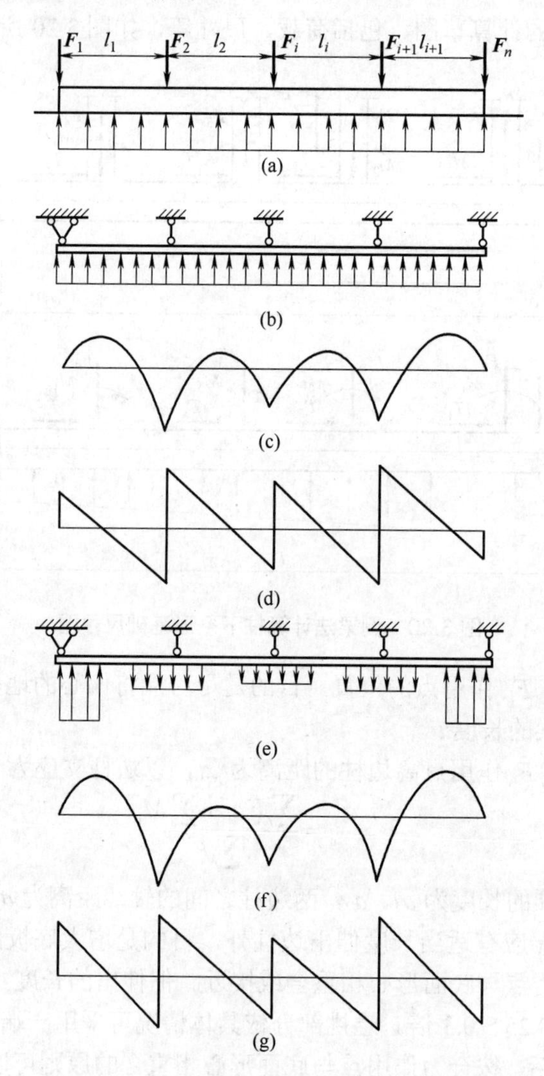

图 3.21 倒梁法调整不平衡力的过程示意图

由支座处柱荷载 F_i，支座梁截面左、右边的剪力 $Q_{i左}$、$Q_{i右}$(支座处反力 R_i)求出不平衡力ΔP_i，即

$$\Delta P_i = F_i - R_i$$

$$R_i = Q_{i左} - Q_{i右}$$

将各支座不平衡力均匀分布在相邻两跨的各 1/3 跨度的范围内[图 3.21(e)]，即

$$\Delta q_1 = \Delta P_1 / (l_0 + l_1/3) \quad (悬挑跨支座)$$

$$\Delta q_i = \Delta P_i / (l_{i-1}/3 + l_i/3) \quad (中间支座)$$

式中：Δq_i——不平衡均布力；

l_{i-1}、l_i——i 支座左、右跨柱距。

(9) 再次计算基础梁在Δq 作用下的内力(ΔM、ΔN)和支座反力(ΔR_i)，将ΔR_i 叠加到原支座反力 R_i 上，$R'_i = R_i + \Delta R_i$。如果 R'_i 与 F_i 差值较小(小于 20%)，调整可以结束；否则，需

再次调整，直至不平衡力在允许范围内。

(10) 将逐次计算结果叠加，得最终内力[图 3.21(f，g)]。

(11) 将边跨跨中弯矩及第一内支座的弯矩值乘以 1.2 的系数，再按内力图配筋。

2) 静定分析法(静力平衡法)

假定基底反力线性分布仍按式(3.28)计算，由基础梁各截面静力平衡条件求解内力，绘制剪力图和弯矩图，依此进行抗剪和配筋计算。

静力平衡法未考虑地基基础与上部结构的相互作用，因而基础在上部荷载与线性分布的基底反力作用下产生整体弯曲。与其他方法比较，这种方法所得的基础不利截面上弯矩绝对值一般较大。

静力平衡法适用于上部为柔性结构、基础刚度较大的条形基础及联合基础。

【例 3.4】 一框架结构中某轴线上柱荷载与柱距如图 3.22 所示，柱截面为 400mm × 500mm，由于施工场地限制，基础梁左端只能挑出 0.5m。初选基础埋深为 1.5m，经宽深修正后的地基土承载力特征值 f_a = 120kPa，试设计此轴线上的柱下钢筋混凝土条形基础。

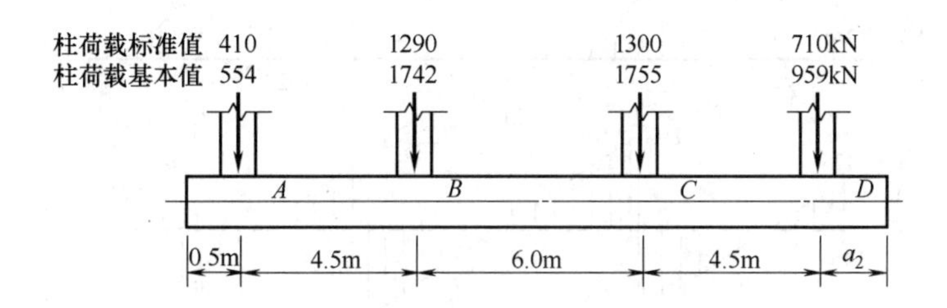

图 3.22　柱下条形基础示意图

【解】(1)确定基础底面尺寸。

各柱竖向荷载标准值的合力 $\sum F_i$ = 410 + 1290 +1300 +710 = 3710(kN)，合力距图 3.22 中 A 点的距离 x_c 为(此处也可以采用荷载效应基本组合值进行计算)

$$x_c = \frac{\sum F_i a_i + \sum M_i}{\sum F_i} = \frac{1290\times4.5+1300\times10.5+710\times15.0}{3710} = 8.11(\text{m})$$

基础梁左端伸出 A 点外 a_1 = 0.5m，如果要求竖向力合力与基底形心重合，则基础必须伸出图中 D 点之外的长度为

$$a_2 = 2x_c + a_1 - a = 2\times8.11 + 0.5 - 15.0 = 1.72(\text{m})$$

取 a_2 = 1.7m(接近边跨的 1/3)，

基础总长度

$$l = a_1 + a + a_2 = 0.5 + 15.0 + 1.7 = 17.2(\text{m})$$

基础底板宽度 b

$$b \geqslant \frac{\sum F_k}{l\cdot(f_a - \gamma_G d)} = \frac{3710}{17.2\times(120-20\times1.5)} = 2.40(\text{m})$$

取 b = 2.5m 设计。

(2) 进行内力分析。

采用倒梁法进行计算[图 3.23(a)]。因荷载的合力通过基底形心，故地基反力是均布的，沿基础每米长度上的净反力值为

$$q_j=(554+1742+1755+960)/17.2=5010/17.2=291.3\text{kN/m}$$

以柱底 A、B、C、D 为支座，进行内力计算，如图 3.23(b)、(c)所示。

A、B、C、D 支座反力分别为 620.7kN、1728.9kN、1579.4kN、1081.4kN，于是，各支座不平衡力在相邻两跨各 1/3 跨度范围内的分布荷载为

$\Delta q_1=\Delta P_1/(l_0+l_1/3)=(554-620.7)/(0.5+4.5/3)=-33.4(\text{kN/m})$

$\Delta q_2=\Delta P_2/(l_1/3+l_2/3)=(1742-1728.9)/(4.5/3+6.0/3)=3.7(\text{kN/m})$

$\Delta q_3=\Delta P_3/(l_2/3+l_3/3)=(1755-1579.4)/(6.0/3+4.5/3)=50.2(\text{kN/m})$

$\Delta q_4=\Delta P_4/(l_3/3+l_4/3)=(960-1081.4)/(4.5/3+1.7)=-37.9(\text{kN/m})$

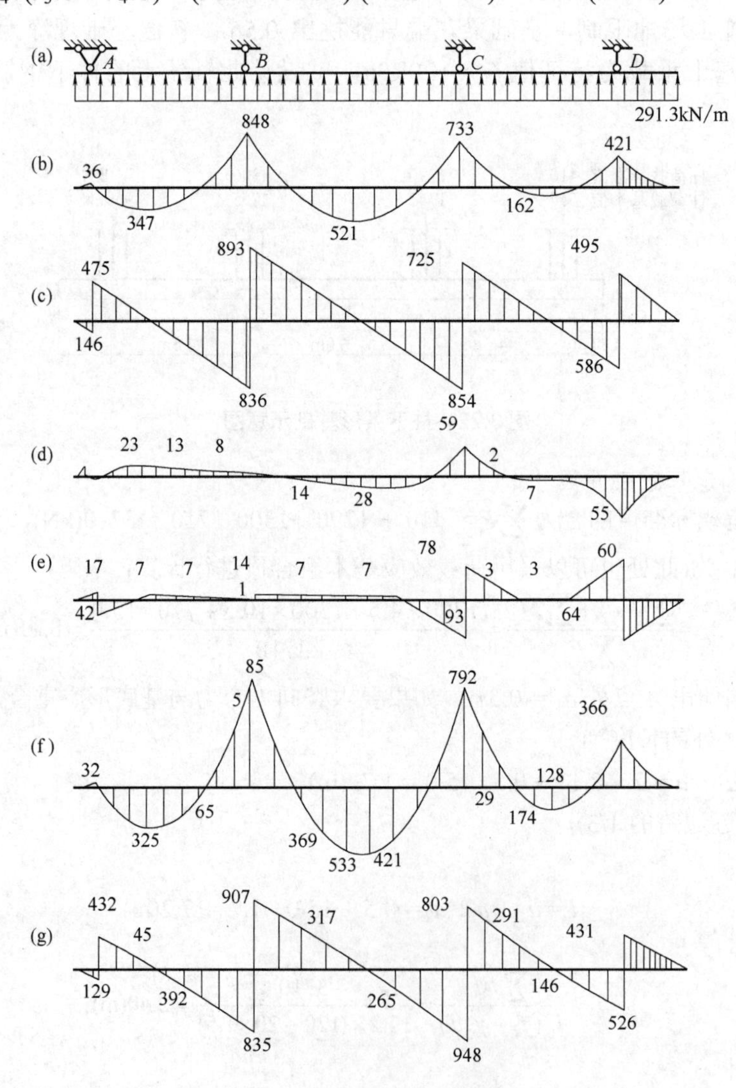

图 3.23　基础梁内力计算

计算不平衡分布力作用下的内力，如图 3.23(d)、(e)所示。将内力叠加后，A、B、C、D 各支座反力分别为 560.6kN，1741.9kN，1751.0kN，956.7kN，与原荷载已相差很小，最大误差仅为 1.2%，不再调整。将内力图 3.23(d)、(e)分别与图 3.23(b)、(c)叠加，得到最终的内力如图 3.23(f)、(g)所示。

(3) 梁板部分计算。

基底宽 2500mm，取主肋宽 500mm(400mm+2×50mm)，翼板外挑长度为(2500−500)/2=1000mm，翼板外边缘厚度 200mm，梁肋处(相当于翼板固定端)翼板厚度为 300mm(图 3.24)。翼板采用 C25 混凝土，HRB335 钢筋。

相应于荷载效应基本组合的基底净反力值为

$$p_j = 291.3/2.5 = 116.5(\text{kPa})$$

① 斜截面抗剪强度验算(按每米长度计算)。

柱边截面剪力

$$V = 116.5 \times 1.0 = 116.5(\text{kN/m})$$

柱边截面有效高 $h_0 = 300 - 40 - 10 = 250$(mm)(假定受力筋直径为 20mm，有垫层)，该截面抗剪承载力

$0.7\beta_{\text{hs}} f_{\text{t}} h_0 = 0.7 \times 1.0 \times 1270 \times 0.25 = 222.3(\text{kN/m}) > V = 116.5(\text{kN/m})$

合适。

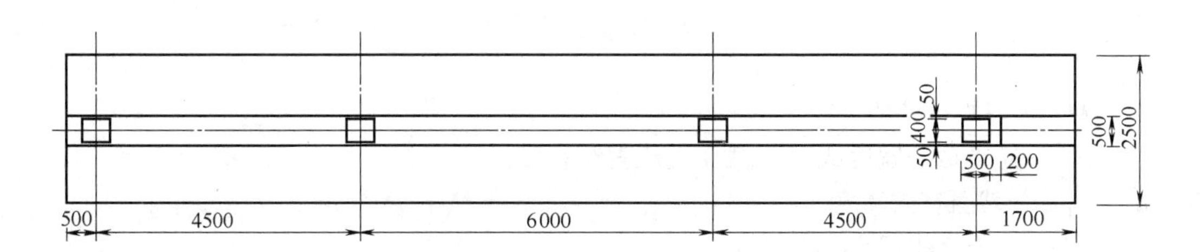

(a) 平面图

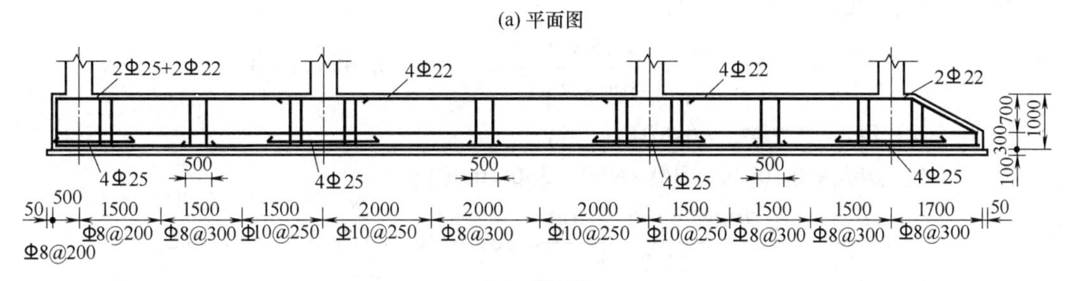

(b) 配筋图

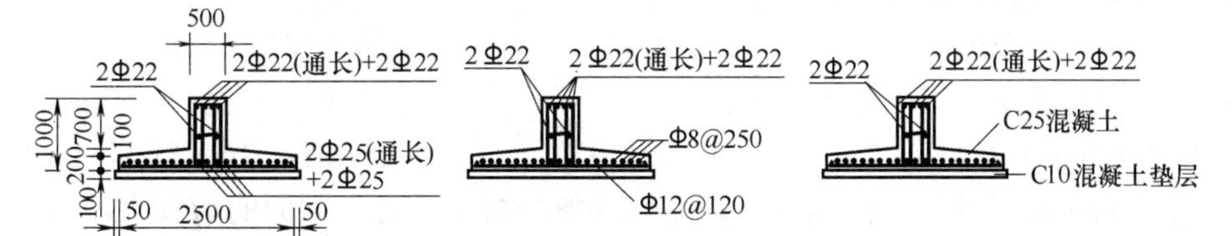

(c) 配筋详图

图 3.24　基础梁详图

② 翼板受力筋计算。

$$M = 116.5 \times 1.0^2 /2 = 58.3\text{kN·m}$$

$$A_s = \frac{M}{0.9f_y h_0} = \frac{58.3}{0.9 \times 300\,000 \times 0.25} = 0.000\,864\text{m}^2 = 864\text{mm}^2$$

实配每延米 8Φ12@120，实配 $A_s = 904\text{mm}^2$，配筋率为 $\rho = A_s / A = 904 \times 10^{-6}/(0.25 \times 1.0) = 0.0036 > 0.15\% = 0.0015$

(4) 肋梁部分计算。

肋梁高取 1000mm，宽 500mm。采用 HRB335 钢筋，C25 混凝土。

① 正截面强度计算。

根据图 3.23(f)的基础梁 M 图，对各支座、跨中分别按矩形、T 形截面进行正截面强度计算。

先按式(3.29)计算 A，且应满足 $A \leqslant A_{max}$，A_{max} 由查表确定。

$$A = \frac{M}{bh_0^2} \tag{3.29}$$

由 A-ρ 表查得 ρ，再按式(3.30)计算截面配筋面积 A_s。

$$A_s = \rho b h_0 \tag{3.30}$$

按式(13.31)计算受压区高度 x，对于 T 形截面有 $x \leqslant h_f'$：

$$x = \frac{\rho h_0 f_y}{f_c} \tag{3.31}$$

式中：M——弯矩设计值；

b——矩形截面宽度或 T 形截面受压翼缘宽度；

h_0——截面有效高度；

h_f'——T 形截面受压翼缘高度。

例如，B 支座处($M = 855\text{kN·m}$)，

$$A = \frac{M}{bh_0^2} = \frac{855 \times 10^6}{500 \times 950^2} = 1.895 < 4.745\ (\text{合适})$$

由 A-ρ 表查得 $\rho = 0.709\% > 0.20\%$ (合适)。

$$A_s = \rho b h_0 = 0.709\% \times 500 \times 950 = 3368(\text{mm}^2)$$

$$x = \frac{\rho h_0 f_y}{f_c} = \frac{0.709\% \times 950 \times 300}{11.9} = 169.8\,\text{mm} < h_f' = 300\text{mm}\ (\text{合适})$$

其他各截面也如此计算。

② 斜截面强度计算。

B 支座处左边截面($V = 835\text{kN/m}$)：

$0.25\beta_c f_c b h_0 = 0.25 \times 1.0 \times 11\,900 \times 0.5 \times 0.95 = 1413.1(\text{kN/m}) > V = 835\text{kN/m}$(合适)

此外，尚应按《混凝土结构设计规范》计算配置箍筋时斜截面的承载力，从而确定箍筋配置面积和配置方式，此处从略。

各部位的正、斜截面的强度验算及配筋计算均可列表进行，此处从略。

统一调整后，基础梁的配筋结果如图 3.24 所示。

3.5　筏形基础设计

当建筑上部结构荷载过大，采用柱下条形基础或交叉梁基础不能满足地基承载力要求，或虽能满足承载力要求，但基础间净距很小，或需加强基础刚度时，可考虑采用筏形基础，亦称筏片基础、片筏基础。筏形基础既可用于柱下，也可用于墙下。筏形基础可以分为平板式和梁板式两类。当建筑物开间尺寸不大，或柱网尺寸较小，对基础的刚度要求不很高时，可将基础做成一块等厚度的钢筋混凝土平板，即平板式筏形基础；板上若带有梁，则称为梁板式或肋梁式筏形基础。其选型应根据工程地质、上部结构体系、柱距、荷载大小以及施工条件等因素确定。筏形基础自身刚度较大，可有效调整建筑物的不均匀沉降。筏形基础可提供地下室，对提高地基承载力极为有利。

3.5.1　构造要求

筏形基础的混凝土强度等级不应低于 C30，当有地下室时应采用防水混凝土，防水混凝土的防渗等级应根据埋置深度按表 3.2 选用。对于重要建筑，宜采用自防水并设置架空排水层。

表 3.2　防水混凝土抗渗等级

埋置深度 d / m	设计抗渗等级	埋置深度 d / m	设计抗渗等级
$d<10$	P6	$20 \leqslant d<30$	P10
$10 \leqslant d<20$	P8	$30 \leqslant d$	P12

采用筏形基础的地下室，其钢筋混凝土外墙厚度不应小于 250mm，内墙厚度不宜小于 200mm。墙的截面设计除应满足承载力要求外，尚应考虑变形、抗裂及防渗等要求。墙体内应设置双面钢筋，水平钢筋的直径不应小于 12mm，竖向钢筋的直径不应小于 10mm，钢筋间距不应大于 200mm。

当筏板的厚度大于 2000mm 时，宜在板厚中间部位设置直径不小于 12 mm、间距不大于 300 mm 的双向钢筋网。

地下室底层柱、剪力墙与梁板式筏基的基础梁连接的构造应符合下列要求。

(1) 柱、墙的边缘至基础梁边缘的距离不应小于 50mm(图 3.25(a))。

(2) 当交叉基础梁的宽度小于柱截面的边长时，交叉基础梁连接处应设置八字角，柱角与八字角之间的净距不宜小于 50mm，图 3.25(a)。

(3) 单向基础梁与柱的连接可按图 3.25(b)、(c)采用。

(4) 基础梁与剪力墙的连接可按图 3.25(d)采用。

筏板与地下室外墙的接缝、地下室外墙沿高度处的水平接缝应严格按施工缝要求施工，必要时可设通长止水带。

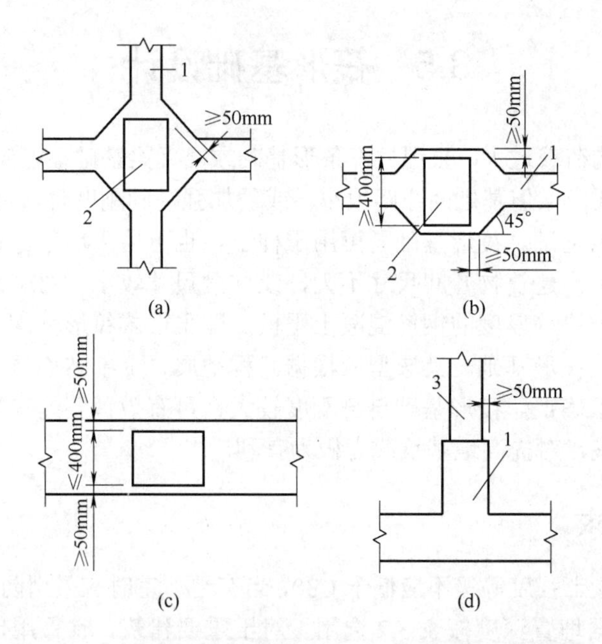

图 3.25　地下室底层柱或剪力墙与基础梁连接的构造要求

1—基础梁；2—柱；3—墙

3.5.2　筏形基础的结构与内力计算

1. 筏形基础基底反力与结构内力的计算方法

筏形基础的基底反力与结构内力计算方法有不考虑基础与地基共同作用的方法，考虑基础与地基共同作用的方法和考虑上部结构、基础与地基共同作用的方法。第三种方法目前仅有数值方法，在工程设计中使用不多。

如果上部结构刚度较小或属于柔性结构、筏板较厚，筏板相对于地基可视为刚性板，则应考虑筏板承担整体弯曲的作用，可以采用静定分析法(条带法)，将柱荷载和直线分布的基底反力作为条带上的荷载，直接求解内力。

如果上部结构刚度较大、筏板较薄、刚度较小，上部结构承担了大部分整体弯曲内力，筏板主要承受局部弯曲作用，也假定基底反力直线分布，则可采用倒楼盖法计算筏板内力。

如果上部结构和筏板的刚度都不够大，筏板的整体弯曲不容忽略，基底反力不再呈直线分布，这时，必须考虑基础与地基的共同作用，采用弹性地基梁板计算方法先求出基底反力分布，再计算筏板内力。

2. 设计计算总体要求

筏形基础的平面尺寸应根据地基土的承载力、上部结构的布置及荷载分布等因素满足承载力、变形及稳定性要求。对于单幢建筑物，在地基土比较均匀的条件下，基底平面形心宜与结构竖向永久荷载重心重合。当不能重合时，在荷载效应准永久组合下，偏心距 e 宜符合式(3.32)要求：

$$e \leqslant 0.1W/A \tag{3.32}$$

式中：W——与偏心距方向一致的基础底面边缘抵抗矩；

A——基础底面面积。

当地基土比较均匀、地基压缩层范围内无软弱土层或可液化土层、上部结构刚度较好、柱网和荷载较均匀、相邻柱荷载及柱间距的变化不超过 20%，且梁板式筏基梁的高跨比或平板式筏基板的厚跨比不小于 1/6 时，筏形基础可仅考虑局部弯曲作用。筏形基础的内力可按基底反力直线分布进行计算，计算时基底反力应扣除底板自重及其上填土的自重。当不满足上述要求时，筏基内力可按弹性地基梁板方法进行分析计算。

在同一大面积整体筏形基础上建多幢高层和低层建筑时，筏板厚度和配筋宜按上部结构、基础与地基土共同作用的基础变形和基底反力计算确定。

对于有抗震设防要求的结构，当地下一层结构顶板作为上部结构嵌固端时，嵌固端处的底层框架柱下端截面组合弯矩设计值应按现行《建筑抗震设计规范》(GB 50011)的规定乘以与其抗震等级相对应的增大系数。当平板式筏形基础板作为上部结构的嵌固端，计算柱下板带截面组合弯矩设计值时，底层框架柱下端内力应考虑地震作用组合及相应的增大系数。

梁板式筏基基础梁和平板式筏基的顶面应满足底层柱下局部受压承载力的要求。对于抗震设防烈度为 9 度的高层建筑，验算柱下基础梁、筏板局部受压承载力时，应计入竖向地震作用对柱轴力的影响。

对于四周与土层紧密接触、带地下室外墙的整体式筏基和箱基，当地基持力层为非密实的土和岩石，场地类别为Ⅲ类和Ⅳ类，抗震设防烈度为 8 度和 9 度，结构基本自振周期处于特征周期的 1.2～5 倍范围时，按刚性地基假定计算的基底水平地震剪力、倾覆力矩可按设防烈度分别乘以 0.90 和 0.85 的折减系数。

3. 梁板式筏形基础

按基底反力直线分布计算的梁板式筏基，其基础梁的内力可按连续梁分析，边跨跨中弯矩以及第一内支座的弯矩值宜乘以 1.2 的系数。梁板式筏基的底板和基础梁的配筋除满足计算要求外，纵横方向的底部钢筋尚应有不少于 1/3 的贯通全跨，顶部钢筋按计算配筋全部连通，底板上下贯通钢筋的配筋率不应小于 0.15%。

梁板式筏基底板应计算正截面受弯承载力，其厚度尚应满足受冲切承载力、受剪切承载力的要求。

底板受冲切承载力按式(3.33)计算(图 3.26)：

$$F_l \leqslant 0.7\ \beta_{hp} f_t u_m h_0 \tag{3.33}$$

式中：F_l——相应于作用的基本组合时，为图 3.26 中阴影部分面积上的基底平均净反力设计值；

u_m——距基础梁边 $h_0/2$ 处冲切临界截面的周长。

当底板区格为矩形双向板时，底板受冲切所需的厚度 h_0 按式(3.34)计算，其底板厚度与最大双向板格的短边净跨之比不应小于 1/14，且板厚不应小于 400mm。

$$h_0 = \frac{(l_{n1}+l_{n2}) - \sqrt{(l_{n1}+l_{n2})^2 - \dfrac{4p_n l_{n1} l_{n2}}{p_n + 0.7\beta_{hp} f_t}}}{4} \tag{3.34}$$

式中：l_{n1}，l_{n2}——计算板格的短边和长边的净长度；

p_n——扣除底板及其上填土自重后，相应于作用的基本组合时的基底平均净反力设计值。

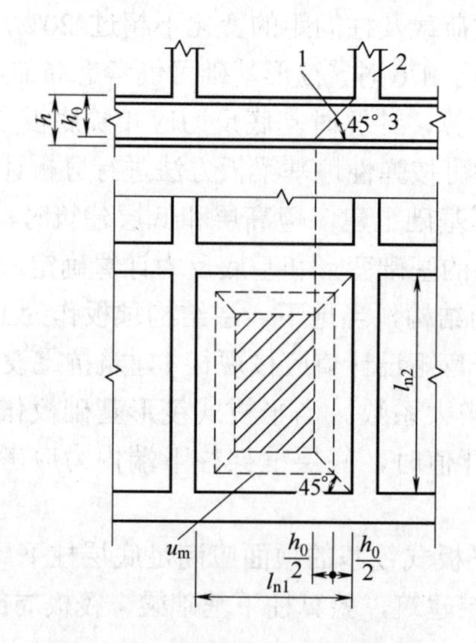

图 3.26　底板冲切计算示意图

1—冲切破坏锥体斜截面；2—墙；3—底板

双向底板斜截面受剪承载力应符合式(3.35)要求(图 3.27)：

$$V_s \leqslant 0.7\beta_{hs} f_t (l_{n2} - 2h_0)h_0 \tag{3.35}$$

式中：V_s——距梁边缘 h_0 处，作用在图 3.27 中阴影部分面积上的相应于作用的基本组合时的基底平均净反力产生的剪力设计值；

β_{hs}——受剪承载力截面高度影响系数，按式(3.15)确定。

当底板板格为单向板时，其斜截面受剪承载力应按条形基础底板受剪承载力验算，底板厚度不应小于 400mm。

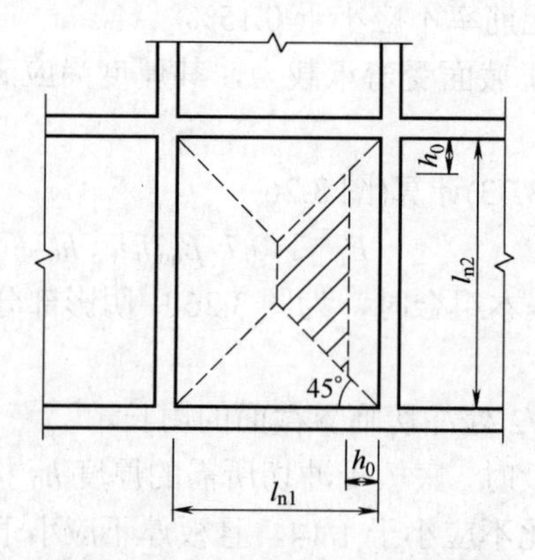

图 3.27　底板剪切计算示意图

4. 平板式筏形基础

按基底反力直线分布计算的平板式筏基，可按柱下板带和跨中板带分别进行内力分析。

柱下板带中，柱宽及其两侧各 0.5 倍板厚且不大于 1/4 板跨的有效宽度范围内，其钢筋配置量不应小于柱下板带钢筋数量的一半，且应能承受部分不平衡弯距 $\alpha_m M_{unb}$。M_{unb} 为作用在冲切临界截面重心上的不平衡弯矩，α_m 按式(3.36)计算：

$$\alpha_m = 1 - \alpha_s \tag{3.36}$$

式中：α_m——不平衡弯矩通过弯曲来传递的分配系数；

α_s——按式(3.39)计算。

平板式筏基柱下板带和跨中板带的底部支座钢筋应有不少于 1/3 的贯通全跨，顶部钢筋按计算配筋全部连通，上下贯通钢筋的配筋率不应小于 0.15%。

平板式筏基的板厚应满足受冲切承载力的要求。进行平板式筏基柱下冲切验算时，应考虑作用在冲切临界截面重心上的不平衡弯矩产生的附加剪力。对基础的边柱和角柱进行冲切验算时，其冲切力应分别乘以 1.1 和 1.2 的增大系数。距柱边 $h_0/2$ 处冲切临界截面的最大剪应力 τ_{max} 应按式(3.37)～式(3.39)计算(图 3.28)。板的最小厚度不应小于 500mm。

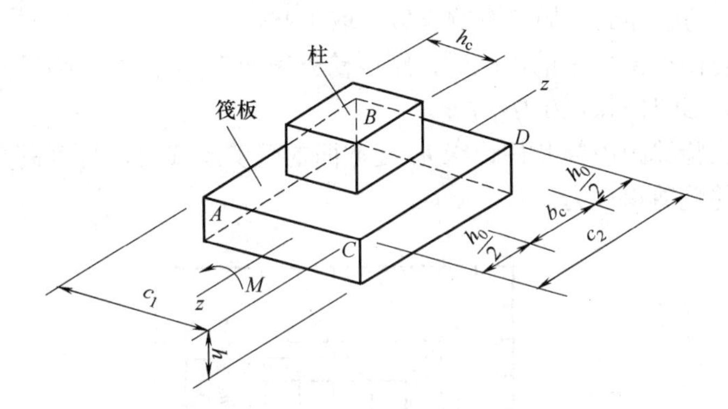

图 3.28　内柱冲切临界截面示意图

$$\tau_{max} = \frac{F_l}{u_m h_0} + \alpha_s \frac{M_{unb} c_{AB}}{I_s} \tag{3.37}$$

$$\tau_{max} \leqslant 0.7(0.4+1.2/\beta_s)\beta_{hp} f_t \tag{3.38}$$

$$\alpha_s = 1 - \frac{1}{1+\frac{2}{3}\sqrt{c_1/c_2}} \tag{3.39}$$

式中：F_l——相应于荷载效应基本组合时的冲切力，对内柱取轴力设计值减去筏板冲切破坏锥体内的地基净反力设计值；对于边柱和角柱，取轴力设计值减去筏板冲切临界截面范围内的基底净反力设计值；

u_m——距柱边缘不小于 $h_0/2$ 处冲切临界截面的最小周长；

h_0——筏板的有效高度；

M_{unb}——作用在冲切临界截面重心上的不平衡弯矩设计值；

c_{AB}——沿弯矩作用方向，冲切临界截面重心至冲切临界截面最大剪应力点的距离；

I_s——冲切临界截面对其重心的极惯性矩；

β_s——柱截面长边与短边的比值，当$\beta_s < 2$ 时，β_s 取 2，当$\beta_s > 4$ 时，β_s 取 4；

β_{hp}——受冲切承载力截面高度影响系数，当 $h \leqslant 800$mm 时取β_{hp}= 1.0，当 $h \geqslant 2000$mm 时取$\beta_{hp} = 0.9$，其间按线性内插法取值；

f_t——混凝土轴心抗拉强度设计值；

c_1——与弯矩作用方向一致的冲切临界截面的边长；

c_2 ——垂直于 c_1 的冲切临界截面的边长；

α_s——不平衡弯矩通过冲切临界截面上的偏心剪力来传递的分配系数。

当柱荷载较大，等厚度筏板的受冲切承载力不能满足要求时，可在筏板上面增设柱墩，或在筏板下局部增加板厚，或采用抗冲切钢筋等措施满足受冲切承载能力要求。

平板式筏基内筒下的板厚应满足受冲切承载力的要求，其受冲切承载力应满足式(3.40)的要求(图 3.29)：

$$F_l/u_m h_0 \leqslant 0.7\beta_{hp} f_t/\eta \tag{3.40}$$

式中：F_l——相应于作用的基本组合时，内筒所承受的轴力设计值减去内筒下筏板冲切破坏锥体内的基底静反力设计值；

u_m——距内筒外表面 $h_0/2$ 处冲切临界截面的周长(图 3.29)；

η——内筒冲切临界截面周长影响系数，取 1.25。

当需要考虑内筒根部弯矩的影响时，距内筒外表面 $h_0/2$ 处冲切临界截面的最大剪应力可按式(3.37)计算，此时 $\tau_{max} \leqslant 0.7\beta_{hp}f_t/\eta$。

平板式筏板应验算距内筒和柱边缘 h_0 处截面的受剪承载力。当筏板变厚度时，尚应验算变厚度处筏板的受剪承载力。

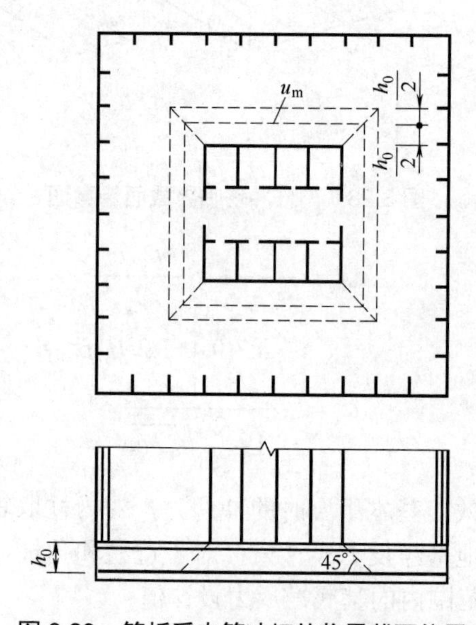

图 3.29 筏板受内筒冲切的临界截面位置

平板式筏基受剪承载力应按式(3.41)验算：

$$V_s \leqslant 0.7\beta_{hs} f_t b_w h_0 \tag{3.41}$$

$$\beta_{hs} = (800/h_0)^{1/4} \tag{3.42}$$

式中：V_s——相应于作用的基本组合时，基底净反力平均值产生的距内筒或柱边缘 h_0 处筏板单位宽度的剪力设计值；

β_{hs}——受剪切承载力截面高度影响系数，当 $h_0 < 800$mm 时，取 $h_0 = 800$mm；当 $h_0 =$

2000mm 时，取 $h_0 = 2000$mm；

b_w——筏板计算截面单位宽度；

h_0——距内筒或柱边缘 h_0 处筏板的截面有效高度。

当筏板的厚度大于 2000mm 时，宜在板厚中间部位设置直径不小于 12mm、间距不大于 300mm 的双向钢筋。

5. 带裙房的高层建筑筏形基础

当高层建筑与相连的裙房之间设置沉降缝时，高层建筑的基础埋深应大于裙房基础的埋深至少 2m。地面以下沉降缝的缝隙应用粗砂填实，如图 3.30 所示。

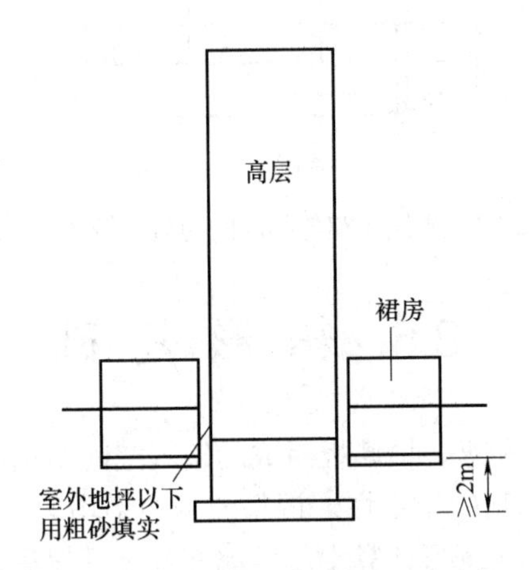

图 3.30　高层建筑与裙房间的沉降缝

当高层建筑与相连的裙房之间不设置沉降缝时，宜在裙房一侧设置用来控制沉降差的后浇带；当沉降实测值和计算确定的后期沉降差满足设计要求后，方可进行后浇带混凝土浇筑。当高层建筑基础面积满足地基承载力和变形要求时，后浇带宜设在与高层建筑相邻裙房的第一跨内。当需要满足高层建筑地基承载力，降低高层建筑沉降量，减小高层建筑与裙房间的沉降差而增大高层建筑基础面积时，后浇带可设在距主楼边柱的第二跨内，此时应满足以下条件。

(1) 地基土质较均匀。

(2) 裙房结构刚度较好且基础以上的地下室和裙房结构层数不少于两层。

(3) 后浇带一侧与主楼连接的裙房基础底板厚度与高层建筑的基础底板厚度相同(图 3.31)。

当高层建筑与相连的裙房之间不设沉降缝和后浇带时，高层建筑及与其紧邻一跨裙房的筏板应采用相同厚度，裙房筏板的厚度宜从第二跨裙房开始逐渐变化，应同时满足主、裙楼基础整体性和基础板的变形要求；应进行地基变形和基础内力的验算，验算时应分析地基与结构间变形的相互影响，并采取有效措施防止产生不利影响的差异沉降。

带裙房的高层建筑下的整体筏形基础，其主楼下筏板的整体挠度值不应大于 0.05%，主楼与相邻的裙房柱的差异沉降不应大于其跨度的 0.1%。

采用大面积整体筏形基础时，与主楼连接的外扩地下室其角隅处的楼板板角除配置两个垂直方向的上部钢筋外，尚应布置斜向上部构造钢筋，钢筋直径不应小于 10mm，间距不应大于 200mm，该钢筋伸入板内的长度不宜小于 1/4 的短边跨度；与基础整体弯曲方向一致的垂直于外墙的楼板上部钢筋以及主裙楼交界处的楼板上部钢筋，钢筋直径不应小于 10mm，间距不应大于 200mm，且钢筋的面积不应小于《混凝土结构设计规范》(GB 50010－2010)中受弯构件的最小配筋率，钢筋的锚固长度不应小于 30d(d 为钢筋直径)。

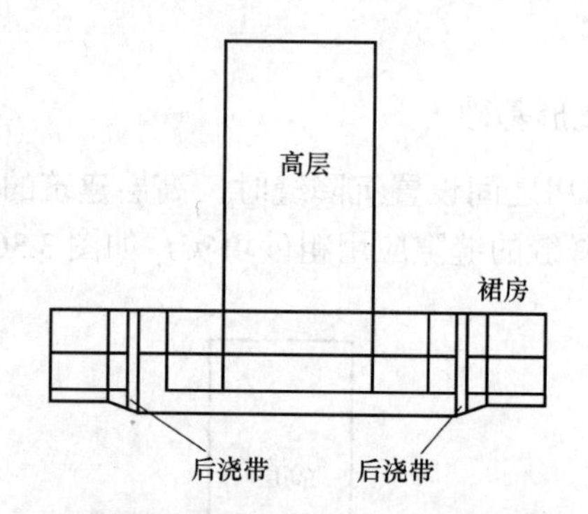

图 3.31　高层建筑与裙房间的后浇带处理示意图

3.6 箱形基础

箱形基础是由顶、底板和纵、横墙板组成的箱式空间结构，属于补偿性基础，刚度大，能提高地基承载力，增强地基的稳定性，调整地基的不均匀沉降。箱形基础设计中应考虑地下水的压力和浮力作用，在变形计算中应考虑深基坑开挖后地基的回弹和再压缩过程。

3.6.1 箱形基础构造要求

箱形基础的内、外墙应沿上部结构柱网和剪力墙纵横均匀布置，当上部结构为框架或框剪结构时，墙体水平截面总面积不宜小于箱形基础水平投影面积的 1/12；当基础平面长宽比大于 4 时，纵墙水平截面面积不得小于箱形基础水平投影面积的 1/18。在计算墙体水平截面面积时，可不扣除洞口部分。

箱形基础的高度应满足结构承载力和刚度的要求，不宜小于箱形基础长度(不包括底板悬挑部分)的 1/20，并不宜小于 3m。

高层建筑同一结构单元内，箱形基础的埋置深度宜一致，且不得局部采用箱形基础。

箱形基础的底板厚度应根据实际受力情况、整体刚度及防水要求确定，底板厚度不应小于 400mm，且板厚与最大双向板格的短边净跨之比不应小于 1/14。底板除应满足正截面受弯承载力的要求外，尚应满足受冲切与斜截面受剪承载力的要求，计算方法与梁板式筏板基础的计算方法相同。

箱形基础的墙身厚度应根据实际受力情况、整体刚度及防水要求确定。外墙厚度不应小于 250mm；内墙厚度不宜小于 200mm。墙体内应设置双面钢筋。竖向和水平钢筋的直径均不应小于 10mm，间距不应大于 200mm。除上部为剪力墙外，内、外墙的墙顶处宜配置两根直径不小于 20mm 的通长构造钢筋。

在箱形基础顶、底板配筋时，应综合考虑承受整体弯曲的钢筋与局部弯曲的钢筋的配置部位，使截面各部位的钢筋能充分发挥作用。

箱形基础的内、外墙，除与上部剪力墙连接者外，各片墙的墙身竖向受剪截面应符合下式要求：

$$V \leqslant 0.2 f_c b h_0 \tag{3.43}$$

式中：V——墙体根部的竖向剪力设计值；

f_c——混凝土轴心抗压强度设计值；

b——墙体的厚度；

h_0——墙体的竖向有效高度。

箱基上的门洞宜设在柱间居中部位，洞边至上层柱中心的水平距离不宜小于 1.2m，洞口上过梁的高度不宜小于层高的 1/5，洞口面积不宜大于柱距与箱形基础全高乘积的 1/6。

墙体洞口周围应设置加强钢筋，洞口四周附加钢筋面积不应小于洞口内被切断钢筋面积的一半，且不应少于两根直径为 14mm 的钢筋，此钢筋应从洞口边缘处延长 40 倍钢筋直径。

箱形基础的混凝土强度等级不应低于 C25，抗渗等级应满足表 3.2 的要求。

3.6.2　箱形基础基底反力与内力的简化计算

当地基压缩层深度范围内的土层在竖向和水平方向较均匀，且上部结构为平、立面布置较规则的剪力墙、框架、框架-剪力墙体系时，箱形基础的顶、底板可仅按局部弯曲计算，计算时地基反力应扣除板的自重。顶、底板钢筋配置量除满足局部弯曲的计算要求外，跨中钢筋应按实际配筋全部连通，支座钢筋尚应有 1/4 贯通全跨，底板上下贯通钢筋的配筋率均不应小于 0.15%。

当箱形基础不符合上述要求时，应同时计算局部及整体弯曲作用。计算整体弯曲时应采用上部结构、箱形基础和地基共同作用的分析方法；底板局部弯曲产生的弯矩应乘以 0.8 的折减系数；箱形基础的自重应按均布荷载处理；基底反力可查《高层建筑筏形与箱形基础技术规范》(JGJ 6—2011)中地基反力系数表确定。

当地下室箱形基础的墙体面积率不能满足 3.6.1 节要求时，箱形基础的内力可按截条法或其他有效计算方法确定。

计算各片墙竖向剪力设计值时，可按地基反力系数表确定的地基反力按基础底板等角分线与板中分线所围区域传给对应的纵横基础墙(图 3.32)，并假设底层柱为支点，按连续梁计算基础墙上各点竖向剪力。

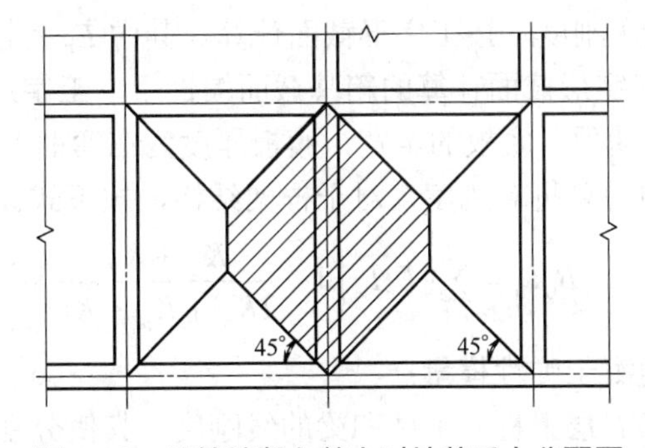

图 3.32　计算墙竖向剪力时地基反力分配图

在按静定梁法计算总弯矩时，将上部结构简化为等代梁，等代梁的等效刚度和箱形基础的刚度叠加得总刚度，按静定梁分析各截面的弯矩和剪力。将箱基视为一块空心的厚板，沿纵、横两个方向分别进行单向受弯计算，荷载及地基反力均重复使用一次。先将箱基沿纵向(长度方向)作为梁，用静定分析法可计算出任一横截面上的总弯矩 M_x 和总剪力 V_x，并假定它们沿截面均匀分布。同样地，再沿横向将箱基作为梁，计算出 M_y、V_y。弯矩 M_x 和 M_y 使顶、底板在两个方向均处于轴向受压或轴向受拉状态，压力或拉力值分别为 $C_x = T_x = M_x/z$、$C_y = T_y = M_y/z$，如图 3.33 所示；剪力 V_x 和 V_y 则分别由箱基的纵墙和横墙承受。

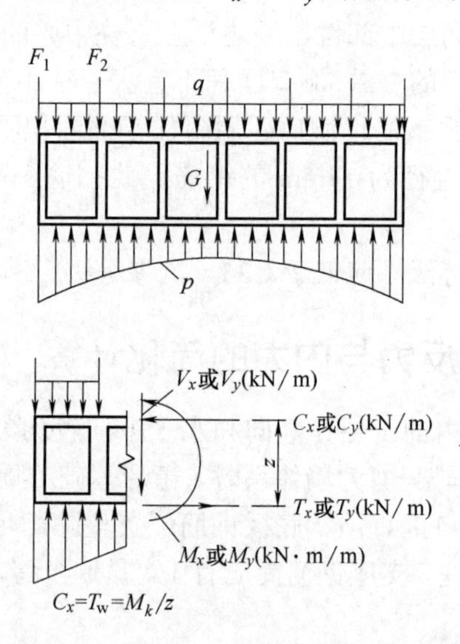

图 3.33　箱基整体弯曲时在顶板和底板内引起的轴向力

按上述方法算得的箱基整体弯曲应力是偏大的，因为把箱基当作梁沿两个方向分别计算时荷载并未折减，同时在按静定分析法计算内力时也未考虑上部结构刚度的影响。可以按等代刚度梁法对上述得到的 M_x、M_y 分别予以折减，由式(3.44)计算箱形基础所分配到的整体弯矩 M_F，即

$$M_F = M\frac{E_F I_F}{E_F I_F + E_B I_B} \tag{3.44}$$

式中：M_F——折减后箱基所承受的整体弯矩；

M——不考虑上部结构刚度影响时，箱基整体弯曲产生的弯矩，即上述的 M_x 或 M_y；

$E_F I_F$——箱基的抗弯刚度，按工字形截面计算，其中 E_F 为箱基混凝土的弹性模量，I_F 为按工字形截面计算的箱基截面惯性矩，工字形截面的上、下翼缘宽度分别为箱基顶、底板的全宽，腹板厚度为在弯曲方向的墙体厚度的总和；

$E_B I_B$——上部结构的总折算刚度，对于框架结构，按下式计算(图 3.34)：

$$B_B I_B = \sum_{i=1}^{n}\left[E_b I_{bi}\left(1+\frac{K_{ui}+K_{li}}{2K_{bi}+K_{ui}+K_{li}}m^2\right)\right] \tag{3.45}$$

其中：E_b——梁、柱的混凝土弹性模量；

K_{ui}、K_{li}、K_{bi}——第 i 层上柱、下柱和梁的线刚度，其值分别为 I_{ui}/h_{ui}、I_{li}/h_{li}、I_{bi}/l；

I_{ui}、I_{li}、I_{bi} ——第 i 层上柱、下柱和梁的截面惯性矩；

h_{ui}、h_{li} ——第 i 层上柱及下柱的高度；

L——上部结构弯曲方向的总长度；

l——上部结构弯曲方向的柱距；

m——在弯曲方向的节间数；

n——建筑物层数，不大于 5 层时 n 取实际楼层数，大于 5 层时 n 取 5。

上式适用于等柱距的框架结构，对柱距相差不超过 20%的框架结构也适用，此时 l 取柱距的平均值。

将整体弯曲和局部弯曲两种计算结果相叠加，使得顶、底板成为压弯或拉弯构件，最后据此进行配筋计算。

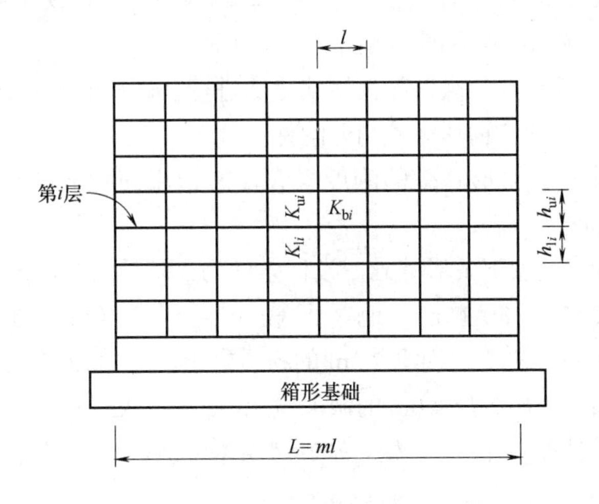

图 3.34　式(3.45)中符号含义示意图

计算筏形与箱形基础的整体弯矩时，可将上部框架简化为等代梁并通过结构的底层柱与筏形或箱形基础连接，按图 3.35 所示计算模型进行计算。上部框架结构等效刚度 $E_B I_B$ 可按式(3.45)计算。当上部结构存在剪力墙时，可按实际情况布置在图 3.35 上，一并进行分析。

在图 3.35 中，$E_F I_F$ 为筏形与箱形基础的刚度，其中 E_F 为筏形与箱形基础的混凝土弹性模量；I_F 为按工字形截面计算的箱形基础截面惯性矩，按倒 T 字形截面计算的梁板式筏形基础的截面惯性矩，或按基础底板全宽计算的平板式筏形基础截面惯性矩，工字形截面的上、下翼缘宽度分别为箱形基础顶、底板的全宽，腹板厚度为在弯曲方向的墙体厚度的总和；倒 T 字形截面的下翼缘宽度为筏形基础底板的全宽，腹板厚度为在弯曲方向的基础梁宽度的总和。

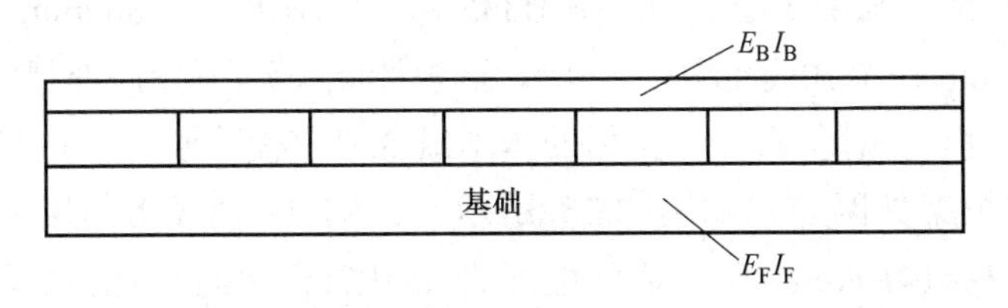

图 3.35　等代梁法

思考与练习题

3.1 无筋扩展基础构造上有何要求？

3.2 无筋扩展基础台阶允许宽高比的限值与哪些因素有关？

3.3 钢筋混凝土墙下条形基础都需要计算(验算)哪些内容？分别用什么效应组合值？

3.4 钢筋混凝土柱下独立基础都需要计算(验算)哪些内容？分别用什么效应组合值？

3.5 什么情况下要验算钢筋混凝土柱下独立基础的抗冲切承载能力？什么情况下要验算抗剪切承载能力？

3.6 对于梁式、板式基础，在什么情况下分析基础内力时可以仅仅考虑局部弯曲作用？

3.7 什么叫作文克勒(Winkler)地基模型？

3.8 倒梁法的基本假定是什么？如何用倒梁法进行基础梁的内力计算？

3.9 柱下十字交叉基础依据什么原则分配柱荷载？

3.10 如果筏形基础和箱形基础的刚度很大，怎样用简化方法计算基底反力和基础内力？

3.11 设计某砌体承重墙下条形基础，设计条件为：墙厚 240mm，设计室内地面处承重墙作用效应标准值 F_k=180kN/m；地基土第 1 层为厚 1.0m 的夯实素填土，重度 γ=17.0kN/m^3，f_{ak}=90.0kPa；第 2 层为厚 2.5m 的粉质黏土，γ_{sat}=17.0kN/m^3，e=0.85，I_L=0.75，E_s=5.1MPa，f_{ak}=150kPa；第 3 层为厚 4.0m 的淤泥质土，γ_{sat}=17.5kN/m^3，E_s=1.7MPa，f_{ak}=100kPa；地下水位位于设计室外地面以下 1.0m 处。基础垫层素混凝土设计强度等级 C15，其上设置砖放脚与承重墙相接。

3.12 设计某砌体承重墙下钢筋混凝土条形基础，设计条件为：墙厚 240mm，设计室内地面处承重墙荷载标准值 F_k=180kN/m；地基土第 1 层为厚 1.0m 的夯实素填土，重度 γ=17.0kN/m^3，f_{ak}=90.0kPa；第 2 层为厚 2.5m 的粉质黏土，γ_{sat}=17.0kN/m^3，e=0.85，I_L=0.75，E_s=5.1MPa，f_{ak}=150kPa；第 3 层为厚 4.0m 的淤泥质土，γ_{sat}=17.5kN/m^3，E_s=1.7MPa，f_{ak}=100kPa；地下水位位于设计室外地面以下 1.0m 处。基础混凝土设计强度等级 C20，采用 HRB335 钢筋。

3.13 某厂房内柱传至基础顶面的作用的标准组合值 F_k=1500kN，M_k=90kN·m，V_k=25kN，钢筋混凝土柱截面尺寸为 500mm×700mm，基础埋深 d=2m，基底以上土的加权平均重度γ_0=18.0kN/m^3，基底处土的重度γ=18.5kN/m^3，e=0.80，I_L=0.80，地基承载力特征值 f_{ak}=180kPa，基础混凝土强度等级 C20，HRB335 钢筋。基础总高 800mm，共两阶，每阶高 400mm，设置 100mm 厚 C10 素混凝土垫层。试设计此基础(确定底面尺寸，验算抗冲切、抗剪切承载力，配筋，不计算沉降。作用的基本组合值取标准值的 1.35 倍)。

3.14 某六层框架柱网布置如图 3.36 所示，已知 B 轴线上作用的标准组合值边柱 F_1=980kN，中柱 F_2=1410kN，设计基础埋深为 d=1.2m，修正后的地基土承载力特征值 f_a=130kPa，试设计 B 轴线上的钢筋混凝土条形基础。

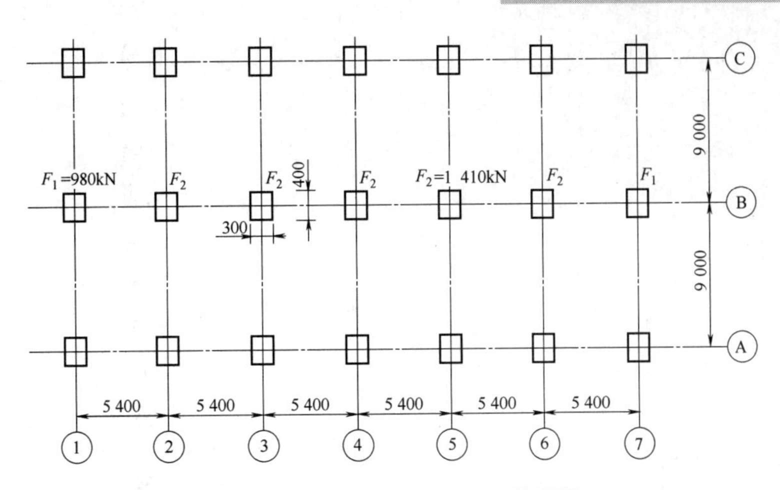

图3.36　思考与练习题3.14柱网图

第4章 桩 基 础

4.1 概　　述

当浅层地基土不能满足建(构)筑物对地基承载力和变形的要求，也不宜采用地基处理等措施时，往往需要以地基深层坚实土层或岩层作为地基持力层，采用深基础方案。深基础主要有桩基础、沉井基础和地下连续墙等几种类型，其中以桩基础的历史最为悠久，应用最为广泛。如我国秦代的渭桥、隋朝的郑州超化寺、五代的杭州湾大海堤、北宋的龙华塔等，都是我国古代桩基的典范。近年来，桩基设计理论和设计方法，从形式到工艺和规模等，都有了飞跃的发展，呈现出强大的生命力和发展前景。

桩基础是由设置于岩土中的桩和与桩顶联结的承台共同组成的基础，或由柱与桩直接联结的单桩基础，简称桩基。桩可以将上部结构的荷载传递给深部较坚硬的、压缩性小的土层或岩层，通过桩端地层阻力和桩周土层的侧向摩阻力承担竖向荷载，由桩侧土层的侧向阻力支撑水平荷载。

4.1.1 桩基础的适用性

桩基础具有承载力高、稳定性好、沉降量小而均匀、便于机械化施工、适应性强等突出优点，但造价比浅基础高，施工工艺比浅基础复杂，打入桩有振动与噪声问题，钻孔桩有环境问题。可考虑选用桩基方案的情况有：

(1) 软弱地基或某些特殊土地基上的各类永久建筑物，不允许有过大沉降和不均匀沉降时。

(2) 高重建筑物，地基承载力不能满足要求时。

(3) 对桥梁、码头、烟囱、输电塔等结构物，宜采用桩基以承受较大的水平力和上拔力时。

(4) 对精密或大型的设备基础，需要减小基础振幅，减弱基础振动对结构的影响时。

(5) 在地震区，以桩基作为结构抗震措施或穿越可液化地层时。

(6) 施工水位较高或河床冲刷较大，采用浅基础施工困难或不能保证基础安全时。

4.1.2 桩基设计内容

桩基设计的基本内容包括：

(1) 选择桩的类型和尺寸。

(2) 确定单桩竖向(和水平向)承载力特征值。

(3) 确定桩的数量、间距和布桩方式。

(4) 验算桩基的承载力和沉降。

(5) 桩身结构设计。

(6) 承台设计。

(7) 绘制桩基施工图。

4.1.3 桩基设计原则

1) 两类极限状态设计

《建筑桩基技术规范》(JGJ 94—2008)规定，建筑桩基础应按下列两类极限状态设计：

(1) 承载能力极限状态。桩基达到最大承载能力、整体失稳或发生不适于继续承载的变形。

(2) 正常使用极限状态。桩基达到建筑物正常使用所规定的变形限值或耐久性要求的某项限值。

2) 建筑桩基设计等级

根据建筑规模、功能特征、对差异变形的适用性、场地地基和建筑物体型的复杂性以及由于桩基问题可能造成建筑物破坏或影响正常使用的程度，应将桩基设计分为表 4.1 所列的三个设计等级。

表 4.1 建筑桩基设计等级

设计等级	建筑物类型
甲 级	(l)重要的建筑； (2)30 层以上或高度超过 100m 的高层建筑； (3)体型复杂且层数相差超过 10 层的高低层(含纯地下室)连体建筑； (4)20 层以上框架-核心筒结构及其他对差异沉降有特殊要求的建筑； (5)场地和地基条件复杂的 7 层以上的一般建筑及坡地、岸边建筑； (6)对相邻既有工程影响较大的建筑
乙 级	除甲级、丙级以外的建筑
丙 级	场地和地基条件简单、荷载分布均匀的 7 层及 7 层以下的一般建筑

3) 承载能力计算和稳定性验算

(1) 应根据桩基的使用功能和受力特征分别进行桩基的竖向承载力计算和水平承载力计算。

(2) 应对桩身和承台结构承载力进行计算；对于桩侧土不排水抗剪强度小于10kPa且长径比大于50的桩，应进行桩身压屈验算；对于混凝土预制桩，应按吊装、运输和锤击作用进行桩身承载力验算；对于钢管桩，应进行局部压屈验算。

(3) 当桩端平面以下存在软弱下卧层时，应进行软弱下卧层承载力验算。

(4) 对位于坡地、岸边的桩基应进行整体稳定性验算。

(5) 对于抗浮、抗拔桩基，应进行基桩和群桩的抗拔承载力计算。

(6) 对于抗震设防区的桩基，应进行抗震承载力验算。

4) 沉降计算

下列建筑桩基应进行沉降验算，并应在其施工过程及建成后使用期间进行系统的沉降观测直至沉降稳定：

(1) 设计等级为甲级的非嵌岩桩和非深厚坚硬持力层的建筑桩基。

(2) 设计等级为乙级的体型复杂、荷载分布显著不均匀或桩端平面以下存在软弱土层的建筑桩基。

(3) 软土地基多层建筑减沉复合疏桩基础。

5) 水平位移验算

对受水平荷载较大，或对水平位移有严格限制的建筑桩基，应计算其水平位移。

6) 抗裂验算

应根据桩基所处的环境类别和相应的裂缝控制等级，验算桩和承台正截面的抗裂和裂缝宽度。

7) 荷载效应组合与抗力取值

(1) 确定桩数和布桩时，应采用传至承台底面的荷载效应标准组合；相应的抗力应采用基桩或复合基桩承载力特征值。

(2) 计算荷载作用下的桩基沉降和水平位移时，应采用荷载效应准永久组合；计算水平地震作用、风载作用下的桩基水平位移时，应采用水平地震作用、风载效应标准组合。

(3) 验算坡地、岸边建筑桩基的整体稳定性时，应采用荷载效应标准组合；抗震设防区，应采用地震作用效应和荷载效应的标准组合。

(4) 在计算桩基结构承载力、确定尺寸和配筋时，应采用传至承台顶面的荷载效应基本组合。当进行承台和桩身裂缝控制验算时，应分别采用荷载效应标准组合和荷载效应准永久组合。

(5) 桩基结构设计安全等级、结构设计使用年限和结构重要性系数γ_0应按现行有关建筑结构规范的规定采用，除临时性建筑外，重要性系数γ_0应不小于1.0。

(6) 对桩基结构进行抗震验算时，其承载力调整系数γ_{RE}应按现行国家标准《建筑抗震设计规范》(GB 50011)的规定采用。

《建筑桩基技术规范》 还对变刚度调平设计、减沉复合疏桩基础及沉降观测作了指导性规定。

4.2 桩和桩基的分类

4.2.1 桩基的分类

1. 单桩基础

单桩与柱直接相联形成的桩基础称为单桩基础。

2. 群桩基础

由 2 根或 2 根以上的多根桩组成群桩，通过承台将群桩与上部结构相联结形成的桩基础称为群桩基础，群桩基础中的单桩称为基桩。桩基由设置于岩土中的桩和承接上部结构的承台两部分组成(图 4.1)，承台可以是浅基础的任何形式，如柱下独立承台、柱下条形承台、墙下条形承台、筏板承台(桩筏基础)、箱形承台(桩箱基础)，等等。

3. 低承台桩基和高承台桩基

根据承台与地面的相对位置，一般可分为低承台桩基和高承台桩基。低承台桩基的承台底面位于地面以下(图 4.1)，其受力性能好，具有较强的抵抗水平荷载的能力，在工业与民用建筑中几乎都使用低承台桩基。高承台桩基的承台底面位于地面以上(图 4.2)，且常处于水下，水平受力性能差，但可避免水下施工，也可节省基础材料，多用于桥梁及港口工程。

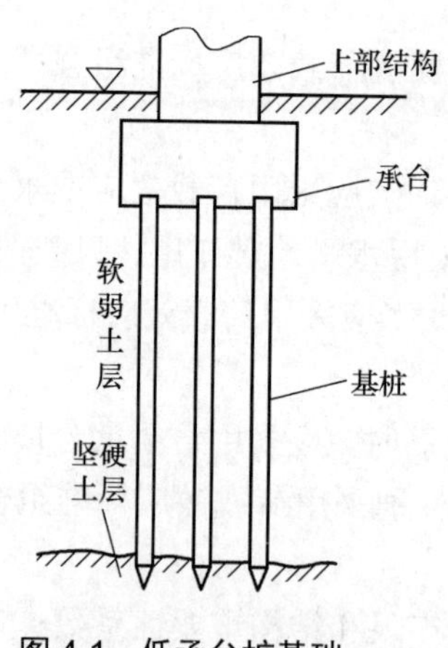

图 4.1 低承台桩基础

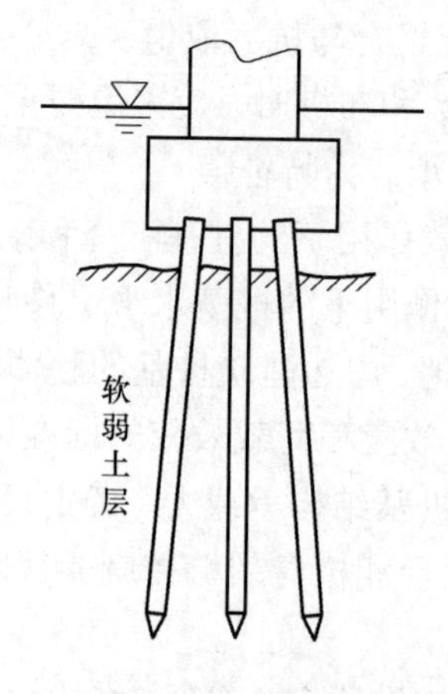

图 4.2 高承台桩基础

4.2.2 桩的分类

按照受力状态或荷载传递方式、桩身材料和施工方法，可将桩分为多种类型。图 4.3 中列出了部分类型，新的桩型仍然在逐渐涌现。

1. 按桩身材料分类

木桩：现用于抢险、临时加固等。

混凝土桩：由素混凝土、钢筋混凝土或预应力钢筋混凝土制成的桩。

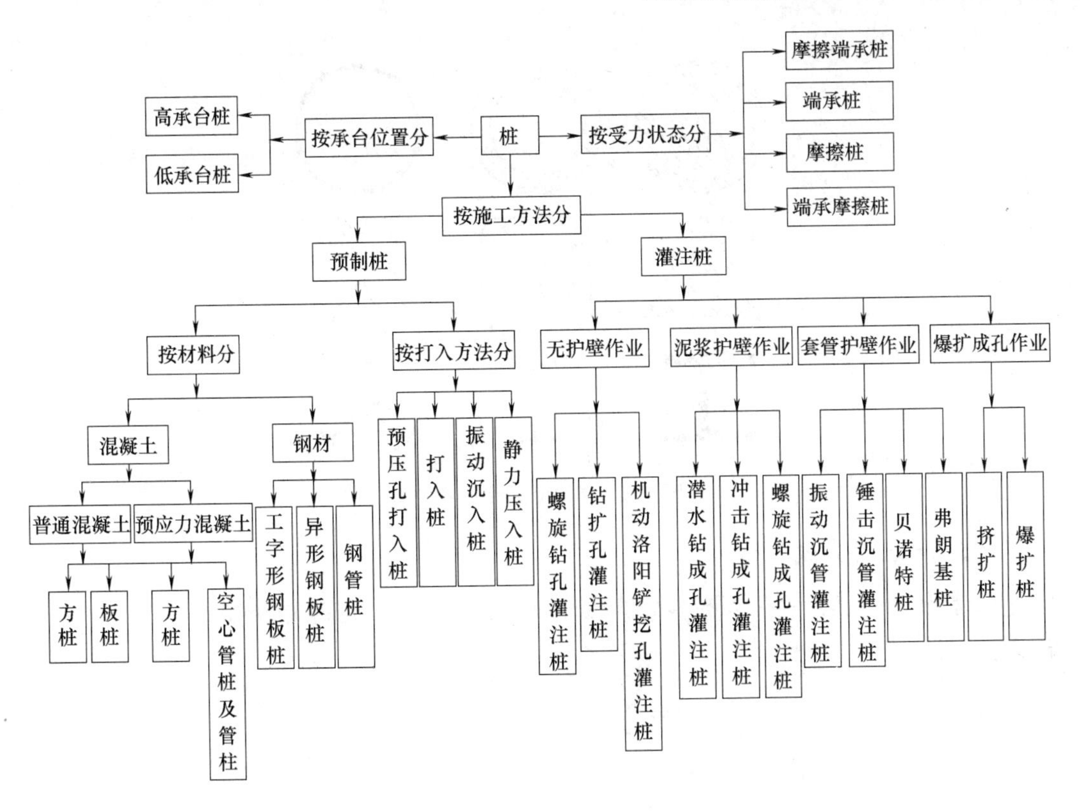

图 4.3　桩的分类

钢桩：采用钢材制成的管桩和 H 型钢桩。

复合材料桩：由两种材料组合而成的桩，如钢管混凝土桩。

2. 按纵断面形状分类

按纵断面形状，桩可分为楔形桩、十字桩、扩底桩、螺旋桩等(图 4.4)。

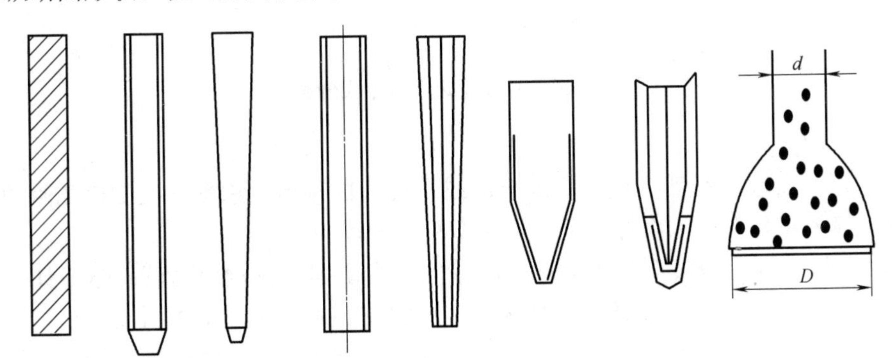

图 4.4　桩按纵断面形状分类

3. 按横断面形状分类

按横断面形状，桩可分为实心圆桩、管(空心圆)桩、三角桩、方桩、棱形桩、钢管桩、工字形桩、异形桩，等等(图 4.5)。

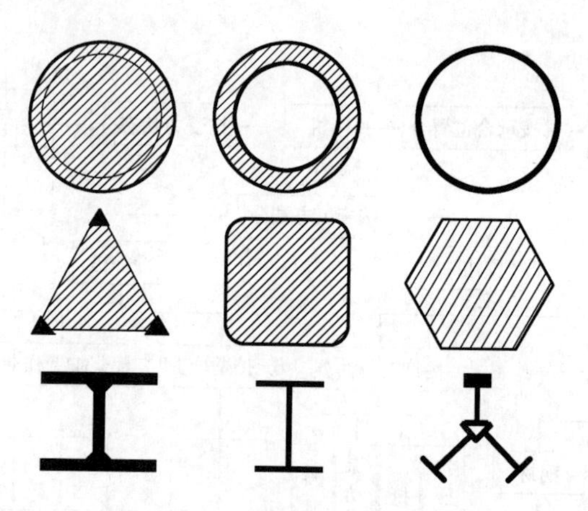

图 4.5　桩按横断面形状分类

4. 按荷载传递方式分类

按荷载传递方式，桩分为摩擦型桩和端承型桩两大类，如图 4.6 所示。

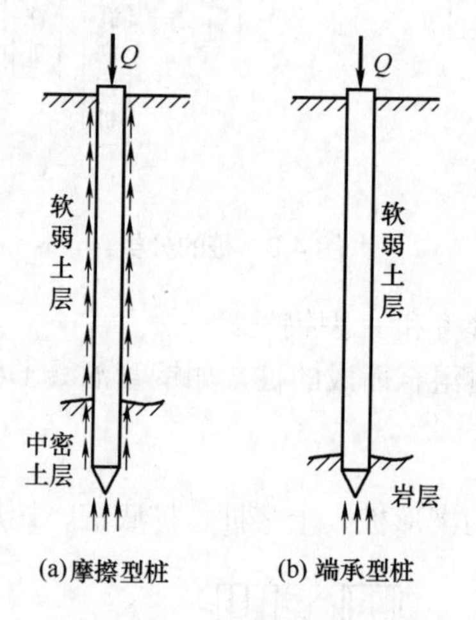

图 4.6　桩按荷载传递方式分类

1) 摩擦型桩

在竖向极限荷载作用下，桩顶荷载全部或主要由桩侧阻力承受。根据桩侧阻力分担荷载的比例，摩擦型桩又分为摩擦桩和端承摩擦桩两类。

(1) 摩擦桩。桩顶极限荷载绝大部分由桩侧阻力承担，桩端阻力可忽略不计。例如：①桩长径比很大，桩顶荷载只通过桩身压缩产生的桩侧阻力传递给桩周土，桩端土层分担的荷载很小；②桩端下无较坚实的持力层；③桩底残留虚土或沉渣的灌注桩；④桩端出现脱空的打入桩等。

(2) 端承摩擦桩。桩顶极限荷载由桩侧阻力和桩端阻力共同承担，但桩侧阻力分担荷载较大。当桩的长径比不是很大，桩端持力层为较坚实的黏性土、粉土和砂类土时，除桩侧阻力外，还有一定的桩端阻力。这类桩所占比例很大。

2) 端承型桩

在竖向极限荷载作用下，桩顶荷载全部或主要由桩端阻力承受，桩侧阻力相对于桩端阻力可忽略不计。根据桩端阻力分担荷载的比例，又可分为端承桩和摩擦端承桩两类。

(1) 端承桩。桩顶极限荷载绝大部分由桩端阻力承担，桩侧阻力可忽略不计。例如，桩的长径比较小(一般小于 10)，桩端设置在密实砂类、碎石类土层或中、微风化及新鲜岩层中。

(2) 摩擦端承桩。桩顶极限荷载由桩侧阻力和桩端阻力共同承担，但桩端阻力分担荷载较大。通常桩端进入中密以上的砂类、碎石类土层中。

此外，当桩端嵌入岩层一定深度时，称为嵌岩桩。对于嵌岩桩，桩侧与桩端荷载分担比例与孔底沉渣及进入基岩深度有关。

5. 按施工方法分类

根据桩的施工方法不同，主要可分为预制桩和灌注桩两大类。

1) 预制桩

在施工现场或工厂预制桩体，采用锤击、振动打入、静力压入或旋入等方式沉桩。预制桩可以是木桩、钢桩或钢筋混凝土桩等。

钢筋混凝土预制桩应用很广泛，横断面多种多样，可以是实心的，也可以是空心的。近年来在深厚软土地区发展起来的高强离心预制钢筋混凝土 PC(PHC——经高压蒸汽养护)管桩桩身混凝土强度等级大于等于 C60(C80)。钢桩用钢量大，造价高，我国只在少数重点工程中使用。木桩目前已很少使用，只在某些抢险加固工程或能就地取材的临时工程中采用。

2) 灌注桩

灌注桩是直接在所设计桩位处成孔，然后在孔内下放钢筋笼(或不配筋)，再浇筑混凝土而成。其横截面呈圆形，可以做成大直径和扩底桩。

灌注桩按成孔方式不同可分为沉管灌注桩、钻(冲)孔灌注桩和挖孔桩等。

(1) 沉管灌注桩。利用锤击或振动等方法沉管成孔，然后浇筑混凝土，拔出套管，其施工程序如图 4.7 所示。

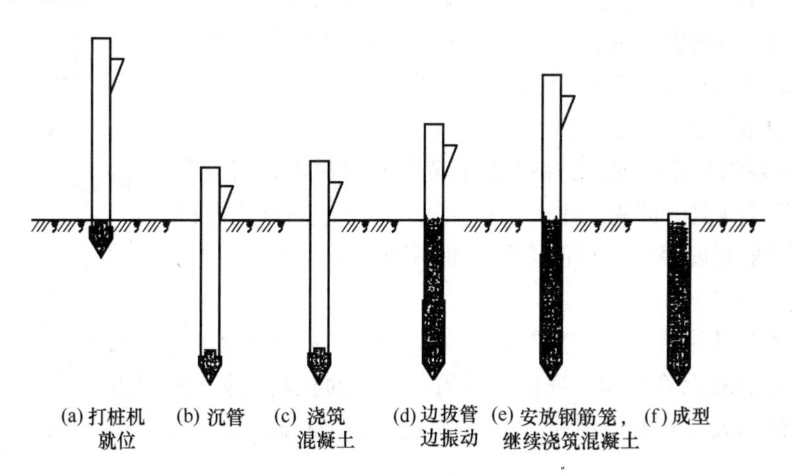

图 4.7　沉管灌注桩施工程序示意图

为了加大灌注桩桩端面积，可以采用内夯式沉管灌注桩(弗朗基桩，Franki Pile)、爆破扩底桩、振扩、压扩桩等桩型。

(2) 钻(冲)孔灌注桩。钻(冲)孔灌注桩用钻机(如螺旋钻、振动钻、冲抓锥钻、旋转水冲钻等)成孔，然后清除孔底残渣，安放钢筋笼，浇筑混凝土。为避免塌孔，可以使用泥浆护壁、水下浇筑混凝土工艺，如图4.8所示。必要时，钻机成孔后，可撑开钻头的扩孔刀刃，使之旋转切土，扩大桩孔，形成扩大桩端。若桩身较长，还可以在桩身不同深度处设置扩大的支盘(也可挤扩)，形成支盘桩，亦称为DX桩。

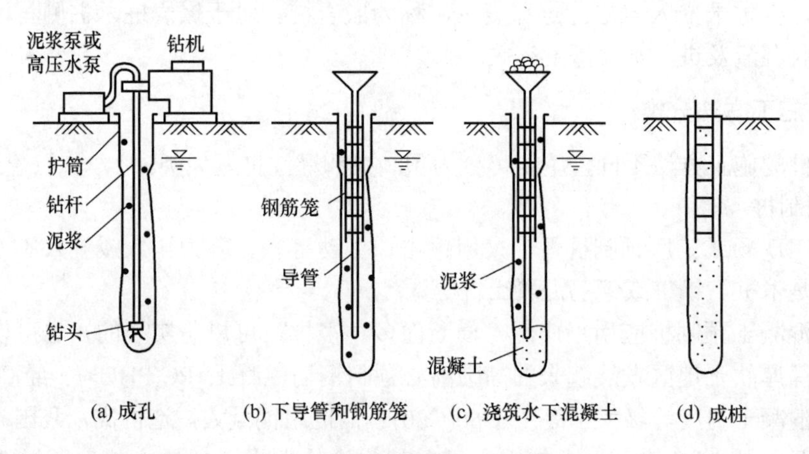

图4.8　钻孔灌注桩施工程序

(3) 挖孔桩。挖孔桩可采用人工或机械挖掘成孔，逐段边开挖边支护，达所需深度后再进行扩孔，安装钢筋笼，浇筑混凝土，形成直径较大的钢筋混凝土灌注桩，如图4.9所示。

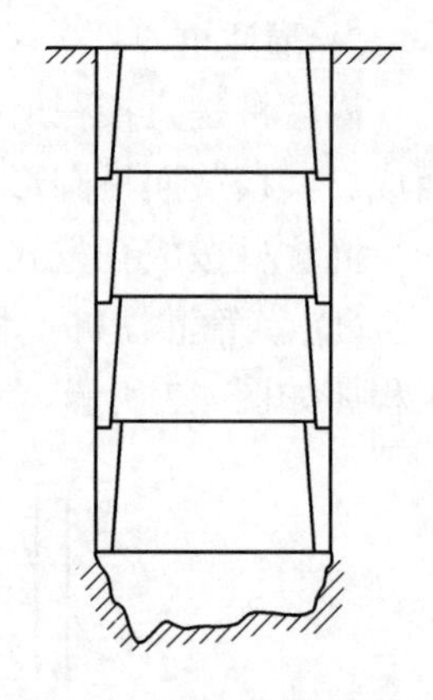

图4.9　人工挖孔桩示意图

6. 按桩的设置效应分类

桩的设置方法(打入或钻孔成桩等)不同，桩周土所受的排挤作用也不同。排挤作用将使土的天然结构、应力状态和性质发生很大变化，从而影响桩的承载力和变形性质。这些影响统称为桩的设置效应。桩按设置效应可分为下列三类。

1) 非挤土桩

如钻(冲或挖)孔灌注桩及先钻孔后打入的预制桩等，因设置过程中清除孔中土体，桩周土不受排挤作用，并可能向桩孔内移动，使土的抗剪强度降低，桩侧摩阻力有所减小。

2) 部分挤土桩

长螺旋压灌灌注桩、冲击成孔灌注桩、预钻孔打入式预制桩、H形钢桩、开口钢管桩和开口预应力混凝土管桩等，在桩的设置过程中对桩周土体稍有排挤作用，但土的强度和变形性质变化不大，一般可用原状土测得的强度指标来估算桩的承载力和沉降量。

3) 挤土桩

实心的预制桩、下端封闭的管桩、木桩以及沉管灌注桩等在锤击和振动贯入过程中都要将桩位处的土体大量排挤开，使土的结构严重扰动破坏，对土的强度及变形性质影响较大。因此，必须采用原状土扰动后再恢复的强度指标来估算桩的承载力及沉降量。

4.3　竖向荷载下单桩的工作性能

单桩工作性能的研究是单桩承载力分析的理论基础。通过桩土相互作用分析，了解桩-土间的传力途径，掌握单桩承载力的构成及其发展过程和单桩破坏机理，以便正确确定单桩承载力。

4.3.1　桩的荷载传递

在竖向荷载作用下，桩身材料将发生弹性压缩变形，桩相对于桩周土体发生向下的位移，桩周土体对桩身产生向上的桩侧摩阻力。如果桩侧摩阻力不足以抵抗全部荷载，一部分荷载将传递到桩端，桩端土体产生压缩变形，桩端土体也对桩端产生阻力。桩通过桩侧阻力和桩端阻力将竖向荷载传递给土体，或者说，土对桩的支承力由桩侧阻力和桩端阻力两部分组成。

如图 4.10 所示，在桩顶竖向荷载 Q 的作用下，桩身任一深度 z 横截面上产生的轴力为 N，该截面向下位移为 s，桩端沉降为 s_p，桩身压缩量为Δs，这两部分之和就是桩顶沉降 s_0，即 $s_0 = s_p + \Delta s$。桩身侧面与桩周土之间的摩阻力为 q_s，桩侧摩阻力的合力为 Q_s，桩端阻力的合力为 Q_p，二者之和为桩顶荷载，即 $Q = Q_p + Q_s$。根据桩身微段静力平衡条件，可以得到竖向荷载传递过程中桩侧命中率、桩身轴力与桩身位移之间的关系。

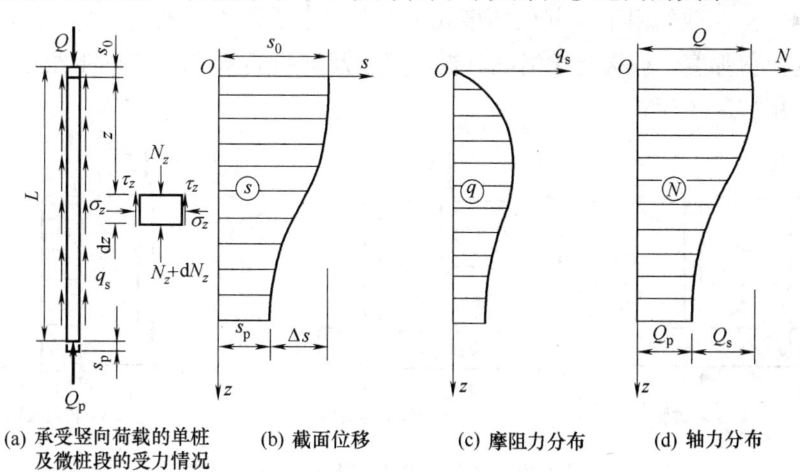

图 4.10　单桩竖向荷载传递

桩身轴力分布为

$$N(z) = Q - \int_0^z uq_s(z)\mathrm{d}z \tag{4.1}$$

如果桩身为弹性材料，桩身轴力为

$$N(z) = -EA\frac{\mathrm{d}s(z)}{\mathrm{d}z} \tag{4.2}$$

桩侧摩阻力分布为

$$q_s(z) = -\frac{1}{u} \cdot \frac{dN(z)}{dz} \tag{4.3}$$

桩侧摩阻力与桩身位移的关系为

$$q_s(z) = \frac{EA}{u} \frac{d^2 s(z)}{dz^2} \tag{4.4}$$

桩身沉降分布为

$$s(z) = s_0 - \frac{1}{EA} \int_0^z N(z) dz \tag{4.5}$$

式中：u——桩身截面周长；

E——桩身弹性模量；

A——桩身截面面积。

桩竖向荷载传递的影响因素有：

(1) 桩侧摩阻力和桩端阻力的发挥程度与桩土之间相对位移有关，桩侧摩阻力的发挥先于桩端阻力。

(2) 桩侧摩阻力的发挥还与桩径、桩长、土性及成桩方法有关。

(3) 桩端阻力的发挥与桩端位移相关，而且与土性、桩的类型、施工方法有关。

(4) 桩侧摩阻力与桩端阻力和桩的入土深度有关。

4.3.2 单桩的破坏模式

单桩在竖向荷载作用下，其破坏模式主要取决于桩周岩土的支撑能力和桩身强度，包括桩周土的抗剪强度、桩端支承情况、桩的尺寸及桩的类型等。图 4.11 给出了竖向荷载作用下可能的单桩破坏模式。

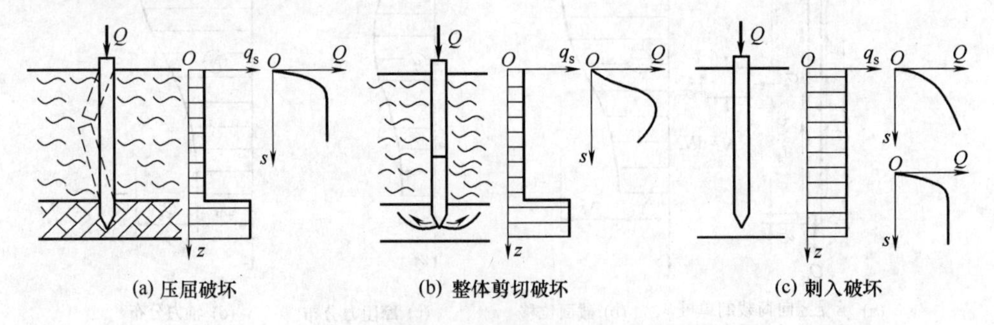

图 4.11 竖向荷载作用下单桩破坏模式

1. 压屈破坏

当桩端支承在坚硬的土层或岩层上，桩周土层极为软弱时，在竖向荷载作用下，桩如同一细长压杆压屈破坏，荷载沉降(Q–s)关系曲线为“急剧破坏”的陡降型，桩身沉降量很小[图 4.11(a)]。桩的承载力取决于桩身的材料强度。

2. 整体剪切破坏

如果桩身强度很大，桩周土层抗剪强度较低，而且桩的长度不大，由于桩端上部土层不能阻止滑动土楔的形成，在竖向荷载作用下桩端土体形成滑动面而出现整体剪切破坏[图 4.11(b)]。此时，桩身沉降量较小，桩侧摩阻力难以充分发挥，主要荷载由桩端阻力承担，Q–s 曲线也为陡降型。桩的承载力主要取决于桩端土的支承力。

3. 刺入破坏

当桩的入土深度较大或桩周土层抗剪强度较均匀时，在竖向荷载作用下，桩将出现刺入破坏，如图 4.11(c)所示。此时桩顶荷载主要由桩侧摩阻力承受，桩端阻力极微，桩的沉降量较大。一般当桩周土质较软弱时，Q–s 曲线为“渐进破坏”的缓变型，无明显拐点。桩的承载力主要由上部结构所能承受的桩顶沉降确定。当桩周土的抗剪强度较高时，Q–s 曲线可能为陡降型，有明显拐点，桩的承载力主要取决于桩周土的强度。

4.3.3　桩侧负摩阻力

1. 桩侧负摩阻力的概念

桩侧负摩阻力是桩周土由于自重固结、湿陷、地面荷载作用等原因而产生大于基桩的沉降所引起的对桩表面的向下摩阻力。这种向下作用的摩阻力相当于桩上的附加荷载，会降低桩的承载力，并使桩产生附加沉降。

2. 产生负摩阻力的情况

桩侧负摩阻力可能在下面这些情况下产生：软土地基中的桩基础；地下水位下降；桩基础附近有新填土、堆料或新建建筑物；湿陷性黄土地基中的桩基础浸水；冻土地基中桩基础发生温度升高而产生融陷；打桩或压桩卸荷时桩身向上回弹，等等。产生负摩阻力的前提条件是桩身沉降大于地基沉降。

(1) 桩穿越欠固结的软黏土或新填土而支承于较硬粉性土层、中密或密实砂土层、砾石层、卵石层或岩层上。

(2) 在较深厚的饱和软黏土地基中打预制桩。打桩引起软黏土中的孔隙水压力上升，土体隆起，群桩施工完成后孔隙水压力消散而土体逐渐再固结而下沉，桩端持力层相对较硬时，会出现桩上部的负摩阻力。

(3) 在桩周围附近地表有较大的堆载(如堆货、堆土及建筑材料)或由于河床冲刷带来的大量沉积土淤在桩周，形成新填土。

(4) 在透水层中抽取地下水，使地下水位全面下降，导致土中有效应力增加，造成土固结下沉。

(5) 地下水位上升等原因造成湿陷性土的浸水下沉，而桩端位于相对稳定的土层上。

(6) 冻土地基因温度上升而融化，产生融陷，而桩端相对下沉很少或不下沉。

3. 负摩阻力的分布

桩身负摩阻力的分布范围由桩身与桩周土的相对位移决定。如图 4.12 所示，如果桩周土相对于桩身向下位移，桩侧摩阻力为负摩阻力；如果桩身相对于桩周土向下位移，桩侧摩阻力为正摩阻力；如果桩身与桩周土的位移相等，二者没有相对位移，桩侧摩阻力为零，此点称为中性点。

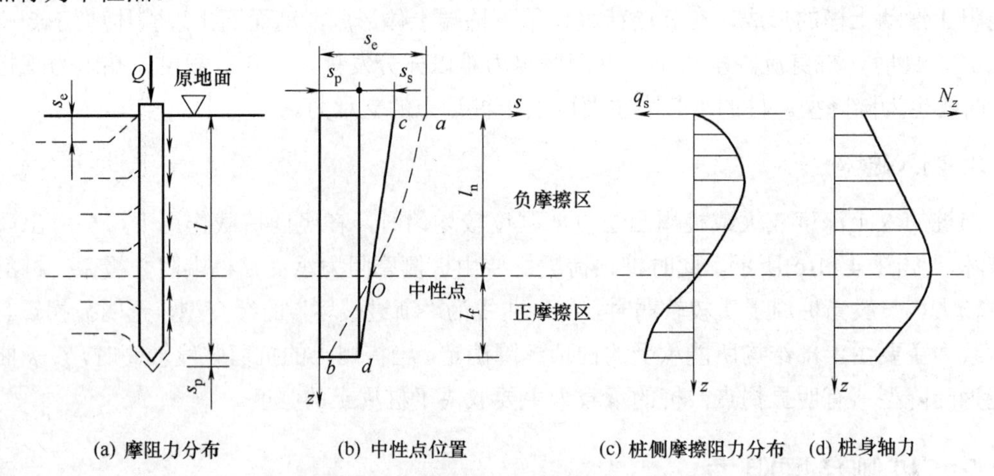

图 4.12　桩侧负摩阻力分布与中性点

s_e—地表沉降；s_p—桩端沉降；s_s—桩身截面位移；

ab—桩周土层的下沉量随深度的分布线；cd—桩身各截面位移曲线

中性点的深度 l_n 与桩周土的压缩性和变形条件、土层分布情况及桩身刚度等条件有关。《建筑桩基技术规范》给出了中性点深度与桩长的比值，如表 4.2 所示。

表 4.2　中性点深度比　l_n/l_0

持力层性质	黏性土、粉土	中密以上砂	砾石、卵石	基岩
中性点深度比 l_n/l_0	0.5～0.6	0.7～0.8	0.9	1.0

注：① l_n，l_0 分别为自桩顶算起的中性点深度和桩周软弱土层下限深度。

② 桩穿过自重湿陷性黄土层时，l_n 可按表列值增大10%(持力层为基岩除外)。

③ 当桩周土层固结与桩基沉降同时完成时，取 $l_n=0$。

④ 当桩周土层计算沉降量小于20mm时，l_n 应按表列值乘以0.4～0.8折减。

4. 桩侧负摩阻力及下拉荷载的计算

1) 单桩负摩阻力

中性点以上单桩桩周第 i 层土负摩阻力标准值可按式(4.6)计算。

$$q_{si}^{n}=\xi_{ni}\sigma_i' \tag{4.6}$$

当填土、自重湿陷性黄土湿陷、欠固结土层产生固结和地下水降低时，$\sigma_i'=\sigma_{\gamma i}'$；当地面分布大面积荷载时，$\sigma_i'=p+\sigma_{\gamma i}'$。

$$\sigma_{\gamma i}'=\sum_{m=1}^{i-1}\gamma_m\Delta z_m+\frac{1}{2}\gamma_i\Delta z_i \tag{4.7}$$

式中：q_{si}^{n}——第 i 层土桩侧负摩阻力标准值，当按式(4.7)计算值大于正摩阻力标准值时取正摩阻力标准值进行设计；

ξ_{ni} ——桩周第 i 层土负摩阻力系数，可按表 4.3 取值；

表 4.3　负摩阻力系数 ξ_n

土　类	ξ_n
饱和软土	0.15～0.25
黏性土、粉土	0.25～0.40
砂土	0.35～0.50
自重湿陷性黄土	0.20～0.35

注：① 在同一类土中，对于挤土桩取表中较大值，对于非挤土桩取表中较小值；

② 填土按其组成取表中同类土的较大值。

$\sigma'_{\gamma i}$——由土自重引起的桩周第 i 层土平均竖向有效应力，桩群外围自地面算起，桩群内部自承台底算起；

σ'_i ——桩周第 i 层土平均竖向有效应力；

γ_i，γ_m——第 i 计算土层和其上第 m 土层的重度，地下水位以下取浮重度；

Δz_i，Δz_m ——第 i 层土、第 m 层土的厚度；

p ——地面均布荷载。

2) 下拉荷载的计算

考虑群桩效应的基桩下拉荷载的计算：

$$Q_{\mathrm{g}}^{\mathrm{n}} = \eta_{\mathrm{n}} \cdot u \sum_{i=1}^{n} q_{si}^{\mathrm{n}} l_i \tag{4.8}$$

$$\eta_{\mathrm{n}} = s_{ax} \cdot s_{ay} \Big/ \left[\pi d \left(\frac{q_{\mathrm{s}}^{\mathrm{n}}}{\gamma_{\mathrm{m}}} + \frac{d}{4} \right) \right] \tag{4.9}$$

式中：n——中性点以上土层数；

l_i——中性点以上第 i 土层的厚度；

η_{n}——负摩阻力群桩效应系数；

s_{ax}、s_{ay}——纵、横向桩的中心距；

$q_{\mathrm{s}}^{\mathrm{n}}$——中性点以上桩周土层厚度加权平均负摩阻力标准值；

γ_{m}——中性点以上桩周土层厚度加权平均重度(地下水位以下取浮重度)。

对于单桩基础或按式(4.9)计算的群桩效应系数 $\eta_{\mathrm{n}}>1$ 时取 $\eta_{\mathrm{n}}=1$。

4.4　单桩竖向承载力

单桩竖向承载力是指单桩在竖向荷载作用下不丧失稳定性、不产生过大变形时的承载能力。单桩在竖向荷载作用下到达破坏状态前或出现不适于继续承载的变形时所对应的最大荷载，称为单桩竖向极限承载力。

单桩的竖向承载力主要取决于地基土对桩的支承能力和桩身的材料强度。一般情况下，桩的承载力由地基土的支承能力所控制，材料强度往往不能充分发挥。对端承桩、超长桩以及桩身质量有缺陷的桩，桩身材料强度才起控制作用。此外，当桩的入土深度较大，桩周土质软弱且比较均匀，桩端沉降量较大，或上部结构对沉降有特殊要求时，还应考虑桩的竖向沉降量，按上部结构对沉降的要求来确定单桩竖向承载力。

关于由地基土的支撑能力确定单桩竖向承载力，也就是按照经验参数确定单桩承载力，国家现行规范《建筑地基基础设计规范》(GB 50007—2011)与《建筑桩基技术规范》(JGJ 94—2008)采用的基本原理相同，但途径不同。前者是根据地基土桩端阻力特征值和桩侧阻力特征值计算单桩竖向承载力特征值，而后者是先根据极限桩端阻力标准值和极限桩侧阻力标准值计算单桩竖向极限承载力标准值，再除以安全系数 2 得到单桩竖向承载力特征值。

4.4.1 按照《建筑地基基础设计规范》确定单桩竖向承载力特征值

1) 单桩竖向静荷载试验

单桩竖向承载力特征值应通过单桩竖向静载荷试验(参见规范附录 Q 单桩静荷载试验要点)确定。在同一条件下的试桩数量不宜少于总桩数的 1%，且不应少于 3 根。

2) 深层平板荷载试验

当桩端持力层为密实砂卵石或其他承载力类似的土层时，对单桩承载力很高的大直径端承型桩，可采用深层平板载荷试验(参见规范附录 D 深层平板荷载试验要点)确定桩端土的承载力特征值。

3) 静力触探及标贯试验

地基基础设计等级为丙级的建筑物，可采用静力触探及标贯试验参数确定单桩承载力特征值。

4) 经验公式

初步设计时单桩竖向承载力特征值可按下式估算：

$$R_a = q_{pa} A_p + u_p \sum q_{sia} l_i \tag{4.10}$$

式中：R_a ——单桩竖向承载力特征值；

q_{pa}，q_{sia}——桩端阻力特征值、桩侧阻力特征值，由当地静荷载试验结果统计分析算得；

A_p——桩底端横截面面积；

u_p——桩身周边长度；

l_i——第 i 层岩土的厚度。

当桩端嵌入完整及较完整的硬质岩中时，可按下式估算单桩竖向承载力特征值：

$$R_a = q_{pa} A_p \tag{4.11}$$

式中：q_{pa} ——桩端岩石承载力特征值。

嵌岩灌注桩桩端以下三倍桩径范围内应无软弱夹层、断裂破碎带和洞穴分布，并应在桩底应力扩散范围内无岩体临空面。桩端岩石承载力特征值，当桩端无沉渣时应根据岩石饱和单轴抗压强度标准值确定，或用岩基荷载试验确定。

5) 桩身混凝土强度要求

桩身混凝土强度应满足桩的承载力设计要求。计算中应按桩的类型和成桩工艺的不同将混凝土的轴心抗压强度设计值乘以工作条件系数ψ_c，轴心受压桩身强度应符合下式要求：

$$Q \leqslant A_p f_c \psi_c \tag{4.12}$$

式中：f_c——混凝土轴心抗压强度设计值，按现行《混凝土结构设计规范》取值；

Q——相应于荷载效应基本组合时的单桩竖向力设计值；

A_p——桩身横截面面积；

ψ_c——工作条件系数，预制桩取 0.75，灌注桩取 0.6～0.7(水下灌注桩或长桩时用低值)。

4.4.2　按照《建筑桩基技术规范》确定单桩竖向极限承载力

1) 单桩竖向极限承载力标准值确定的一般原则

设计等级为甲级的建筑桩基，应通过单桩静载试验[参见《建筑基桩检测技术规范》(JGJ 106—2003)]确定。对于大直径端承型桩，也可通过深层平板(平板直径应与孔径一致)荷载试验确定极限端阻力。对于嵌岩桩，可通过直径为 0.3m 岩基平板荷载试验确定极限端阻力标准值，也可通过直径为 0.3m 嵌岩短墩荷载试验确定极限侧阻力标准值和极限端阻力标准值。桩的极限侧阻力标准值和极限端阻力标准值宜通过埋设桩身轴力测试元件由静载试验确定。通过测试结果建立极限侧阻力标准值和极限端阻力标准值与土层物理指标、岩石饱和单轴抗压强度以及与静力触探等土的原位测试指标间的经验关系，以经验参数法确定单桩竖向极限承载力。

设计等级为乙级的建筑桩基，当地质条件简单时，可参照地质条件相同的试桩资料，结合静力触探等原位测试和经验参数综合确定；其余均应通过单桩静载试验确定。

设计等级为丙级的建筑桩基，可根据原位测试和经验参数确定。

2) 原位测试

这里的原位测试主要是指静力触探试验。静力触探是将圆锥形的金属探头以静力方式按一定的速率均匀压入土中，借助探头的传感器，测出探头侧阻力及端阻力。由各土层的侧阻力及端阻力，即可算出单桩承载力。根据探头构造的不同，又可分为单桥探头和双桥探头两种。

静力触探与桩的静荷载试验虽有很大区别，但与预制桩打(压)入土中的过程基本相似。静力触探试验测得的探头侧阻力及端阻力可近似看成是桩侧阻力和桩端阻力，可用于单桩竖向极限承载力标准值的确定，详情请参见规范原文。

3) 经验公式

《建筑桩基技术规范》(JGJ 94—2008)在大量经验及资料积累的基础上，按照桩型及施工工艺，规定了利用土的物理状态指标确定桩的极限侧阻力及端阻力，进而确定单桩竖向极限承载力标准值的经验公式：

$$Q_{uk} = Q_{sk} + Q_{pk} = u_p \sum q_{sik} l_i + q_{pk} A_p \tag{4.13}$$

式中：Q_{sk}，Q_{pk}——总极限侧阻力标准值和总极限端阻力标准值；

q_{sik}——桩侧第 i 层土的极限侧阻力标准值，如无当地经验时可按表 4.4 取值；

q_{pk}——极限端阻力标准值，如无当地经验时可按表 4.5 取值。

表 4.4 桩的极限侧阻力标准值 q_{sik} (kPa)

土的名称	土的状态		混凝土预制桩	泥浆护壁钻(冲)孔桩	干作业钻孔桩
填土			22～30	20～28	20～28
淤泥			14～20	12～18	12～18
淤泥质土			22～30	20～28	20～28
黏性土	流塑	$I_L>1$	24～40	21～38	21～38
	软塑	$0.75< I_L\leqslant 1$	40～55	38～53	38～53
	可塑	$0.50<I_L\leqslant 0.75$	55～70	53～68	53～66
	硬可塑	$0.25<I_L\leqslant 0.50$	70～86	68～84	66～82
	硬塑	$0< I_L\leqslant 0.25$	86～98	84～96	82～94
	坚硬	$I_L\leqslant 0$	98～105	96～102	94～104
红黏土	$0.7< a_w \leqslant 1$		13～32	12～30	12～30
	$0.5< a_w \leqslant 0.7$		32～74	30～70	30～70
粉土	稍密	$e>0.9$	26～46	24～42	24～42
	中密	$0.75\leqslant e\leqslant 0.9$	46～66	42～62	42～62
	密实	$e<0.75$	66～88	62～82	62～82
粉细砂	稍密	$10<N\leqslant 15$	24～48	22～46	22～46
	中密	$15<N\leqslant 30$	48～66	46～64	46～64
	密实	$N>30$	66～88	64～86	64～86
中砂	中密	$15<N\leqslant 30$	54～74	53～72	53～72
	密实	$N>30$	74～95	72～94	72～94
粗砂	中密	$15<N\leqslant 30$	74～95	74～95	76～98
	密实	$N>30$	95～116	95～116	98～120
砾砂	稍密	$5<N_{63.5}\leqslant 15$	70～110	50～90	60～100
	中密(密实)	$N_{63.5}>15$	116～138	116～130	112～130
圆砾、角砾	中密、密实	$N_{63.5}>10$	160～200	135～150	135～150
碎石、卵石	中密、密实	$N_{63.5}>10$	200～300	140～170	150～170
全风化软质岩		$30<N\leqslant 50$	100～120	80～100	80～100
全风化硬质岩		$30<N\leqslant 50$	140～160	120～140	120～150
强风化软质岩		$N_{63.5}>10$	160～240	140～200	140～220
强风化硬质岩		$N_{63.5}>10$	220～300	160～240	160～260

注：① 对于尚未完成自重固结的填土和以生活垃圾为主的杂填土，不计算其侧阻力。

② a_w 为含水比，$a_w = w/w_L$，w 为土的天然含水量，w_L 为土的液限。

③ N 为标准贯入击数；$N_{63.5}$ 为重型圆锥动力触探击数。

④ 全风化、强风化软质岩和全风化、强风化硬质岩系指其母岩分别为 $f_{rk}\leqslant 15$MPa、$f_{rk}>30$MPa 的岩石。

表 4.5　桩的极限端阻力标准值 q_{pk}(kPa)

土名称	土的状态	桩型	混凝土预制桩桩长 l/m				泥浆护壁钻(冲)孔桩桩长 l/m				干作业钻孔桩桩长 l/m		
			$l \leq 9$	$9 < l \leq 16$	$16 < l \leq 30$	$l > 30$	$5 \leq l < 10$	$10 \leq l < 15$	$15 \leq l < 30$	$30 \leq l$	$5 \leq l < 10$	$10 \leq l < 15$	$15 \leq l$
黏性土	软塑	$0.75<I_L\leq1$	210～850	650～1400	1200～1800	1300～1900	150～250	250～300	300～450	300～450	200～400	400～700	700～950
	可塑	$0.50<I_L\leq0.75$	850～1700	1400～2200	1900～2800	2300～3600	350～450	450～600	600～750	750～800	500～700	800～1100	1000～1600
	硬可塑	$0.25<I_L\leq0.50$	1500～2300	2300～3300	2700～3600	3600～4400	800～900	900～1000	1000～1200	1200～1400	850～1100	1500～1700	1700～1900
	硬塑	$0<I_L\leq0.25$	2500～3800	3800～5500	5500～6000	6000～6800	1100～1200	1200～1400	1400～1600	1600～1800	1600～1800	2200～2400	2600～2800
粉土	中密	$0.75\leq e\leq0.9$	950～1700	1400～2100	1900～2700	2500～3400	300～500	500～650	650～750	750～850	800～1200	1200～1400	1400～1600
	密实	$e<0.75$	1500～2600	2100～3000	2700～3600	3600～4400	650～900	750～950	900～1100	1100～1200	1200～1700	1400～1900	1600～2100
粉砂	稍密	$10<N\leq15$	1000～1600	1500～2300	1900～2700	2100～3000	350～500	450～600	600～700	650～750	500～950	1300～1600	1500～1700
	中密、密实	$N>15$	1400～2200	2100～3000	3000～4500	3800～5500	600～750	750～900	900～1100	1100～1200	900～1000	1700～1900	1700～1900
细砂	中密、密实	$N>15$	2500～4000	3600～5000	4400～6000	5300～7000	650～850	900～1200	1200～1500	1500～1800	1200～1600	2000～2400	2400～2700
中砂			4000～6000	5500～7000	6500～8000	7500～9000	850～1050	1100～1500	1500～1900	1900～2100	1800～2400	2800～3800	3600～4400
粗砂			5700～7500	7500～8500	8500～10 000	9500～11 000	1500～1800	2100～2400	2400～2600	2600～2800	2900～3600	4000～4600	4600～5200
砾砂	中密、密实	$N>15$	6000～9500		9000～10 500		1400～2000		2000～3200		3500～5000		
角砾、圆砾		$N_{63.5}>10$	7000～10 000		9500～11 500		1800～2200		2200～3600		4000～5500		
碎石、卵石		$N_{63.5}>10$	8000～11 000		10 500～13 000		2000～3000		3000～4000		4500～6500		
全风化软质岩		$30<N\leq50$	4000～6000				1000～1600				1200～2000		
全风化硬质岩		$30<N\leq50$	5000～8000				1200～2000				1400～2400		
强风化软质岩		$N_{63.5}>10$	6000～9000				1400～2200				1600～2600		
强风化硬质岩		$N_{63.5}>10$	7000～11 000				1800～2800				2000～3000		

注：① 砂土和碎石类土中桩的极限端阻力取值宜综合考虑土的密实度和桩端进入持力层的深径比 h_b/d，土愈密实，h_b/d 愈大，取值愈高。

② 预制桩的岩石极限端阻力指桩端支承于中、微风化基岩表面或进入强风化岩、软质岩一定深度条件下的极限端阻力。

③ 全风化、强风化软质岩和全风化、强风化硬质岩指其母岩分别为 $f_{rk}\leq15$ MPa 、$f_{rk}>30$ MPa 的岩石。

根据土的物理指标与承载力参数之间的经验关系，确定大直径桩单桩极限承载力标准值时，可按下式计算：

$$Q_{uk}=Q_{sk}+Q_{pk}=u\sum\psi_{si}q_{sik}l_i+\psi_p q_{pk}A_p \tag{4.14}$$

式中：q_{sik}——桩侧第 i 层土极限侧阻力标准值，如无当地经验值时可按表 4.4 取值，对于扩底桩的扩大头截面及变截面以上 $2d$ 长度范围内不计侧阻力；

q_{pk}——桩径为 800mm 的极限端阻力标准值，对于干作业挖孔(清底干净)可采用深层荷载板试验确定，当不能进行深层荷载板试验时可按表 4.6 取值；

ψ_{si}、ψ_p——大直径桩侧阻力、端阻力尺寸效应系数，按表 4.7 取值。

u——桩身周长，当人工挖孔桩桩周护壁为振捣密实的混凝土时桩身周长可按护壁外直径计算。

表 4.6　干作业挖孔桩(清底干净，D = 800mm) 极限端阻力标准值 q_{pk}(kPa)

土名称		状态		
黏性土		$0.25<I_L\leqslant 0.75$	$0<I_L\leqslant 0.25$	$I_L\leqslant 0$
		800～1800	1800～2400	2400～3000
粉土			$0.75\leqslant e\leqslant 0.9$	$e<0.75$
			1000～1500	1500～2000
砂土、碎石类土		稍密	中密	密实
	粉砂	500～700	800～1100	1200～2000
	细砂	700～1100	1200～1800	2000～2500
	中砂	1000～2000	2200～3200	3500～5000
	粗砂	1200～2200	2500～3500	4000～5500
	砾砂	1400～2400	2600～4000	5000～7000
	圆砾、角砾	1600～3000	3200～5000	6000～9000
	卵石、碎石	2000～3000	3300～5000	7000～11 000

注：① 当桩进入持力层的深度 h_b 分别为 $h_b\leqslant D$，$D<h_b\leqslant 4D$，$h_b>4D$ 时，q_{pk} 可相应取低、中、高值。

② 砂土密实度可根据标贯击数判定，$N\leqslant 10$ 为松散，$10<N\leqslant 15$ 为稍密，$15<N\leqslant 30$ 为中密，$N>30$ 为密实。

③ 当桩的长径比 $l/d\leqslant 8$ 时，q_{pk} 宜取较低值。

④ 当对沉降要求不严时，q_{pk} 可取高值。

表 4.7　大直径灌注桩侧阻尺寸效应系数 ψ_{si}、端阻尺寸效应系数 ψ_p

土类型	黏性土、粉土	砂土、碎石类土
ψ_{si}	$(0.8/d)^{1/5}$	$(0.8/d)^{1/3}$
ψ_p	$(0.8/D)^{1/4}$	$(0.8/D)^{1/3}$

对于钢管桩、混凝土空心桩、嵌岩桩、后注浆灌注桩及有液化效应情况下的单桩竖向极限承载力标准值的确定，请读者查阅规范相应章节，这里不再赘述。

4.4.3　按照《建筑桩基技术规范》确定单桩竖向承载力特征值

单桩竖向承载力特征值 R_a 应按下式确定：

$$R_a = \frac{1}{K} Q_{uk} \tag{4.15}$$

式中：Q_{uk}——单桩竖向极限承载力标准值；

K——安全系数，取 $K = 2$。

4.4.4　群桩中单桩(基桩)竖向承载力特征值

对于端承型桩基、桩数少于 4 根的摩擦型柱下独立桩基，或由于地层土性、使用条件等因素不宜考虑承台效应时，基桩竖向承载力特征值应取单桩竖向承载力特征值。

对于符合下列条件之一的摩擦型桩基，宜考虑承台效应确定其复合基桩的竖向承载力特征值：

(1) 上部结构整体刚度较好、体型简单的建(构)筑物。

(2) 对差异沉降适应性较强的排架结构和柔性构筑物。

(3) 按变刚度调平原则设计的桩基刚度相对弱化区。

(4) 软土地基的减沉复合疏桩基础。

考虑承台效应的复合基桩竖向承载力特征值可按下列公式确定：

不考虑地震作用时

$$R = R_a + \eta_c f_{ak} A_c \tag{4.16}$$

考虑地震作用时

$$R = R_a + \frac{\zeta_a}{1.25} \eta_c f_{ak} A_c \tag{4.17}$$

$$A_c = (A - nA_{ps}) / n \tag{4.18}$$

式中：η_c——承台效应系数，可按表 4.8 取值；

f_{ak}——承台下 1/2 承台宽度且不超过 5m 深度范围内各层土的地基承载力特征值按厚度加权的平均值；

A_c——计算基桩所对应的承台底净面积；

A_{ps}——桩身截面面积；

n——桩数；

A——承台计算域面积，对于柱下独立桩基 A 为承台总面积，对于桩筏基础 A 为柱、墙筏板的 1/2 跨距和悬臂边 2.5 倍筏板厚度所围成的面积，桩集中布置于单片墙下的桩筏基础取墙两边各 1/2 跨距围成的面积，按单排桩条形承台计算 η_c；

ζ_a——地基抗震承载力调整系数，应按现行国家标准《建筑抗震设计规范》(GB 50011)采用。

当承台底为可液化土、湿陷性土、高灵敏度软土、欠固结土、新填土时，沉桩引起超孔隙水压力和土体隆起时，不考虑承台效应，取 $\eta_c = 0$。

表 4.8　承台效应系数 η_c

B_c/l \ s_a/d	3	4	5	6	>6
≤0.4	0.06～0.08	0.14～0.17	0.22～0.26	0.32～0.38	0.50～0.80
0.4～0.8	0.08～0.10	0.17～0.20	0.26～0.30	0.38～0.44	
>0.8	0.10～0.12	0.20～0.22	0.30～0.34	0.44～0.50	
单排桩条形承台	0.15～0.18	0.25～0.30	0.38～0.45	0.50～0.60	

注：① 表中 s_a/d 为桩中心距与桩径之比；B_c/l 为承台宽度与桩长之比。当计算基桩为非正方形排列时，$s_a=\sqrt{A/n}$，A 为承台计算域面积，n 为总桩数。

② 对于桩布置于墙下的箱、筏承台，η_c 可按单排桩条基取值。

③ 对于单排桩条形承台，当承台宽度小于 1.5d 时，η_c 按非条形承台取值。

④ 对于采用后注浆灌注桩的承台，η_c 宜取低值。

⑤ 对于饱和黏性土中的挤土桩基、软土地基上的桩基承台，η_c 宜取低值的 0.8 倍。

4.4.5　抗拔承载力验算

对于高耸结构物桩基(如高压输电塔、电视塔、微波通信塔等)、承受地下水浮力作用的基础(如地下室、地下油罐、取水泵房等)，以及承受较大水平荷载的桩结构(如码头、桥台、挡土墙等)，桩侧部分或全部承受上拔力，此时尚须验算桩的抗拔承载力。

桩的抗拔承载力主要取决于桩身材料强度、桩与土之间的抗拔侧阻力及桩身自重。《建筑桩基技术规范》规定，承受拔力的桩基，应按同时验算群桩基础呈整体破坏和呈非整体破坏时基桩的抗拔承载力。

(1) 对于设计等级为甲级和乙级的建筑桩基，基桩的抗拔极限承载力应通过现场单桩上拔静荷载试验确定。单桩上拔静荷载试验及抗拔极限承载力标准值取值可按现行行业标准《建筑基桩检测技术规范》(JGJ 106)进行。

(2) 如无当地经验时，群桩基础及设计等级为丙级的建筑桩基，基桩的抗拔极限载力可按公式计算。

1) 群桩呈非整体破坏时

$$T_{uk}=\sum \lambda_i q_{sik} u_i l_i \tag{4.19}$$

式中：T_{uk}——群桩呈非整体破坏时基桩的抗拔极限承载力标准值；

u_i——第 i 层段桩身周长，对于等直径桩取 $u_i=\pi d$，对于扩底桩按表 4.9 取值；

q_{sik}——桩侧表面第 i 层土的抗压极限侧阻力标准值，可按表 4.4 取值；

λ_i——抗拔系数，可按表 4.10 取值。

表 4.9　扩底桩破坏表面周长 u_i

自桩底起算的长度 l_i	≤(4～10) d	>(4～10)d
u_i	πD	πd

注：l_i 对于软土取低值，对于卵石、砾石取高值；l_i 取值按内摩擦角增大而增加。

表 4.10　抗拔系数λ

土　类	λ 值
砂土	0.50～0.70
黏性土、粉土	0.70～0.80

注：桩长 l 与桩径 d 之比小于 20 时λ取小值。

2) 群桩呈整体破坏时

$$T_{gk} = \frac{1}{n} u_l \sum \lambda_i q_{sik} l_i \tag{4.20}$$

式中：T_{gk}——群桩呈整体破坏时基桩的抗拔极限承载力标准值；

n ——总桩数；

u_l ——桩群外围周长。

群桩抗拔承载力按式(4.21)和式(4.22)验算。

$$N_k \leqslant T_{gk}/2 + G_{gp} \tag{4.21}$$

$$N_k \leqslant T_{uk}/2 + G_p \tag{4.22}$$

式中：N_k——按荷载效应标准组合计算的基桩拔力；

G_{gp}——群桩基础所包围体积的桩土总自重除以总桩数，地下水位以下取浮重度；

G_p——基桩自重，地下水位以下取浮重度，对于扩底桩应按表 4.9 确定桩、土柱体周长，计算桩、土自重。

对于季节性冻土和膨胀土上轻型建筑的短桩基础的抗拔稳定性验算，请读者查阅规范相应条文。

4.4.6　桩身承载力验算

钢筋混凝土轴心受压桩正截面受压承载力应符合下列规定：

(1) 当桩顶以下 $5d$ 范围的桩身螺旋式箍筋间距不大于 100mm，且符合规范构造配筋要求时：

$$N \leqslant \psi_c f_c A_{ps} + 0.9 f_y' A_s' \tag{4.23}$$

(2) 当桩身配筋不符合上述要求时[请与式(4.12)比较]：

$$N \leqslant \psi_c f_c A_{ps} \tag{4.24}$$

式中：N——荷载效应基本组合下的桩顶轴向压力设计值；

ψ_c——基桩成桩工艺系数，混凝土预制桩、预应力混凝土空心桩ψ_c=0.85，干作业非挤土灌注桩ψ_c=0.90，泥浆护壁和套管护壁非挤土灌注桩、部分挤土灌注桩、挤土灌注桩ψ_c = 0.7～0.8，软土地区挤土灌注桩ψ_c = 0.6；

f_c——混凝土轴心抗压强度设计值；

f_y'——纵向主筋抗压强度设计值；

A'_s——纵向主筋截面面积。

4.5　桩的水平承载力

建筑工程中的桩基础大多以承受竖向荷载为主，但在风荷载、地震荷载、机械制动荷载或土压力、水压力等作用下，也将承受一定的水平荷载。尤其是桥梁工程中的桩基，承受的水平荷载较大。在桩基设计时，除了要满足桩基的竖向承载力要求外，还必须对桩基的水平承载力进行验算。

4.5.1　单桩水平承载力的影响因素

在水平荷载作用下，桩身产生挠曲变形，并挤压桩侧土体发生变形而对桩侧产生抗力。当水平荷载较小时，这一抗力主要由靠近地面部分的土体提供的，土体的变形也主要是弹性变形。随着荷载加大，桩身的变形也加大，表层土将由上至下逐渐发生屈服，水平荷载向更深层土体传递。当变形达到桩所不能允许的程度，或者桩周土丧失稳定性时，就达到了桩的水平极限承载力。

桩的水平承载力也应该满足桩周土稳定性、桩身强度和允许位移这三个方面的要求。因此，地基土质条件、桩的入土深度、桩身截面刚度、桩身材料强度、桩间距、桩顶嵌固程度以及上部结构的性质，都是影响桩的水平承载力的因素。土质越好，桩入土越深，地基土的抗力就越大，桩的水平承载力也就越高。抗弯性能差的桩，比如低配筋率的灌注桩，常因桩身断裂而破坏；抗弯性能好的钢筋混凝土桩或钢桩，承载力主要受周围土体的性质所控制。桩顶在承台中受到的嵌固作用越强，桩可能产生的水平位移越小，但桩身弯矩会越大。刚度大的桩的桩身变形小[图 4.13(a)]，其水平承载力主要由桩的水平位移和倾斜控制；而刚度小的桩的桩身变形较大[图 4.13(b)]，其水平承载力主要由桩的水平位移和桩身最大弯矩值控制。

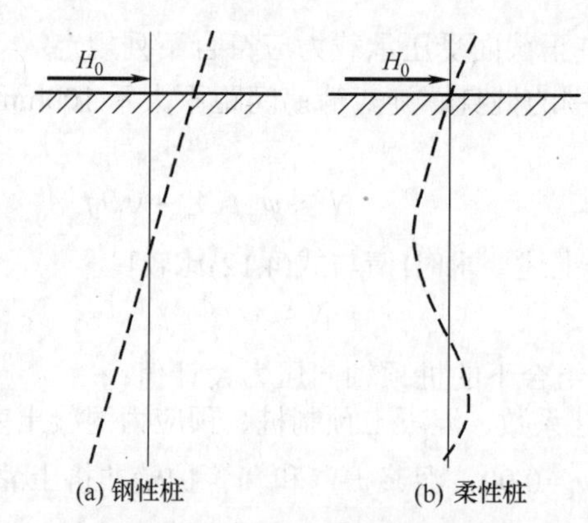

图 4.13　承受水平荷载的桩

4.5.2　单桩水平承载力的确定

《建筑地基基础设计规范》(GB 50007－2011)规定，单桩水平承载力特征值取决于桩的材料强度、截面刚度、入土深度、土质条件、桩顶水平位移允许值和桩顶嵌固情况等因素，

应通过现场水平荷载试验确定。必要时可进行带承台桩的荷载试验，并宜采用慢速维持荷载法。

当作用于桩基上的外力主要为水平力时，应根据使用要求对桩顶变位进行限制，并对桩基的水平承载力进行验算。当外力作用面的桩距较大时，桩基的水平承载力可视为各单桩的水平承载力的总和。当承台侧面的土未经扰动或回填密实时，应计算土抗力的作用。当水平推力较大时，宜设置斜桩。

JGJ 94—2008《建筑桩基技术规范》规定，单桩的水平承载力特征值的确定应符合下列规定：

(1) 对于受水平荷载较大的设计等级为甲级、乙级的建筑桩基，单桩水平承载力特征值应通过单桩水平静载试验确定，试验方法可按现行行业标准 JGJ 106—2014《建筑基桩检测技术规范》执行。

(2) 对于钢筋混凝土预制桩、钢桩、桩身正截面配筋率不小于 0.65%的灌注桩，可根据静载试验结果取地面处水平位移为 10mm(对于水平位移敏感的建筑物取水平位移 6mm)所对应的荷载的 75%为单桩水平承载力特征值。

(3) 对于桩身配筋率小于 0.65%的灌注桩，可取单桩水平静载试验的临界荷载的 75%为单桩水平承载力特征值。

(4) 当缺少单桩水平静载试验资料时，可按公式估算桩身配筋率小于 0.65%的灌注桩的单桩水平承载力特征值(参见规范原文)。

(5) 对于混凝土护壁的挖孔桩，计算单桩水平承载力时，其设计桩径取护壁内直径。

(6) 当桩的水平承载力由水平位移控制，且缺少单桩水平静载试验资料时，可按公式估算预制桩、钢桩、桩身配筋率不小于 0.65%的灌注桩单桩水平承载力特征值(参见规范原文)。

(7) 验算永久荷载控制的桩基的水平承载力时，应将上述(2)～(5)款方法确定的单桩水平承载力特征值乘以调整系数 0.80；验算地震作用桩基的水平承载力时，宜将按上述(2)～(5)款方法确定的单桩水平承载力特征值乘以调整系数 1.25。

4.5.3　水平荷载作用下基桩内力和位移分析

1. 刚性桩与弹性桩

按照桩与土的相对刚度，将桩分为刚性桩和弹性桩。刚性桩为入土深度 $h \leqslant 2.5/\alpha$ 的桩，弹性桩为入土深度 $h > 2.5/\alpha$ 的桩，其中 α 为桩的水平变形系数(单位 1/m)：

$$\alpha = \sqrt[5]{\frac{mb_1}{EI}} \tag{4.25}$$

式中：m——地基系数，即地基水平抗力系数的比例系数，$\mathrm{N/m^4}$。

b_1——桩计算宽度，m。

$$b_1 = \begin{cases} k_f(d+1) & d > 1\mathrm{m} \\ k_f(1.5d+0.5) & d \leqslant 1\mathrm{m} \end{cases} \tag{4.26}$$

式中：k_f——桩的形状系数，方形截面桩 $k_f = 1.0$，圆形截面桩 $k_f = 0.9$；

d——桩的直径，方形截面时为桩的边长 b，m；

EI——桩身抗弯刚度，即弹性模量与惯性矩之乘积，$\mathrm{Nm^2}$。

长径比较小，或者桩周土很松软，桩的刚度远大于桩周土刚度时，承受水平荷载作用的桩挠曲变形不明显，如同刚体一样发生刚体倾斜，如图 4.13(a)所示。长径比较大，或者桩周土较坚实，桩相对于桩周土的刚度并不大很多，桩周土可以提供较大的抗力，承受水平荷载作用的桩发生挠曲变形，如图 4.13(b)所示。

2. 弹性地基梁法

对于弹性桩在水平荷载作用下的桩身内力与位移的计算，普遍采用弹性地基梁法。

弹性地基梁法的基本假定是，任一深度 z 处所产生的桩周土水平抗力 σ_x 与该点水平位移 x 成正比，即

$$\sigma_x = k \cdot x \tag{4.27}$$

式中：k——地基水平抗力系数(简称“基床系数”“地基系数”，单位为 N/m^3，请与 3.4.2 节比较)。

这个假定实际上不考虑桩土之间的摩阻力，也不考虑邻桩的影响，地基梁相当于互不相关的弹簧，桩土变形协调。这种梁又称为文克尔(Winkler)梁，这种方法又称为文克尔地基梁法。

3. 地基系数及其分布规律

地基系数 k 不仅与土质条件有关，而且随深度变化。由于实测及分析方法不同，所采用的 k 值随深度变化规律也不同，基桩内力与位移的计算方法也不同，常见有以下几种方法(图 4.14)。

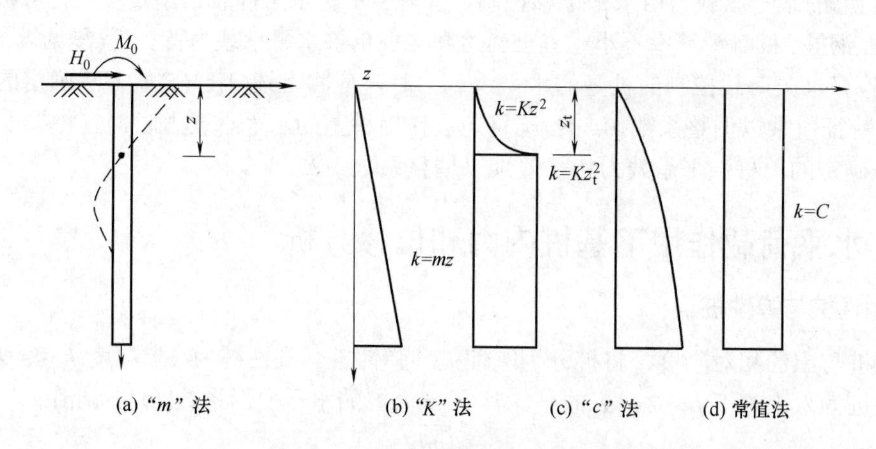

图 4.14 地基系数随深度变化规律

1) “m”法

假定地基系数 k 值随深度成正比[图 4.14(a)]，即 $k = mz$，其中 m 即式(4.25)中的地基系数，宜通过单桩水平静载试验确定，也可以查表。我国《建筑桩基技术规范》(JGJ 94—2008)、《公路桥涵地基基础设计规范》(JTG D63—2007)及《铁路桥涵地基和基础设计规范》(TB 10002.5—2005)均采用此法。

2) “K”法

假定地基系数在第一弹性挠曲零点 t 以上按抛物线变化，即 $k = Kz^2$，t 点以下为常数，

即 $k=Kz_t^2$[图 4.14(b)]，其中 K 为常数。

3) “c”法

假定地基系数随深度呈抛物线增加，即 $k=cz^{0.5}$[图 4.14(c)]，其中 c 为常数。

4) 常值法(张有龄法)

假定地基系数沿深度均匀分布，即 $k=C$，其中 C 为常数[图 4.14(d)]。该法为我国学者张有龄先生于 1937 年提出，在日本和美国应用较多。

4. 单桩挠曲微分方程

如图 4.14 所示，假设桩顶与地面平齐，桩顶作用有水平荷载 H_0 与弯矩 M_0，桩身发生弹性挠曲，桩周土对桩的水平抗力为σ_x，则单桩的挠曲微分方程为

$$EI\frac{\mathrm{d}^4x}{\mathrm{d}z_4}=-q=-\sigma_x b_1=-mzxb_1 \tag{4.28}$$

整理上式得

$$\frac{\mathrm{d}^4x}{\mathrm{d}z_4}+\frac{mb_1}{EI}zx=0 \tag{4.29a}$$

即

$$\frac{\mathrm{d}^4x}{\mathrm{d}z_4}+\alpha^5zx=0 \tag{4.29b}$$

式(4.29)为四阶线性变系数常微分方程，可结合桩底边界条件求出挠曲微分方程的解。

5. 挠曲微分方程的解(地面以下任一深度处桩身内力及位移，$\alpha h \geqslant 4$)

挠度 $$x=\frac{H_0}{\alpha^3EI}A_x+\frac{M_0}{\alpha^2EI}B_x \tag{4.30}$$

转角 $$\phi=\frac{H_0}{\alpha^2EI}A_\phi+\frac{M_0}{\alpha EI}B_\phi \tag{4.31}$$

弯矩 $$M=\frac{H_0}{\alpha}A_m+M_0B_m \tag{4.32}$$

剪力 $$Q=H_0A_H+\alpha M_0B_H \tag{4.33}$$

以上式中，$A_x, B_x, A_\phi, B_\phi, A_m, B_m, A_H, B_H$为无量纲系数，可依 αh 和 αz 查表。

6. 桩顶位移

桩顶水平位移 $$x_1=\frac{H_0}{\alpha^3EI}A_{x_1}+\frac{M_0}{\alpha^2EI}B_{x_1} \tag{4.34}$$

桩顶转角 $$\phi_1=-\left(\frac{H_0}{\alpha^2EI}A_{\phi_1}+\frac{M_0}{\alpha EI}B_{\phi_1}\right) \tag{4.35}$$

以上式中，系数 A_{x1}、$B_{x1}=A_{\phi1}$、$B_{\phi1}$ 均为 αh 及 $\alpha\ l_0$的函数，当 $\alpha h \geqslant 4.0$ 时其值可查表。

7. 桩身最大弯矩

(1) 求 C_{H}或 D_{H}。

$$C_H=\alpha M_0/H_0,\quad D_H=H_0/(\alpha M_0)$$

(2) 根据 C_{H}或 D_{H}查表求出 αz，z 即为最大弯矩深度。

(3) 在同一表格中按 C_H 或 D_H 或 αz 查得 K_M 或 K_H，则桩身最大弯矩值为

$$M_{max} = M_0 K_M$$

或

$$M_{max} = H_0 K_H / \alpha \tag{4.36}$$

4.6 群桩基础计算

4.6.1 群桩的工作特点

对于群桩基础，作用于承台上的荷载实际上是由桩和地基土共同承担。对于不同类型的群桩基础，由于承台、桩、地基土的相互作用情况不同，基桩工作特点不同，桩端阻力、桩侧阻力与承台底面地基土的阻力也不同。

1. 端承型群桩基础

端承型桩基持力层坚硬，桩顶沉降较小，桩侧摩阻力不易发挥，桩顶荷载基本上通过桩身直接传到桩端处土层上。而桩端处承压面积很小，各桩端的压力彼此互不影响(图 4.15)，因此可近似认为端承型群桩基础中各基桩的工作性状与单桩基本一致。同时，由于桩的变形很小，桩间土基本不承受荷载，群桩基础的承载力就等于各单桩的承载力之和，群桩的沉降量也与单桩基本相同，故可不考虑群桩效应。

2. 摩擦型群桩基础

摩擦型群桩主要通过桩侧摩阻力将上部荷载传递到桩周及桩端土层中。一般认为，桩侧摩阻力在土中引起的附加应力，以某一扩散角沿桩长向下扩散分布。桩端平面处附加应力分布如图 4.16 中阴影部分所示。当桩数少、桩中心距较大时，桩端平面处各桩传来的附加应力互不重叠或重叠不多[图 4.16(a)]，此时群桩中各桩的工作情况与单桩的一致，故群桩的承载力等于各单桩承载力之和。但当桩数较多、桩距较小时，桩端平面处各桩传来的附加应力将相互重叠而加大[图 4.16(b)]，附加应力影响范围也比单桩要深，此时群桩中各单桩的工作状态与孤立单桩的迥然不同，群桩承载力小于各单桩承载力之和，群桩沉降量则大于单桩的沉降量，这种现象称为群桩效应。

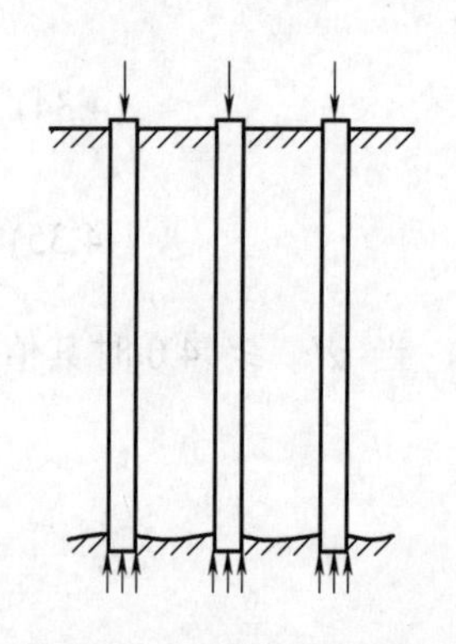

图 4.15　端承型群桩基础

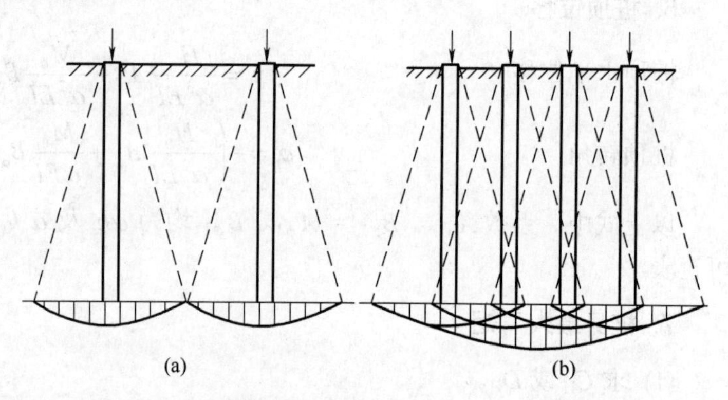

图 4.16　摩擦型群桩基础桩端平面附加应力分布

影响桩基的竖向承载力的因素包含三个方面：一是基桩的承载力；二是桩土相互作用对于桩侧阻力和端阻力的影响，即侧阻和端阻的群桩效应；三是承台底土抗力分担荷载效应。《建筑桩基技术规范》(JGJ 94—2008)不考虑摩擦型桩基础的侧阻和端阻的群桩效应，仅考虑承台底土抗力分担荷载效应(参见 4.4.4 节)。这样处理，方便设计，多数情况下可留给工程更多安全储备。而《公路桥涵地基基础设计规范》(JTG D63—2007)及《铁路桥涵地基和基础设计规范》(TB10002.5—2005)均要求在设计 9 根及 9 根以上、桩距小于 6 倍桩径的多排摩擦型桩基础时要将群桩作为实体基础验算桩端平面处土的承载力。

4.6.2　桩顶作用效应简化计算

对于一般建筑物和受水平力(包括力矩与水平剪力)较小的高层建筑群桩基础，假设各桩顶作用力线性分布，在轴心竖向力作用下各桩承担荷载的平均值；在偏心竖向力作用下，各桩顶作用的竖向力按与桩群的形心的距离呈线性变化(图 4.17)。

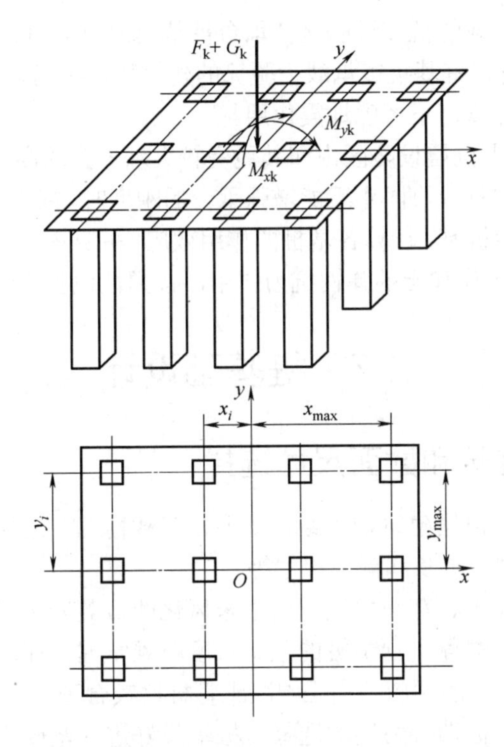

图 4.17　桩顶作用效应计算

(1)　轴心竖向力作用下：

$$N_k = \frac{F_k + G_k}{n} \tag{4.37}$$

(2)　偏心竖向力作用下：

$$N_{ik} = \frac{F_k + G_k}{n} \pm \frac{M_{xk} y_i}{\sum y_j^2} \pm \frac{M_{yk} x_i}{\sum x_j^2} \tag{4.38}$$

(3)　水平力作用下：

$$H_{ik}=\frac{H_k}{n} \tag{4.39}$$

式中：F_k——荷载效应标准组合下，作用于承台顶面的竖向力；

G_k——桩基承台和承台上土自重标准值，对稳定的地下水位以下部分应扣除水的浮力；

N_k——荷载效应标准组合轴心竖向力作用下，基桩或复合基桩的平均竖向力；

N_{ik}——荷载效应标准组合偏心竖向力作用下，第 i 基桩或复合基桩的竖向力；

M_{xk}，M_{yk}——荷载效应标准组合下，作用于承台底面，绕通过桩群形心的 x、y 主轴的力矩；

x_i，x_j，y_i，y_j——第 i、j 基桩或复合基桩至 y、x 轴的距离；

H_k——荷载效应标准组合下，作用于桩基承台底面的水平力；

H_{ik}——荷载效应标准组合下，作用于第 i 基桩或复合基桩的水平力；

n——桩基中的桩数。

对于主要承受竖向荷载的抗震设防区低承台桩基，如果属于按《建筑抗震设计规范》(GB 50011—2010)规定可不进行桩基抗震承载力验算的建筑物，并且建筑场地位于建筑抗震的有利地段，桩顶作用效应计算可不考虑地震作用。

对于 8 度和 8 度以上抗震设防区内和其他受较大水平力的高层建筑，当其桩基承台刚度较大或由于上部结构与承台协同作用能增强承台的刚度时，或者受较大水平力及 8 度和 8 度以上地震作用的高承台桩基，计算各基桩的作用效应、桩身内力和位移时，宜考虑承台(包括地下墙体)与基桩协同工作和土的弹性抗力作用，按弹性地基梁法进行计算。

4.7 桩基础设计

4.7.1 桩类型、桩长和截面尺寸选择

桩基设计时，首先应根据建筑物的结构类型、荷载情况、地层条件、施工能力及环境限制等因素选择桩的类型、桩长和截面尺寸等。

一般当土中存在大孤石、花岗岩残积层中未风化的石英岩脉时，预制桩将难以穿越；当土层分布很不均匀时，混凝土预制桩的预制长度较难掌握；在场地土层分布比较均匀的条件下，采用质量易于保证的预应力高强混凝土管桩比较合理。

桩的长度主要取决于桩端持力层的选择。桩端最好进入坚硬土层或岩层，采用嵌岩桩或端承桩；当坚硬土层埋藏很深时，则宜采用摩擦型桩基，桩端应尽量达到低压缩性、中等强度的土层。桩端进入持力层的深度，对于黏性土、粉土不宜小于 $2d$，砂土不宜小于 $1.5d$，碎石类土不宜小于 $1d$。当存在软弱下卧层时，桩端以下硬持力层厚度不宜小于 $3d$。对于嵌岩桩，嵌岩深度应综合荷载、上覆土层、基岩、桩径、桩长诸因素确定。嵌岩灌注桩嵌入倾斜的完整和较完整岩的全断面深度不宜小于 $0.4d$ 且不小于 0.5m；倾斜度大于 30%的中风化岩，宜根据倾斜度及岩石完整性适当加大嵌岩深度；嵌入平整、完整的坚硬和较硬岩的深度不宜小于 $0.2d$ 且不应小于 0.2m。此外，在桩端以下 $3d$ 范围内(在桩端应力扩散范围内)应无软弱夹层、断裂带、洞穴、空隙及岩体临空面分布，确保基桩承载力的发挥及基桩滑动稳定性。

对于持力层承载力较高、上覆土层较差的抗压桩和桩端以上有一定厚度较好土层的抗拔桩，可采用扩底；挖孔桩和钻孔桩的扩底端直径与桩身直径之比 D/d 应分别不大于 3 及 2.5。扩底端侧面的斜率应根据实际成孔及土体自立条件确定。

桩型及桩端位置初步确定后，可根据土质条件、结构要求和施工要求来选择承台底面位置，确定桩长，然后可初步选择桩的截面尺寸。对于灌注桩，可按表 4.11 选择桩的截面尺寸。一般地，若上部结构荷载大，宜采用大桩径。

表 4.11　常用灌注桩的桩径、桩长及适用范围

成孔方法		桩径/mm	桩长/m	适用范围
泥浆护壁成孔	冲抓	≥800	≤30	碎石土、砂类土、粉土、黏性土及风化岩。当进入中等风化和微风化岩层时，宜采用冲击成孔
	冲击		≤50	
	回转钻		≤80	
	潜水钻	500～800	≤50	黏性土、淤泥、淤泥质土及砂类土
干作业成孔	螺旋钻	300～800	≤30	地下水位以上的黏性土、粉土、砂类土及人工填土
	钻孔扩底	300～600	≤30	地下水位以上坚硬、硬塑的黏性土及中密以上砂类土
	机动洛阳铲	300～500	≤20	地下水位以上的黏性土、粉土、黄土及人工填土
沉管成孔	锤击	340～800	≤30	硬塑黏性土、粉土及砂类土，直径大于等于 600mm 的可达强风化岩
	振动	400～500	≤24	可塑黏性土、中细砂
爆扩成孔		≤350	≤12	地下水位以上的黏性土、黄土、碎石土及风化岩
人工挖孔		≥100	≤40	黏性土、粉土、黄土及人工填土

4.7.2　单桩承载力的确定

根据 4.4 节和 4.5 节确定单桩承载力。

4.7.3　桩数及桩位布置

1. 桩数

初步估定桩数时，先不考虑群桩效应，根据单桩竖向承载力特征值 R_a，桩数 n 可按下式估算：

$$n = \mu \frac{F_k + G_k}{R_a} \tag{4.40}$$

式中：F_k ——作用在承台上的轴向压力设计值；

G_k——桩基承台和承台上土的自重(地下水位以下扣除水的浮力)；

μ ——偏心荷载作用时增加桩数的经验系数，可取 $\mu = 1.0 \sim 1.2$。

对桩数超过 3 根的非端承群桩基础，应按群桩基础求得基桩承载力特征值后重新估算桩数，如有必要，还要通过桩基软弱下卧层承载力和桩基沉降验算才能最终确定。

承受水平荷载的桩基，在确定桩数时还应满足桩水平承载力的要求。此时，可以各单

桩水平承载力之和作为桩基的水平承载力，结果偏于安全。

此外，在层厚较大的高灵敏度流塑黏土中，不宜采用桩距小、桩数多的打入式桩基，而应采用承载力高、桩数少的桩基，以防止软黏土结构破坏，土体强度降低，相邻各桩影响严重，造成桩基的沉降和不均匀沉降显著增加。

2. 桩的中心距

桩的间距过大，承台体积增加，造价提高；间距过小，桩的承载能力不能充分发挥，且给施工造成困难。一般桩的最小中心距应符合表 4.12 的规定。对于大面积桩群，尤其是挤土桩，桩的最小中心距还应按表列数值适当加大。当施工中采取减小挤土效应的可靠措施时，桩的中心距可根据当地经验适当减小。

表 4.12　桩的最小中心距

土类与成桩工艺		排数不少于 3 排且桩数不少于 9 根的摩擦型桩基	其他情况
非挤土灌注桩		3.0d	3.0d
部分挤土桩		3.5d	3.0d
挤土桩	非饱和土	4.0d	3.5d
	饱和黏性土	4.5d	4.0d
钻、挖孔扩底桩		2D 或 D+2.0m(当 D>2m)	1.5 D 或 D+1.5m(当 D>2m)
沉管夯扩、钻孔挤扩桩	非饱和土	2.2D 且 4.0d	2.0D 且 3.5d
	饱和黏性土	2.5D 且 4.5d	2.2D 且 4.0d

注：① d 为圆桩直径或方桩边长；D 为扩大端设计直径。

② 当纵横向桩距不相等时，其最小中心距应满足“其他情况”一栏的规定。

③ 当为端承型桩时，非挤土灌注桩的“其他情况”一栏可减小至 2.5d。

3. 布桩

桩在平面内可布置成方形(或矩形)、三角形和梅花形[图 4.18(a)]，条形基础下的桩可采用单排或双排布置[图 4.18(b)]，也可采用不等距布置。

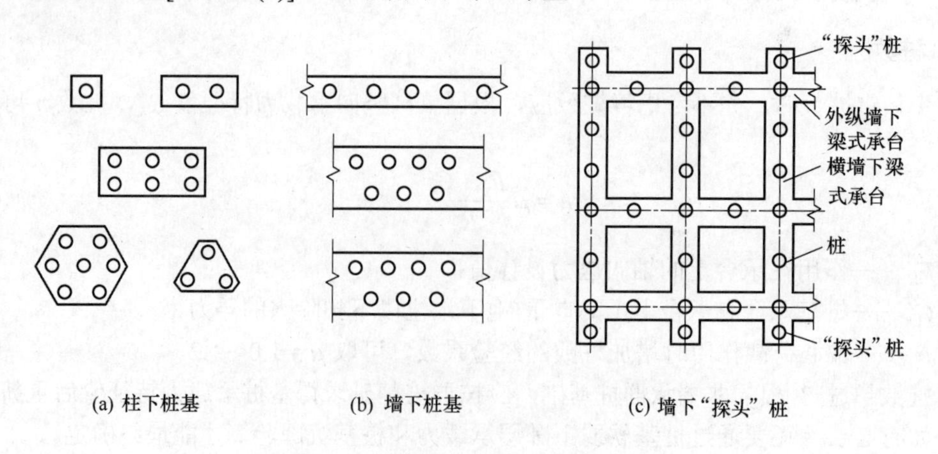

图 4.18　桩的平面布置

为了使桩基中各桩受力比较均匀，布桩时应尽可能使上部荷载的中心与桩群的横截面形心重合，并使基桩受水平力和力矩较大方向有较大抗弯截面模量。对柱下单独桩基和整片式桩基，宜采用外密内疏的布置方式；对于桩箱基础、剪力墙结构桩筏(含平板和梁板式承台)基础，宜将桩布置于柱、墙下；对横墙下桩基，可在外纵墙之外布设一至两根“探头”桩[图 4.18(c)]。此外，在有门洞的墙下布桩应将桩设置在门洞的两侧，对于框架-核心筒结构桩筏基础应按荷载分布考虑相互影响，将桩相对集中布置于核心筒和柱下，外围框架柱宜采用复合桩基，桩长宜小于核心筒下基桩(有合适桩端持力层时)。

4.7.4 群桩中单桩(基桩)承载力的验算

1. 荷载效应标准组合

轴心竖向力作用下

$$N_{\mathrm{k}} \leqslant R \tag{4.41}$$

偏心竖向力作用下除满足上式外，尚应满足下式的要求：

$$N_{\mathrm{k\,max}} \leqslant 1.2R \tag{4.42}$$

2. 地震作用效应和荷载效应标准组合

轴心竖向力作用下

$$N_{\mathrm{Ek}} \leqslant 1.25R \tag{4.43}$$

偏心竖向力作用下，除满足上式外，尚应满足下式的要求：

$$N_{\mathrm{Ek\,max}} \leqslant 1.5R \tag{4.44}$$

式中：N_{k} ——荷载效应标准组合轴心竖向力作用下基桩或复合基桩的平均竖向力；

$N_{\mathrm{k\,max}}$ ——荷载效应标准组合偏心竖向力作用下桩顶最大竖向力；

N_{Ek} ——地震作用效应和荷载效应标准组合下基桩或复合基桩的平均竖向力；

$N_{\mathrm{Ek\,max}}$ ——地震作用效应和荷载效应标准组合下基桩或复合基桩的最大竖向力；

R ——基桩或复合基桩竖向承载力特征值。

3. 竖向抗拔承载力、负摩阻力、液化效应

在桩基承受上拔力时，要按 4.4.4 节验算桩基竖向抗拔承载力。

当群桩中存在负摩阻力时，要按 4.3.3 节计算下拉荷载，验算桩基承载力时要将下拉荷载计入。

当桩身周围有液化土层时，在计算单桩承载力特征值时，须将桩侧摩阻力乘以折减系数，再计算单桩极限承载力标准值，然后再验算基桩承载力。

4.7.5 软弱下卧层承载力的验算

对桩距不超过 $6d$ 的群桩基础，当桩端持力层以下受力层范围内存在承载力低于桩端持力层 1/3 的软弱下卧层时，应进行下卧层的承载力验算，如图 4.19 所示。

$$\sigma_z + \gamma_{\mathrm{m}} z \leqslant f_{\mathrm{az}} \tag{4.45}$$

$$\sigma_z = \frac{F_{\mathrm{k}} + G_{\mathrm{k}} - 3(A_0 + B_0) \cdot \sum q_{si\mathrm{k}} l_i / 2}{(A_0 + 2t \cdot \tan\theta)(B_0 + 2t \cdot \tan\theta)} \tag{4.46}$$

式中：σ_z——作用于软弱下卧层顶面的附加应力；

γ_m——软弱层顶面以上各土层重度加权平均值(地下水位以下取浮重度)；

z——地面至软弱层顶面的深度；

f_{az}——软弱下卧层经深度 z 修正的地基承载力特征值；

A_0，B_0——桩群外围桩边包络线内矩形面积的长、短边长；

θ ——桩端硬持力层压力扩散角，按表 4.13 取值；

t ——桩端至软弱下卧层顶面的距离；

q_{sik} ——桩侧第 i 层土极限侧阻力标准值，如无当地经验值时可按表 4.4 取值；

G_k——承台及其上土重；

l_i——第 i 层土厚度。

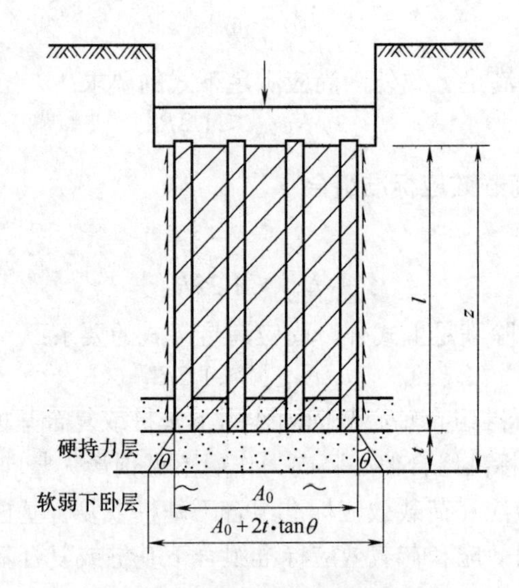

图 4.19　软弱下卧层承载力验算

表 4.13　桩端持力层压力扩散角 θ

E_{s1}/E_{s2}	$t=0.25B_0$	$t\geqslant 0.50B_0$
1	4°	22°
3	6°	23°
5	10°	25°

注：① E_{s1}、E_{s2} 为硬持力层、软弱下卧层的压缩模量。

② 当 $t<0.25B_0$ 时取 $\theta=0°$，必要时宜通过试验确定；当 $0.25B_0<t<0.50B_0$ 时 θ 值不变。

4.7.6　桩基沉降验算

1. 沉降验算原则

桩基设计时，应按 4.1.3 节桩基设计原则中的要求，对需要沉降验算的桩基进行沉降验算。桩基沉降变形计算值不应大于桩基沉降变形允许值。

建筑桩基沉降变形指标及控制指标与浅基础的相同，桩基沉降变形允许值也与浅基础的基本相同(表 10.13)，差别仅在于三点：①对桩基础，地基土不包括高压缩性土；②对于高耸结构基础的沉降量，桩基础的允许值对不同建筑物高度都减小 50mm；③增加一项，体型简单的剪力墙结构高层建筑桩基最大沉降量允许值为 200mm。

《建筑地基基础设计规范》(GB 50007—2011)规定，计算桩基础沉降时，最终沉降量宜按单向压缩分层总和法计算。地基内的应力分布宜采用各向同性均质线性变形体理论，计算方法有实体深基础(桩距不大于 6d)方法或其他方法，包括明德林(Mindlin)应力公式方法。

《建筑桩基技术规范》(JGJ 94—2008)规定，对于桩中心距不大于 6 倍桩径的桩基，其最终沉降量计算可采用等效作用分层总和法。等效作用面位于桩端平面，等效作用面积为桩承台投影面积，等效作用附加压力近似取承台底平均附加压力。等效作用面以下的应力分布采用各向同性均质直线变形体理论。对于单桩、单排桩、桩中心距大于 6 倍桩径的疏桩基础的沉降计算分承台底地基土不分担荷载的桩基和承台底地基土分担荷载的复合桩基两种情况。对于承台底地基土不分担荷载的桩基，桩端平面以下地基中由基桩引起的附加应力，按考虑桩径影响的明德林解计算确定。将沉降计算点水平面影响范围内各基桩对应力计算点产生的附加应力叠加，采用单向压缩分层总和法计算土层的沉降，并计入桩身压缩 s_e。对于承台底地基土分担荷载的复合桩基，将承台底土压力对地基中某点产生的附加应力按布辛奈斯克解计算，与基桩产生的附加应力叠加，采用单向压缩分层总和法计算沉降。

2. 实体深基础法

实体深基础法的实质是将桩端平面作为弹性体表面，用布辛涅斯克(Boussinesq)解计算桩端平面以下各点的附加应力，再采用与浅基础沉降计算相同的单向压缩分层总和法计算沉降。所谓假想实体基础，就是将桩端以上一定范围的承台、桩及桩周土当成实体基础，不计桩身的弹性变形。这类方法适于桩距 $s \leqslant 6d$ 的情况。

桩端附加应力的计算方法有两种：其一是荷载沿桩群外侧扩散；其二是荷载不扩散，但扣除桩群四周的摩阻力(桩基规范中不扣除摩阻力)，如图 4.20 所示。

对于第一种情况[图 4.20(a)]，假定荷载从最外一圈桩顶以$\theta = \varphi_0/4$ 的扩散角向下扩散，φ_0 取厚度加权平均值。实体基础 1234 埋深为 $D = d + l$，实体基础底面面积为

$$A = \left(a_0 + 2l \cdot \tan\frac{\varphi_0}{4}\right)\left(b_0 + 2l \cdot \tan\frac{\varphi_0}{4}\right) \tag{4.47}$$

桩端平面附加应力p0(忽略桩长范围内桩土混合体总重与同体积原地基土总重间之差)为

$$p_0 = \frac{F_k + G_k - p_{c0} \cdot a \cdot b}{A} \tag{4.48}$$

式中：a_0，b_0——群桩外缘矩形面积的长、短边的长度；

l——桩的入土深度；

F_k——相应于荷载效应准永久组合作用于承台顶面的竖向力；

G_k——承台及其上土的自重，可按 20kN/m^3 计算，水下部分扣除浮力；

p_{c0}——承台底面处地基土的自重应力，地下水位以下扣除浮力；

a，b——承台底面的长度和宽度。

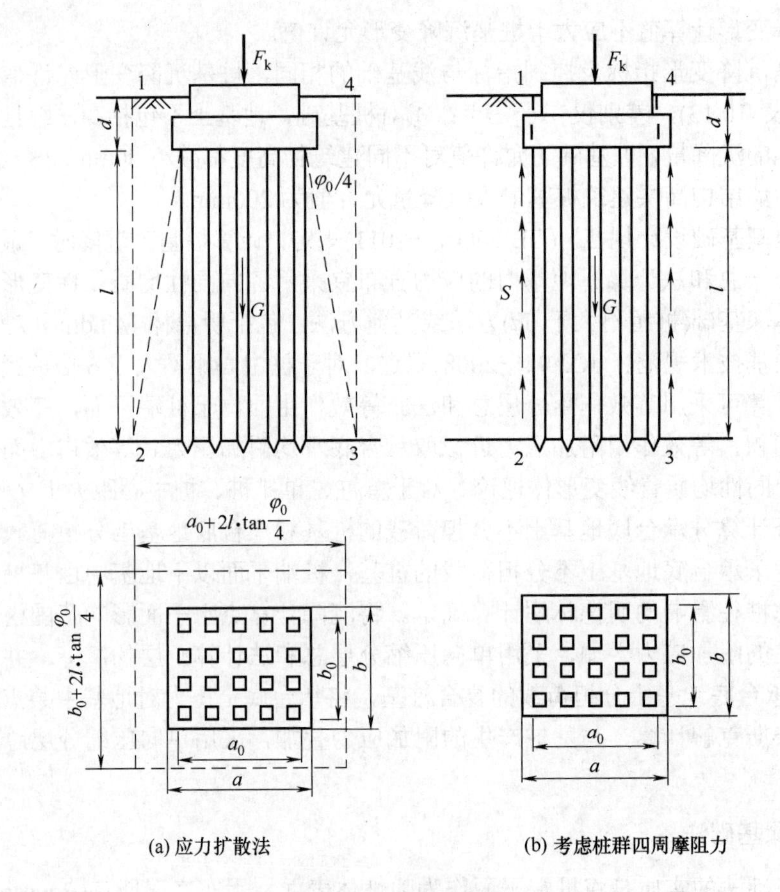

图 4.20　实体深基础

对于第二种情况[图 4.20(b)]，实体基础 1234 底面面积为 $A = a_0 \cdot b_0$，桩端平面附加应力 p_0(忽略桩长范围内桩土混合体总重与同体积原地基土总重间之差)为

$$p_0 = \frac{F_k + G_k - 2(a_0 + b_0) \cdot \sum q_{sik} l_i}{a_0 \cdot b_0} \tag{4.49}$$

计算出桩端平面处附加应力 p_0 后，即可按单向压缩分层总和法或等效作用分层总和法计算沉降，再乘以由观测资料及经验统计确定(也可查表)的计算经验系数(两种算法的经验系数不同)，获得桩基最终计算沉降量。

《建筑桩基技术规范》(JGJ 94—2008)在用实体深基础法计算桩基沉降时，不考虑桩群侧面摩阻力，但根据群桩距径比、长径比、桩数及基础长宽比，采用桩基等效沉降系数对计算结果进一步修正。

关于不能采用实体深基础法计算桩基沉降的情况，可采用明德林-盖德斯(Mindlin-Geddes)法或类似方法，详见《建筑桩基技术规范》(JGJ 94—2008)。

4.7.7　承台设计

1. 承台构造基本要求

桩基承台可分为柱下独立承台、柱下或墙下条形承台梁以及筏板承台和箱形承台等。

承台的作用是将桩联结成一个整体，并把上部结构的荷载传到桩上，因而承台应有足够的强度和刚度。

1) 尺寸要求

承台的平面尺寸一般由上部结构、桩数及布桩形式决定。通常，墙下桩基做成条形承台梁，柱下桩基宜采用板式承台(矩形或三角形)，如图 4.21 所示。其剖面形状可做成锥形、台阶形或平板形。

柱下独立桩基承台的最小宽度不应小于 500mm，边桩中心至承台边缘的距离不应小于桩的直径或边长，且桩的外边缘至承台边缘的距离不应小于 150mm。对于墙下条形承台梁，桩的外边缘至承台梁边缘的距离不应小于 75mm。柱下独立桩基承台及墙下条形承台的最小厚度不应小于 300mm。

高层建筑平板式和梁板式筏形承台的最小厚度不应小于 400mm，多层建筑墙下布桩的剪力墙结构筏形承台的最小厚度不应小于 200mm。

高层建筑箱形承台的构造应符合《高层建筑筏形与箱形基础技术规范》(JGJ 6)的规定。

2) 材料要求

承台混凝土材料及其强度等级应符合结构混凝土耐久性的要求和抗渗要求(《建筑地基基础设计规范》(GB 50007—2011)规定承台混凝土强度等级不低于 C20)。

3) 钢筋配置要求

(1) 柱下独立桩基承台纵向受力钢筋应通长配置[图 4.21(a)]，对四桩以上(含四桩)承台宜按双向均匀布置，对三桩的三角形承台应按三向板带均匀布置，且最里面的三根钢筋围成的三角形应在柱截面范围内[图 4.21(b)]。纵向钢筋锚固长度自边桩内侧(当为圆桩时，应将其直径乘以 0.8 等效为方桩)算起，不应小于 $35d_g$ (d_g 为钢筋直径)；当不满足时应将纵向钢筋向上弯折，此时水平段的长度不应小于 $25d_g$，弯折段长度不应小于 $10d_g$。承台纵向受力钢筋的直径不应小于 12mm，间距不应大于 200mm(《建筑地基基础设计规范》(GB 50007—2011)规定，直径不宜小于 10mm，间距不宜大于 200mm)。柱下独立桩基承台的最小配筋率不应小于 0.15%。

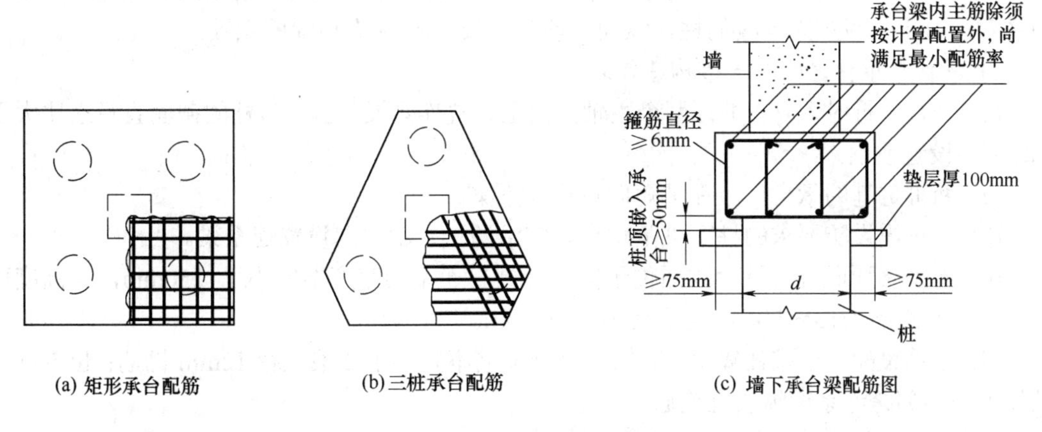

(a) 矩形承台配筋 (b)三桩承台配筋 (c) 墙下承台梁配筋图

图 4.21 承台配筋示意图

(2) 柱下独立两桩承台，应按现行国家标准《混凝土结构设计规范》(GB 50010)中的深受弯构件配置纵向受拉钢筋、水平及竖向分布钢筋。承台纵向受力钢筋端部的锚固长度及构造应与柱下多桩承台的规定相同。

(3) 条形承台梁的纵向主筋应符合现行国家标准《混凝土结构设计规范》(GB 50010)关于最小配筋率的规定，主筋直径不应小于 12mm，架立筋直径不应小于 10mm，箍筋直径不应小于 6mm(《建筑地基基础设计规范》(GB 50007—2011)规定，主筋直径不宜小于 12mm，架立筋直径不宜小于 10mm，箍筋直径不宜小于 6mm)。承台梁端部纵向受力钢筋的锚固长度及构造应与柱下多桩承台的规定相同[图 4.21(c)]。

(4) 筏形承台板或箱形承台板在计算中当仅考虑局部弯矩作用时，考虑到整体弯曲的影响，在纵横两个方向的下层钢筋配筋率不宜小于 0.15%；上层钢筋应按计算配筋率全部连通。当筏板的厚度大于 2000mm 时，宜在板厚中间部位设置直径不小于 12mm、间距不大于 300mm 的双向钢筋网。

(5) 承台底面钢筋的混凝土保护层厚度，当有混凝土垫层时不应小于 50mm(《建筑地基基础设计规范》(GB 50007— 2011)规定不应小于 40mm)，无垫层时不应小于 70mm；此外尚不应小于桩头嵌入承台内的长度。

4) 桩与承台的连接构造要求

(1) 桩嵌入承台内的长度对中等直径桩不宜小于 50mm；对大直径桩不宜小于 100mm。

(2) 混凝土桩的桩顶纵向主筋应锚入承台内，其锚入长度不宜小于 35 倍纵向主筋直径。对于抗拔桩，桩顶纵向主筋的锚固长度应按现行国家标准《混凝土结构设计规范》(GB 50010)确定。

(3) 对于大直径灌注桩，当采用一柱一桩时可设置承台或将桩与柱直接连接。

5) 柱与承台的连接构造要求

(1) 对于一柱一桩基础，柱与桩直接连接时，柱纵向主筋锚入桩身内长度不应小于 35 倍纵向主筋直径。

(2) 对于多桩承台，柱纵向主筋应锚入承台不小于 35 倍纵向主筋直径；当承台高度不满足锚固要求时，竖向锚固长度不应小于 20 倍纵向主筋直径，并向柱轴线方向呈 90º 弯折。

(3) 当有抗震设防要求时，对于一、二级抗震等级的柱，纵向主筋锚固长度应乘以 1.15 的系数；对于三级抗震等级的柱，纵向主筋锚固长度应乘以 1.05 的系数。

6) 承台与承台之间的连接构造要求

(1) 一柱一桩时，应在桩顶两个主轴方向上设置连系梁。当桩与柱的截面直径之比大于 2 时可不设连系梁。

(2) 两桩桩基的承台，应在其短向设置连系梁。

(3) 有抗震设防要求的柱下桩基承台，宜沿两个主轴方向设置连系梁。

(4) 连系梁顶面宜与承台顶面位于同一标高。连系梁宽度不宜小于 250mm，其高度可取承台中心距的 1/15～1/10，且不宜小于 400mm。

(5) 连系梁配筋应按计算确定，梁上下部配筋不宜小于 2 根直径 12mm 钢筋；位于同一轴线上的相邻跨连系梁纵筋宜连通。

7) 充填要求

承台和地下室外墙与基坑侧壁间隙应浇筑素混凝土或搅拌流动性水泥土，或采用灰土、级配砂石、压实性较好的素土分层夯实，其压实系数不宜小于 0.94。

2. 承台内力计算

如果承台厚度过小，配筋不足，在上部荷载作用下承台会发生弯曲破坏。试验与工程实践证明，柱下独立桩基承台呈梁式破坏，最大弯矩与挠曲裂缝产生于柱边截面处，如图 4.22 所示。

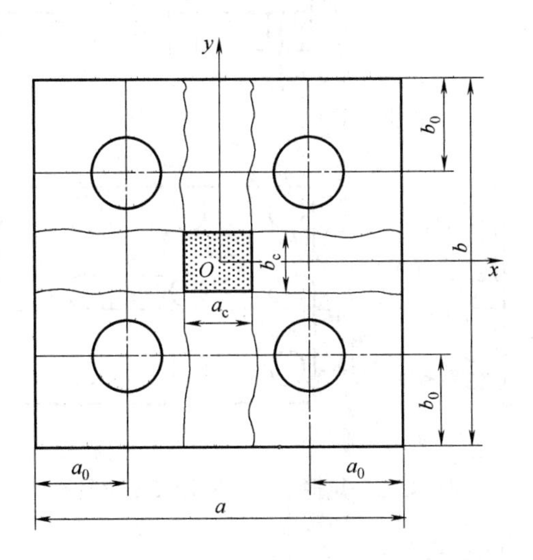

图 4.22　四柱承台弯曲破坏模式

1) 柱下多桩矩形承台(包括 2 桩承台)

计算截面取在柱边和承台变阶处(图 4.23)，按下式计算：

$$M_x = \sum N_i y_i \qquad M_y = \sum N_i x_i \tag{4.50}$$

式中：M_x，M_y——绕 x 轴和绕 y 轴方向计算截面处的弯矩设计值；

x_i，y_i——垂直 y 轴和 x 轴方向自桩轴线到相应计算截面的距离；

N_i——不计承台及其上土重，在荷载效应基本组合下的第 i 基桩或复合基桩竖向反力设计值。

2) 柱下三桩三角形承台

计算截面取在柱边(图 4.24)，分两种情况。

(1) 等边三桩承台[图 4.24(a)]

$$M = \frac{N_{\max}}{3}\left(s_a - \frac{\sqrt{3}}{4}c\right) \tag{4.51}$$

式中：M——通过承台形心至各边边缘正交截面范围内板带的弯矩设计值；

$N_{\max}$——不计承台及其上土重，在荷载效应基本组合下三桩中最大基桩或复合基桩竖向反力设计值；

s_a——桩中心距；

c——方柱边长，圆柱时 $c = 0.8d$(d 为圆柱直径)。

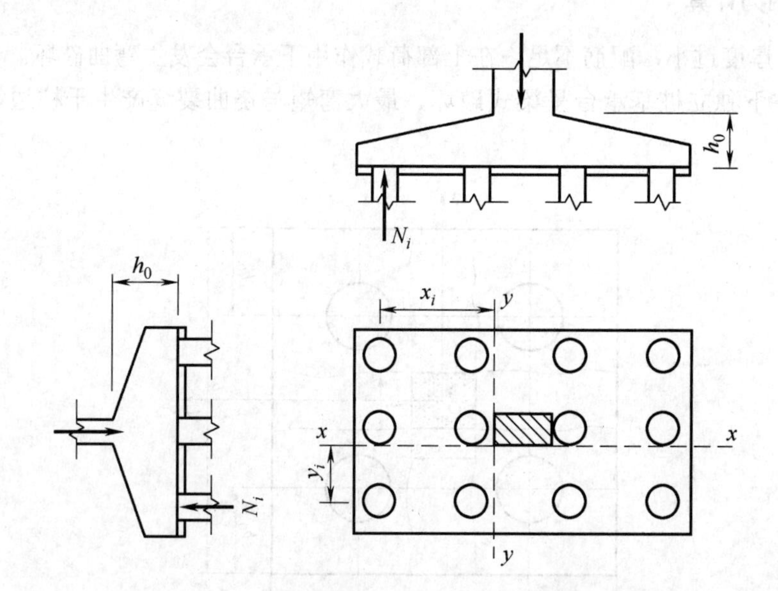

图 4.23 矩形承台弯矩计算示意图

(2) 等腰三桩承台[图 4.24(b)]

$$M_1 = \frac{N_{\max}}{3}\left(s_a - \frac{0.75}{\sqrt{4-\alpha^2}}c_1\right) \tag{4.52}$$

$$M_2 = \frac{N_{\max}}{3}\left(\alpha s_a - \frac{0.75}{\sqrt{4-\alpha^2}}c_2\right) \tag{4.53}$$

式中：M_1，M_2——通过承台形心至两腰边缘和底边边缘正交截面范围内板带的弯矩设计值；

s_a——长向桩中心距；

α——短向桩中心距与长向桩中心距之比，当α 小于 0.5 时应按变截面的两桩承台设计；

c_1，c_2——垂直于、平行于承台底边的柱截面边长。

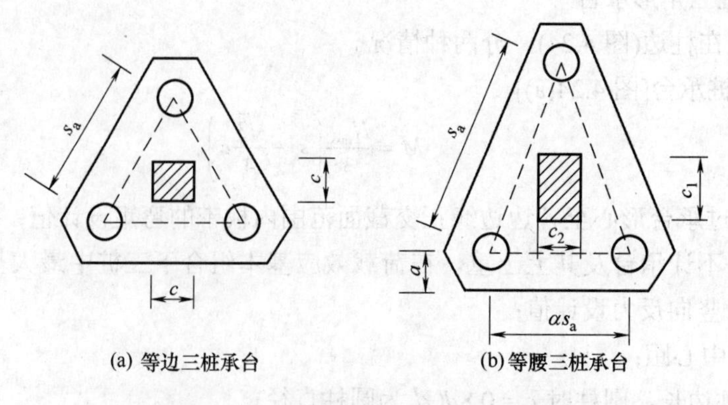

图 4.24 三桩三角形承台弯矩计算示意图

3) 箱形承台

当桩端持力层为基岩、密实的碎石类土、砂土且深厚均匀时，或当上部结构为剪力墙时，或当上部结构为框架-核心筒结构且按变刚度调平原则布桩时，箱形承台底板可仅按局部弯矩作用进行计算。

4) 筏形承台

当桩端持力层深厚坚硬、上部结构刚度较好，且柱荷载及柱间距的变化不超过 20%时，或当上部结构为框架-核心筒结构且按变刚度调平原则布桩时，可仅按局部弯矩作用进行计算。

5) 柱下条形承台梁

可按弹性地基梁(地基计算模型应根据地基土层特性选取)计算承台梁内弯矩；当桩端持力层深厚坚硬且桩柱轴线不重合时，可视桩为不动铰支座，按连续梁计算。

6) 砌体墙下条形承台梁

可采用“*m*”法按倒置弹性地基梁计算弯矩和剪力。对于承台上的砌体墙，尚应验算桩顶部位砌体的局部承压强度。

3. 承台受冲切计算

板式承台的厚度往往由抗冲切承载力控制。承台的冲切破坏主要有两种形式：一是由承台或变阶处沿≥45° 斜面拉裂形成冲切破坏锥体；二是角桩对承台边缘形成≥45° 的向上的冲切半锥体，如图 4.25 所示。《建筑桩基技术规范》(JGJ 94—2008)要求，桩基承台厚度应满足柱(墙)对承台的冲切和基桩对承台的冲切承载力要求。

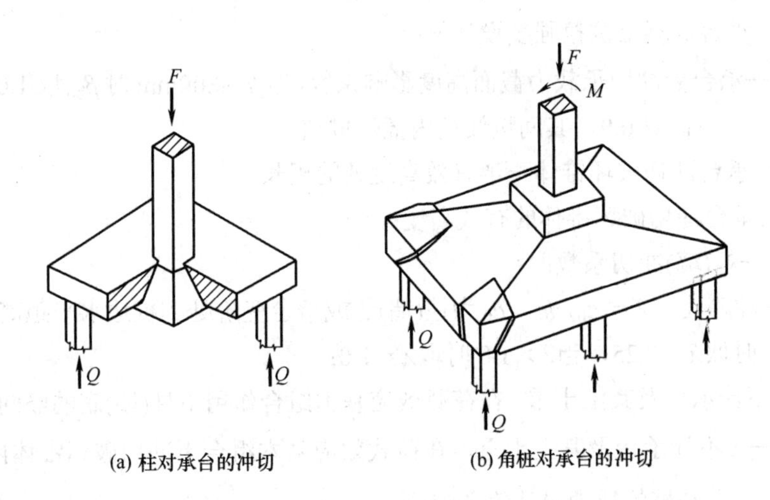

(a) 柱对承台的冲切　　(b) 角桩对承台的冲切

图 4.25　板式承台冲切破坏示意图

1) 冲切破坏锥体

冲切破坏锥体应采用自柱(墙)边或承台变阶处至相应桩顶边缘连线所构成的锥体，锥体斜面与承台底面之夹角不应小于 45° (图 4.26)。

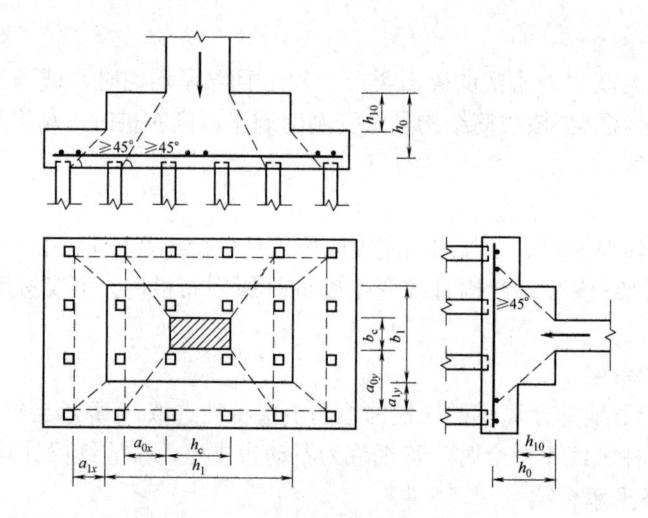

图 4.26 柱对承台的冲切计算示意图

2) 受柱(墙)冲切承载力的计算

$$F_l \leqslant \beta_{hp}\beta_0 u_m f_t h_0 \tag{4.54}$$

$$F_l = F - \sum Q_i \tag{4.55}$$

$$\beta_0 = \frac{0.84}{\lambda + 0.2} \tag{4.56}$$

式中：F_l——不计承台及其上土重，在荷载效应基本组合下作用于冲切破坏锥体上的冲切力设计值；

f_t ——承台混凝土抗拉强度设计值；

β_{hp}——承台受冲切承载力截面高度影响系数，当 $h \leqslant 800$mm 时 β_{hp} 取 1.0，$h \geqslant 2000$mm 时 β_{hp} 取 0.9，其间按线性内插法取值；

u_m——承台冲切破坏锥体一半有效高度处的周长；

h_0——承台冲切破坏锥体的有效高度；

β_0 ——柱(墙)冲切系数；

λ ——冲跨比，$\lambda = a_0 / h_0$，a_0 为柱(墙)边或承台变阶处到桩边水平距离，当 $\lambda < 0.25$ 时取 $\lambda = 0.25$，当 $\lambda > 1.0$ 时取 $\lambda = 1.0$；

F——不计承台及其上土重，在荷载效应基本组合作用下柱(墙)底的竖向荷载设计值；

$\sum Q_i$ ——不计承台及其上土重，在荷载效应基本组合下冲切破坏锥体内各基桩或复合基桩的反力设计值之和。

3) 柱下矩形独立承台受柱冲切的承载力计算

$$F_l \leqslant 2[\beta_{0x}(b_c + a_{0y}) + \beta_{0y}(h_c + a_{0x})]\beta_{hp} f_t h_0 \tag{4.57}$$

式中：β_{0x}，β_{0y}——由式(4.56)求得，$\lambda_{0x} = a_{0x} / h_0$，$\lambda_{0y} = a_{0y} / h_0$，$\lambda_{0x}$、$\lambda_{0y}$ 均应满足 0.25～1.0 的要求；

h_c，b_c——x、y 方向的柱截面的边长；

a_{0x}，a_{0y}——x、y 方向柱边至最近桩边的水平距离。

4) 柱下矩形独立阶形承台受上阶冲切的承载力计算(图 4.26)

$$F_l \leqslant 2[\beta_{1x}(b_1 + a_{1y}) + \beta_{1y}(h_1 + a_{1x})]\beta_{hp} f_t h_{10} \tag{4.58}$$

式中：β_{1x}，β_{1y}——由式(4.56)求得，$\lambda_{1x} = a_{1x} / h_1$，$\lambda_{1y} = a_{1y} / h_1$，$\lambda_{1x}$、$\lambda_{1y}$ 均应满足 0.25～1.0 的要求；

h_1，b_1——x、y 方向承台上阶的边长；

a_{1x}，a_{1y}——x、y 方向承台上阶边至最近桩边的水平距离。

对于圆柱及圆桩，计算时应将其截面换算成方柱及方桩，即取换算柱截面边长 $b_c = 0.8 d_c$(d_c 为圆柱直径)，换算桩截面边长 $b_p = 0.8d$(d 为圆桩直径)。

对于柱下两桩承台，宜按深受弯构件($l_0 / h < 5.0$，$l_0 = 1.15\ l_n$，l_n 为两桩净距)计算受弯、受剪承载力，不需要进行受冲切承载力计算。

5) 位于柱(墙)冲切破坏锥体以外的基桩，承台受基桩冲切的承载力计算

(1) 四桩以上(含四桩)承台受角桩冲切的承载力计算(图 4.27)。

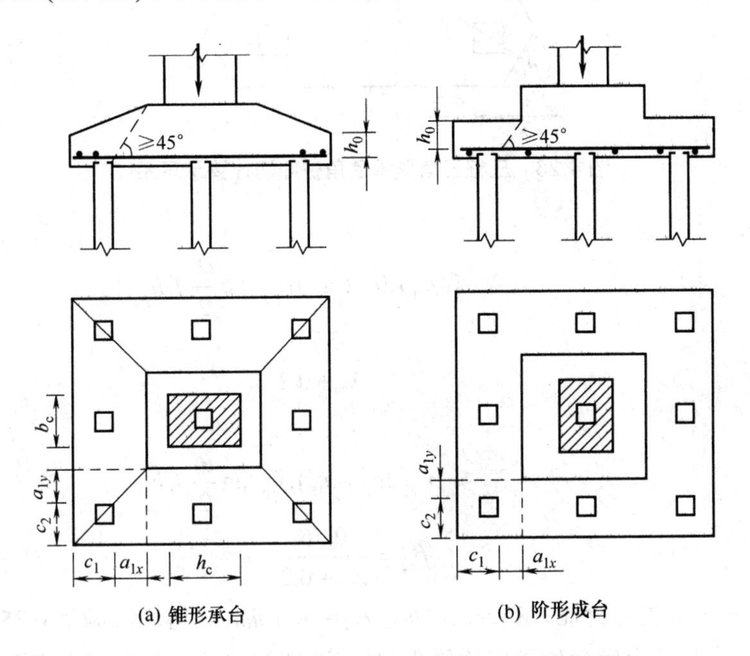

图 4.27　四桩以上(含四桩)承台角桩冲切计算示意图

$$N_l \leqslant [\beta_{1x}(c_2 + a_{1y}/2) + \beta_{1y}(c_1 + a_{1x}/2)]\beta_{hp} f_t h_0 \tag{4.59}$$

$$\beta_{1x} = \frac{0.56}{\lambda_{1x} + 0.2} \tag{4.60}$$

$$\beta_{1y} = \frac{0.56}{\lambda_{1y} + 0.2} \tag{4.61}$$

式中：N_l——不计承台及其上土重，在荷载效应基本组合作用下角桩(含复合基桩)反力设计值；

β_{1x}，β_{1y}——角桩冲切系数；

a_{1x}，a_{1y}——从承台底角桩顶内边缘引 45° 冲切线与承台顶面相交点至角桩内边缘的水平距离，当柱(墙)边或承台变阶处位于该 45° 线以内时则取由柱(墙)边或承

台变阶处与桩内边缘连线为冲切锥体的锥线(图 4.27)；

h_0——承台外边缘的有效高度；

λ_{1x}，λ_{1y}——角桩冲跨比，$\lambda_{1x}=a_{1x}/h_0$，$\lambda_{1y}=a_{1y}/h_0$，其值均应满足 0.25～1.0 的要求。

(2) 三桩三角形承台受角桩冲切的承载力计算(图 4.28)。

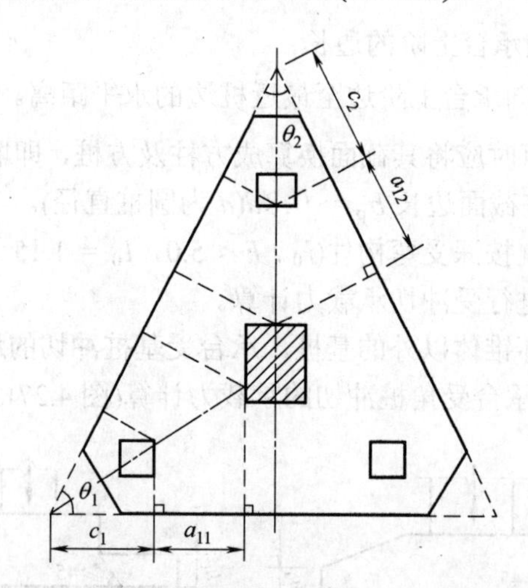

图 4.28 三桩三角形承台角桩冲切计算示意图

底部角桩：

$$N_l \leqslant \beta_{11}(2c_1+a_{11})\beta_{\mathrm{hp}}\tan\frac{\theta_1}{2}f_{\mathrm{t}}h_0 \tag{4.62}$$

$$\beta_{11}=\frac{0.56}{\lambda_{11}+0.2} \tag{4.63}$$

顶部角桩：

$$N_l \leqslant \beta_{12}(2c_2+a_{12})\beta_{\mathrm{hp}}\tan\frac{\theta_1}{2}f_{\mathrm{t}}h_0 \tag{4.64}$$

$$\beta_{12}=\frac{0.56}{\lambda_{12}+0.2} \tag{4.65}$$

式中：λ_{11}，λ_{12}——角桩冲跨比，$\lambda_{11}=a_{11}/h_0$，$\lambda_{12}=a_{12}/h_0$，其值均应满足 0.25～1.0 的要求；

a_{11}，a_{12}——从承台底角桩顶内边缘引 45°冲切线与承台顶面相交点至角桩内边缘的水平距离，当柱(墙)边或承台变阶处位于该 45°线以内时则取由柱(墙)边或承台变阶处与桩内边缘连线为冲切锥体的锥线。

(3) 箱形、筏形承台受内部基桩的冲切承载力计算。

受基桩的冲切承载力[图 4.29(a)]：

$$N_l \leqslant 2.8(b_p+h_0)\beta_{\mathrm{hp}}f_{\mathrm{t}}h_0 \tag{4.66}$$

受桩群的冲切承载力[图 4.29(b)]：

$$\sum N_{li} \leqslant 2[\beta_{0x}(b_y+a_{0y})+\beta_{0y}(b_x+a_{0x})]\beta_{\mathrm{hp}}f_{\mathrm{t}}h_0 \tag{4.67}$$

式中：β_{0x}，β_{0y}——由公式(4.56)求得，其中$\lambda_{0x}=a_{0x}/h_0$，$\lambda_{0y}=a_{0y}/h_0$，λ_{0x}、λ_{0y}均应满足 0.25～1.0 的要求；

N_l，$\sum N_{li}$——不计承台和其上土重，在荷载效应基本组合下，基桩或复合基桩的净反力设计值、冲切锥体内各基桩或复合基桩反力设计值之和。

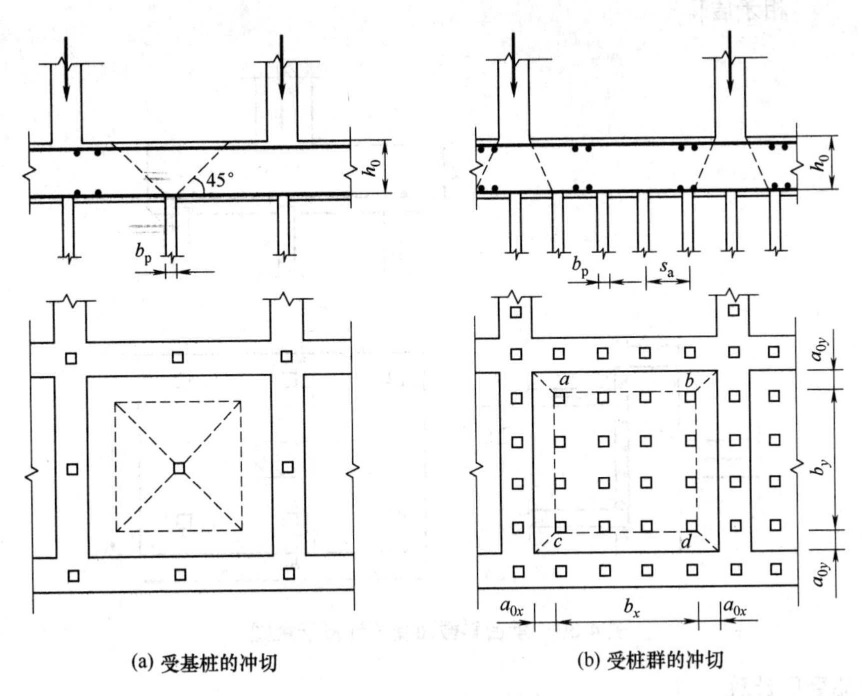

(a) 受基桩的冲切　　(b) 受桩群的冲切

图 4.29　基桩对筏形承台的冲切和墙对筏形承台的冲切计算示意图

4. 承台受剪计算

桩基承台的剪切破坏面为一通过柱(墙)边与桩边连线所形成的斜截面(图 4.30)。同抗冲切计算一样，当柱(墙)外有多排桩形成多个剪切斜截面时，对每一个斜截面都应进行受剪承载力计算。

承台斜截面受剪承载力可按下列公式计算(图 4.30)：

$$V \leqslant \beta_{hs} \alpha f_t b_0 h_0 \tag{4.68}$$

$$\alpha = \frac{1.75}{\lambda + 1} \tag{4.69}$$

$$\beta_{hs} = (800 / h_0)^{1/4} \tag{4.70}$$

式中：V——不计承台及其上土自重，在荷载效应基本组合下斜截面的最大剪力设计值；

f_t——混凝土轴心抗拉强度设计值；

b_0——承台计算截面处的计算宽度；

h_0——承台计算截面处的有效高度；

α——承台剪切系数，按式(4.69)确定；

λ——计算截面的剪跨比，$\lambda_x = a_x / h_0$，$\lambda_y = a_y / h_0$，此处，a_x，a_y 为柱边(墙边)或承台变阶处至 y、x 方向计算一排桩的桩边的水平距离，当$\lambda < 0.25$ 时取$\lambda = 0.25$，当$\lambda > 3$ 时取$\lambda = 3$；

β_{hs}——受剪切承载力截面高度影响系数，当 h_0 < 800mm 时取 h_0=800mm，当 h_0 >2000mm时取 h_0 = 2000mm，其间按线性内插法取值[注意：这里与式(4.70)相矛盾]。

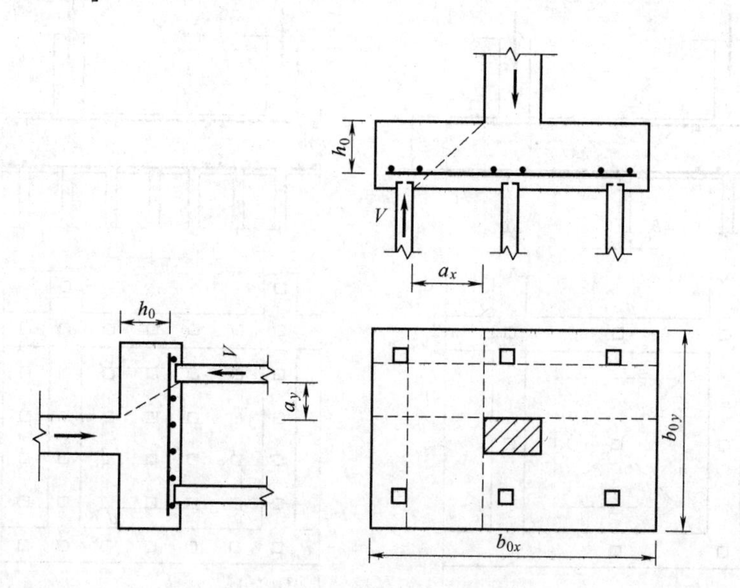

图 4.30　承台斜截面受剪计算示意图

5. 局部受压计算

对于柱下桩基，当承台混凝土强度等级低于柱或桩的混凝土强度等级时，应验算柱下或桩上承台的局部受压承载力。

4.7.8　桩身结构设计

1. 混凝土预制桩

预制桩的混凝土强度等级不宜低于 C30，预应力混凝土实心桩的混凝土强度等级不应低于 C40。预制桩纵向钢筋的混凝土保护层厚度不宜小于 30mm。

预制桩的桩身配筋应按吊运、打桩及桩在使用中的受力等条件计算确定。采用锤击法沉桩时，预制桩的最小配筋率不宜小于 0.8%。静压法沉桩时，最小配筋率不宜小于 0.6%，主筋直径不宜小于ϕ14，打入桩桩顶以下 4～5 倍桩身直径长度范围内箍筋应加密，并设置钢筋网片。典型方形截面混凝土预制桩如图 4.31 所示。

预制桩吊运时单吊点和双吊点的设置，应按吊点(或支点)跨间正弯矩与吊点处的负弯矩相等的原则进行布置，如图 4.32 所示。考虑预制桩吊运时可能受到冲击和振动的影响，计算吊运弯矩和吊运拉力时，可将桩身重力乘以 1.5 的动力系数。

用锤击法沉桩的混凝土预制桩，要求锤击过程中产生的压应力小于桩身材料的抗压强度设计值，拉应力小于桩身材料的抗拉强度设计值。

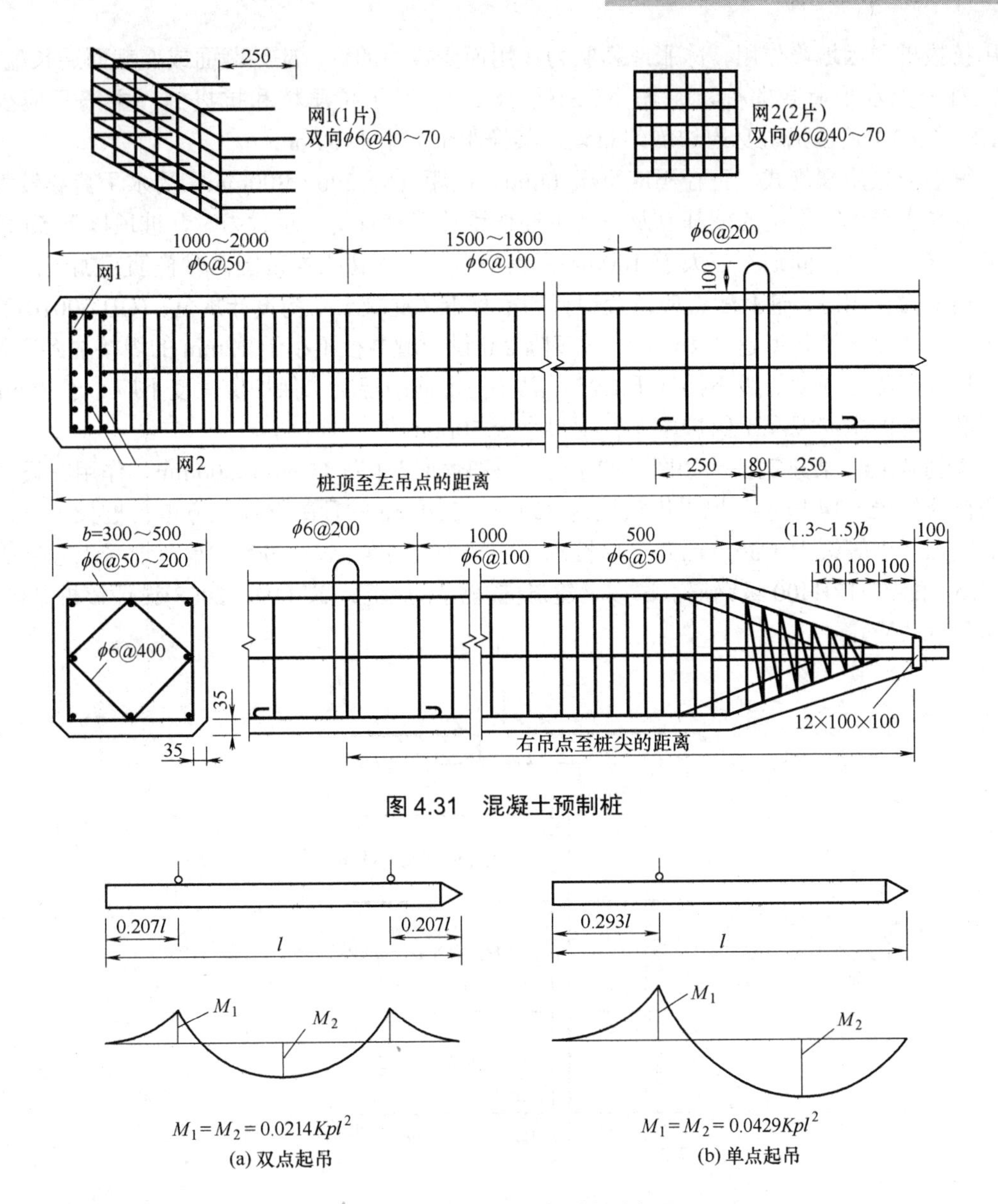

图 4.31　混凝土预制桩

图 4.32　预制桩吊点位置与弯矩图

2. 灌注桩

当桩身直径为 300～2000mm 时，正截面配筋率可取 0.65%～0.2% (小直径桩取高值)；对受荷载特别大的桩、抗拔桩和嵌岩端承桩，应根据计算确定配筋率，并不应小于上述规定值。

端承型桩和位于坡地岸边的基桩应沿桩身等截面或变截面通长配筋。桩径大于 600mm 的摩擦型桩配筋长度不应小于 2/3 桩长。当受水平荷载时，配筋长度尚不宜小于 $4.0/\alpha$(α为桩的水平变形系数)。对于受地震作用的基桩，桩身配筋长度应穿过可液化土层和软弱土层，计算确定进入稳定土层的深度。受负摩阻力的桩、因先成桩后开挖基坑而随地基土回弹的桩，其配筋长度应穿过软弱土层并进入稳定土层，进入的深度不应小于 2～3 倍桩身直径。

专用抗拔桩及因地震作用、冻胀或膨胀力作用而受拔力的桩，应等截面或变截面通长配筋。

对于受水平荷载的桩，主筋不应小于 8ϕ12。对于抗压桩和抗拔桩，主筋不应少于 6ϕ10。纵向主筋应沿桩身周边均匀布置，其净距不应小于 60mm。

箍筋应采用螺旋式，直径不应小于 6mm，间距宜为 200～300mm；受水平荷载较大桩基、承受水平地震作用的桩基以及考虑主筋作用计算桩身受压承载力时，桩顶以下 5d 范围内的箍筋应加密，间距不应大于 100mm；当桩身位于液化土层范围内时箍筋应加密；当考虑箍筋受力作用时，箍筋配置应符合现行国家标准《混凝土结构设计规范》(GB 50010)的有关规定；当钢筋笼长度超过 4m 时，应每隔 2m 设一道直径不小于 12mm 的焊接加劲箍筋。

桩身混凝土强度等级不得低于 C25。灌注桩主筋的混凝土保护层厚度不应小于 35mm，水下灌注桩的主筋混凝土保护层厚度不得小于 50mm。

【例 4.1】 某建筑桩基如图 4.33 所示，柱截面尺寸为 450mm×600mm，作用在设计地面的荷载如表 4.14 所示。拟采用截面为 350mm×350mm 的预制混凝土方桩，桩长 12m，桩身混凝土强度等级为 C30，已确定单桩水平承载力特征值 R_h=45kN，承台混凝土强度等级为 C25，配置 HRB400 级钢筋，试按《建筑桩基技术规范》(JGJ 94—2008)设计该桩基础(不考虑承台效应)。

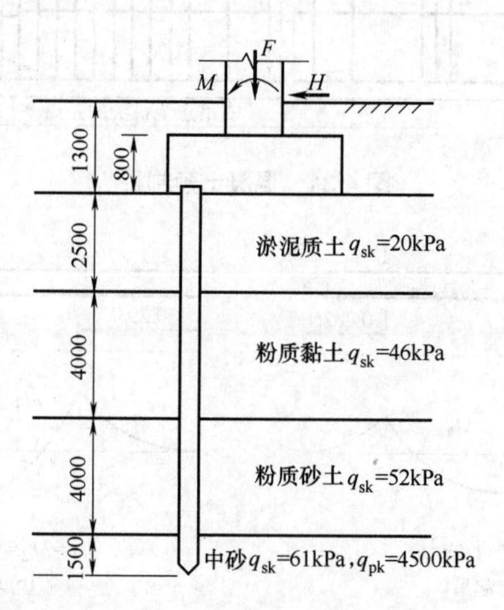

图 4.33　例 4.1 桩基础设计条件

表 4.14　例 4.1 荷载表

荷载组合种类	F/kN	M/kN·m)	H/kN
标准组合	2800	210	145
基本组合	3800	285	190
准永久组合	2300	175	120

注：偏心在承台长边方向。

【解】 (1) 基桩持力层、桩身及承台材料、桩型、桩外形尺寸均已确定，桩身混凝土

$f_c = 14.3\text{MPa}$，承台混凝土 $f_c = 4.9\text{MPa}$，$f_t = 1.27\text{MPa}$，HRB400 级钢筋，$f_y = 360\text{MPa}$。

(2) 单桩与基桩承载力特征值。

单桩水平承载力特征值已确定。

单桩极限竖向承载力标准值：

$$\begin{aligned} Q_{uk} &= Q_{sk} + Q_{pk} = u_p \sum q_{sik} l_i + q_{pk} A_p \\ &= 4 \times 0.35 \times (20 \times 2.5 + 46 \times 4 + 52 \times 4 + 61 \times 1.5) \\ &\quad + 4500 \times 0.35^2 \\ &= 1298.2\text{kN} \end{aligned}$$

单桩竖向承载力特征值：

$$R_a = Q_{uk} / 2 = 1298.2 / 2 = 649.1\text{kN}$$

因为不考虑承台效应，基桩承载力特征值即为单桩承载力特征值，即 $R = R_a$。

(3) 确定桩数及布桩。

初选桩数

$$n > F_k / R_a = 5.5$$

暂取 6 根桩，取桩距 $s = 3d = 3 \times 0.35 = 1.05\text{m}$，按矩形布置，如图 4.34 所示。

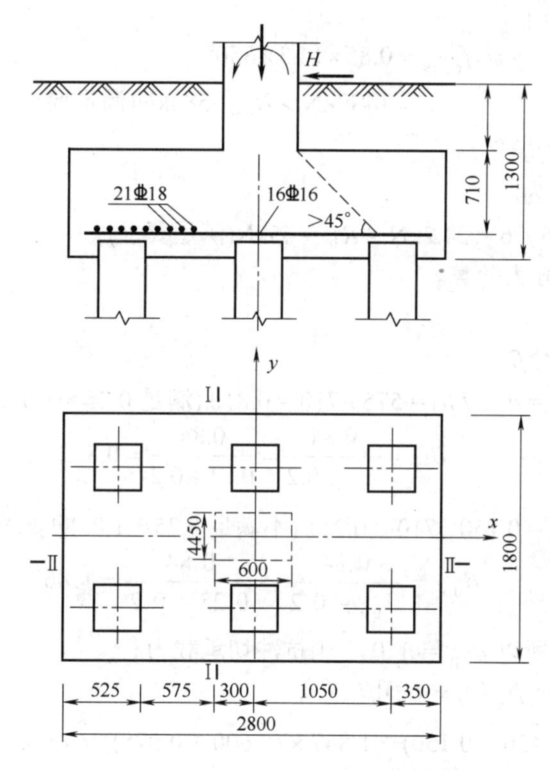

图 4.34 例 4.1 桩基础计算及施工图

(4) 初选承台尺寸。

取承台长边和短边为

$$a = 2 \times (0.35 + 1.05) = 2.8\text{m}$$

$$b = 2 \times 0.35 + 1.05 = 1.75\text{m}(\text{取 } b = 1.8\text{m})$$

承台埋深 1.3m，承台高 0.8m，取桩顶伸入承台 50mm，钢筋保护层取 90mm，则承台有效高度为

$$h_0 = 0.8 - 0.09 = 0.71\text{m} = 710\text{mm}$$

(5) 验算基桩承载力。

① 群桩中单桩承载力验算。

取承台及其上土的平均重度$\gamma_G = 20\ \text{kN/m}^3$，则桩顶平均(标准组合)竖向力为

$$N_k = \frac{F_k + G_k}{n} = \frac{2800 + 20\times2.8\times1.8\times1.3}{6} = 489\text{kN}$$

桩顶最大、最小竖向力为

$$N_{k\max \atop \min} = \frac{F_k + G_k}{n} \pm \frac{M_{yk}x_{\max}}{\sum x_j^2}$$

$$= 489 \pm \frac{(210 + 145\times1.3)\times1.05}{4\times1.05^2} = {584\text{kN} \atop 394\text{kN}}$$

满足$N_k \leqslant R$、$N_{k\max} \leqslant 1.2R$ 的要求。

② 验算桩身强度(暂不考虑竖向钢筋作用)。

预制桩$\psi_c = 0.85$，则

$$\psi_c f_c A_{ps} = 0.85\times14.3\times350^2$$

$$= 1489\text{kN} > N_{\max} = 584\text{kN}(\text{满足要求})$$

③ 基桩水平承载力验算。

基桩水平力设计值为

$H_{ik} = H_k / n = 145 / 6 = 24.2\text{kN} < R_h = 45\text{kN}$(满足要求)

(6) 承台受冲切承载力验算。

① 柱边冲切。

冲跨比λ与冲切系数β:

$$\lambda_{0x} = a_{0x} / h_0 = 575 / 710 = 0.810\ (\text{满足 } 0.25\sim1.0 \text{ 的要求})$$

$$\beta_{0x} = \frac{0.84}{\lambda_{0x} + 0.2} = \frac{0.84}{0.81 + 0.2} = 0.832$$

$$\lambda_{0y} = a_{0y} / h_0 = 0.150 / 710 = 0.211\ (\text{不满足 } 0.25\sim1.0 \text{ 的要求，取}\lambda_{0y} = 0.25)$$

$$\beta_{0y} = \frac{0.84}{\lambda_{0y} + 0.2} = \frac{0.84}{0.25 + 0.2} = 1.867$$

因为$h = 800\text{mm}$，所以$\beta_{hp} = 1.0$，则抗冲切承载力

$$2[\beta_{0x}(b_c + a_{0y}) + \beta_{0y}(h_c + a_{0x})]\beta_{hp} f_t h_0$$

$$= 2\times[0.832\times(0.450 + 0.150) + 1.867\times(0.600 + 0.575)]\times1.0\times1270\times0.710$$

$$= 4856\text{kN} > 3800\text{kN}\ (\text{满足要求})$$

② 承台受角桩冲切。

从角桩内边缘至承台外边缘距离 $c_1 = c_2 = 0.525\text{m}$。

$$a_{1x} = a_{0x},\ \lambda_{1x} = \lambda_{0x},\ a_{1y} = a_{0y},\ \lambda_{1y} = \lambda_{0y}$$

$$\beta_{1x} = \frac{0.56}{\lambda_{1x} + 0.2} = \frac{0.56}{0.81 + 0.2} = 0.554$$

$$\beta_{1y}=\frac{0.56}{\lambda_{1y}+0.2}=\frac{0.56}{0.25+0.2}=1.244$$

则抗冲切承载力

$$[\beta_{1x}(c_2+a_{1y}/2)+\beta_{1y}(c_1+a_{1x}/2)]\beta_{hp}f_t h_0$$
$$=[0.554\times(0.525+0.150/2)+1.244\times(0.525+0.575/2)]\times1.0\times1270\times0.710$$
$$=1211\text{kN}>N_{max}=758.5\text{kN}\ (满足要求)$$

其中，作用效应基本组合净荷载条件下的桩顶最大、最小竖向力为

$$N_{\substack{max\\min}}=\frac{F}{n}\pm\frac{M_y x_{max}}{\sum x_j^2}$$
$$=\frac{3800}{6}\pm\frac{(285+185\times1.3)\times1.05}{4\times1.05^2}=\frac{758.5\text{kN}}{508.2\text{kN}}$$

桩顶平均竖向力为

$$N=3800/6=633.3\text{kN}$$

(7) 承台受剪切承载力验算。

剪跨比与冲跨比相同。

① Ⅰ—Ⅰ斜截面。

$\lambda_x=\lambda_{0x}=0.810$(满足$\lambda_x=0.25$～3.0 的要求)，故剪切系数

$$\alpha=\frac{1.75}{\lambda_x+1}=\frac{1.75}{0.810+1}=0.967$$

因为 $h_0=710$mm，所以 $\beta_{hs}=1.0$，则抗剪切承载力

$$\beta_{hs}\alpha f_t b_{0x}h_0$$
$$=1.0\times0.967\times1270\times1.8\times0.710$$
$$=1569\text{kN}$$

而Ⅰ—Ⅰ斜截面剪力设计值

$$V=2\times758.5=1517\text{kN}$$

故，Ⅰ—Ⅰ斜截面抗剪切承载力满足。

② Ⅱ—Ⅱ斜截面。

$\lambda_y=\lambda_{0y}=0.211$ (不满足 0.25～1.0 的要求，取$\lambda_y=0.25$)，故剪切系数

$$\alpha=\frac{1.75}{\lambda_y+1}=\frac{1.75}{0.25+1}=1.40$$

则抗剪切承载力

$$\beta_{hs}\alpha f_t b_{0y}h_0$$
$$=1.0\times1.40\times1270\times2.8\times0.710$$
$$=3535\ \text{kN}$$

而Ⅱ—Ⅱ斜截面剪力设计值

$$V=3N=3\times633.3=1900\text{kN}$$

故，Ⅱ—Ⅱ斜截面抗剪切承载力满足。

(8) 承台受弯承载力计算。

$$M_x=\sum N_i y_i=3\times633.3\times0.325=617.5\text{kN}\cdot\text{m}$$

按简化方法计算配筋面积：

$$A_{xs}=\frac{M_x}{0.9f_yh_0}=\frac{617.5}{0.9\times360\times710}=0.002\,684\text{mm}^2=2684\text{m}^2$$

选用 15Φ16，$A_s=3016\text{mm}^2$，沿平行于 y 轴方向均匀布置。

$$M_y=\sum N_ix_i=2\times758.5\times0.750=1137.8\text{kN·m}$$

$$A_{ys}=\frac{M_y}{0.9f_yh_0}=\frac{1137.8}{0.9\times360\times710}=0.004\,946\text{mm}^2=4946\text{m}^2$$

选用 16Φ20，$A_s=5027\text{mm}^2$，沿平行于 x 轴方向均匀布置。

(9) 绘制施工图。

桩基施工图如图 4.35 所示。

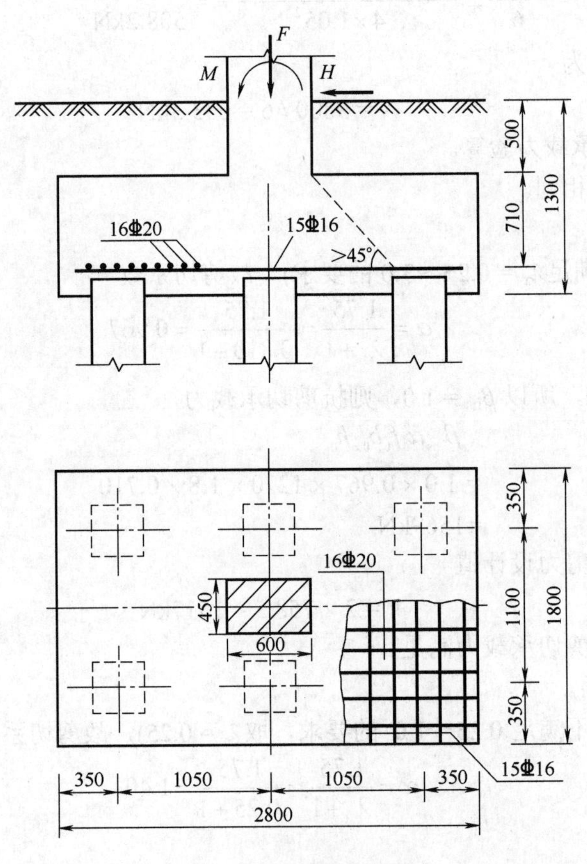

图 4.35 桩基施工图

思考与练习题

4.1 抗压桩按承载的性状可分成几类？影响这种分类的主要因素有哪些？

4.2 按成桩方法，桩可分成哪几类？各类的特点是什么？

4.3 按桩的长度或相对刚度，桩可分成哪几类？

4.4 按土的支撑能力，竖向承压桩的承载力应如何确定？

4.5　产生桩负摩擦力的机理是什么？哪些工程情况下可能出现负摩擦力？

4.6　采用文克勒(Winkler)地基模型分析水平荷载作用下的单桩工作性状时，地基土的水平抗力系数 k_h 有哪几种假定的分布形式？

4.7　设计桩基要进行几项验算？相应每项验算采用哪种效应组合？

4.8　如何进行群桩基础中的单桩承载力验算？

4.9　桩承台分成哪几类？如何在承台平面内布桩？

410　桩承台应进行哪些内力计算？如何计算？

4.11　某工程桩基采用预制混凝土桩，桩截面尺寸为 350mm×350mm，桩长 10m，各土层分布情况如图 4.36 所示，试按《建筑桩基技术规范》(JGJ94—2008)确定单桩竖向极限承载力标准值 Q_{uk}、基桩的竖向承载力特征值 R 范围(不考虑承台效应)。

(答案：R=683.4～904.8kN)

4.12　某工程一群桩基础中桩的布置及承台尺寸如图 4.37 所示，桩为直径 d=500mm 的钢筋混凝土预制桩，桩长 12m，承台埋深 1.2m。土层分布第一层为 3m 厚的杂填土，第二层为 4m 厚的可塑状态黏土，其下为很厚的中密中砂层。上部结构传至承台的轴心荷载标准值为 F_k=4800kN，弯矩 M_k=1000kN·m，试验算该桩基础基桩承载力。

(答案：承载力满足要求)

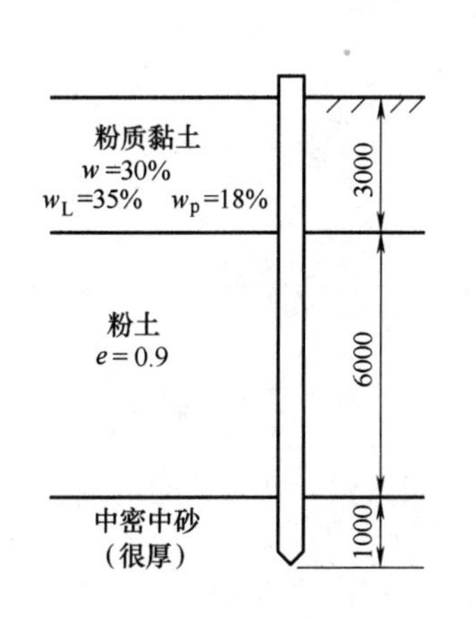

图 4.36　思考与练习题 4.11 图

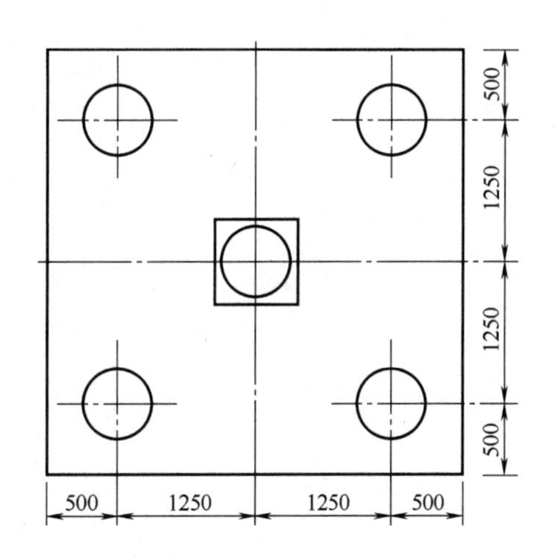

图 4.37　思考与练习题 4.12 图

4.13　某场地土层分布情况为：第一层杂填土，厚 1.0m；第二层为淤泥，软塑状态，厚 6.5m；第三层为粉质黏土，I_L=0.25，厚度较大。现需设计一框架内柱的预制桩基础。柱底在地面处的荷载效应标准组合竖向荷载为 F_k=1700kN，弯矩为 M_k=180kN·m，水平荷载 H_k=100kN。初选预制桩截面尺寸 350mm×350mm。试按《建筑桩基技术规范》(JGJ94—2008)设计该桩基础(提示：基本组合按标准组合的 1.35 倍取值，准永久组合按标准组合的 1/1.2 倍取值)。

第5章 沉井基础

5.1 概　　述

一般认为，沉井是带刃脚的井筒状构造物，用人工或机械方法清除井内土石，主要借助自重或添加压重等措施克服井壁摩阻力逐节下沉至设计标高，再浇筑混凝土封底并填塞井孔，成为建筑物的基础，如图5.1和图5.2所示。

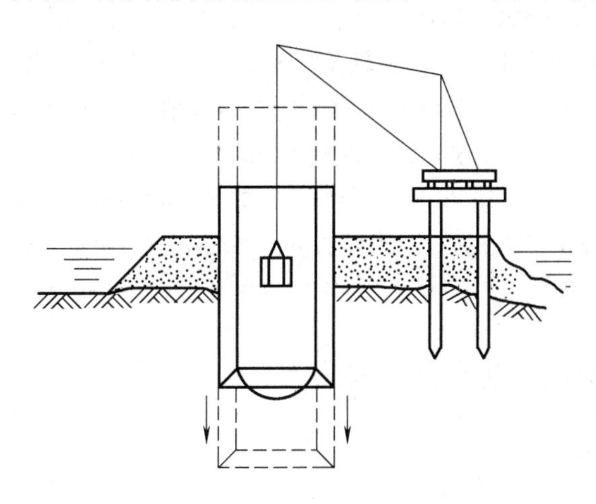

图5.1　沉井下沉示意图

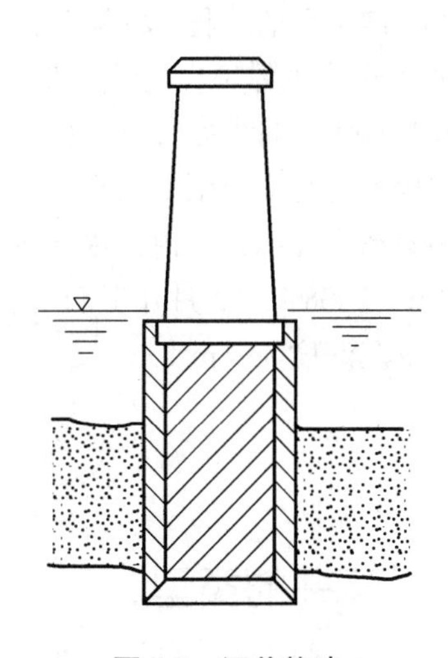

图5.2　沉井基础

沉井基础的优点是：其入土深度可以很大，且刚度大、整体性强、稳定性好，有较大的承载面积，能承受较大的垂直荷载、水平荷载及挠曲弯矩作用，施工工艺也不复杂；沉井既是基础，又是施工时的挡土和挡水围堰结构物，施工时对邻近建筑物影响较小，且内部空间可资利用。其缺点是：施工周期较长；如遇到饱和粉细砂层时，排水开挖时容易发生流翻砂现象，往往会造成沉井倾斜；沉井下沉过程中，如遇到大块岩石、树干，或井底岩层表面倾斜过大时，施工会有一定困难；沉井对施工技术要求高。

关于沉井基础的选用，《公路桥涵地基和基础设计规范》(JTG D63—2007)规定，“当桥梁墩台基础处的河床地质、水文及施工等条件适宜时，可选用沉井基础。但河床中有流砂、孤石、树干或老桥基等难于清除的障碍物，或在表面倾斜较大的岩层上时，不宜采用沉井基础。”《铁路桥涵地基和基础设计规范》(TB 10002.5—2005)也有类似的规定。按照技术可行、经济合理的原则，一般在下列情况下，可优先考虑采用沉井基础：

(1) 在修建负荷较大的建筑物时，其基础要坐落在坚固、有足够承载能力的土层上；当这类土层距地表面较深(8～30m)，天然基础和桩基础都受水文地质条件限制时。

(2) 山区河流中浅层地基土虽然较好，但冲刷大，或河中有较大卵石，不便桩基施工时。

(3) 倾斜不大的岩面，在掌握岩面高差变化的情况下，可通过高低刃脚与岩面倾斜相适应或岩面平坦且覆盖薄，但河水较深，采用扩大基础施工围堰有困难时。

沉井作为施工护壁结构、建(构)筑物基础结构或地下建筑物的一部分，用途非常广泛。例如，沉井可用作桥梁墩台基础，海上石油钻井平台基础，软弱地基中大型建筑物基础，地下电厂、矿用竖井、地下贮水、贮油设施、沉淀池、仓库、翻车机坑等地下建筑物、结构物的外壁，地下铁道、水底隧道、地下人防工程等的通风井，顶管的工作井和接收井，盾构的拼装、后座和拆卸井，水中施工兼作防水围堰，等等。

南京长江大桥正桥 1 号墩基础就是钢筋混凝土沉井基础。地质钻探结果表明，在地面以下 100m 以内尚未发现岩面，地面以下 50m 处有较厚的砾石层，所以，采用了平面尺寸为 20.2m×24.9m 的长方形多井式沉井。1 号墩沉井在土层中下沉深度为 53.5m，在当时已经是一项非常艰巨的工程。江阴长江公路大桥位于长江下游江阴河段，为主跨 1385m 特大跨径悬索桥,作为主体工程之一的北锚碇沉井基础,位于长江下游软土地基上，其主要功能是将主缆 6.4×10^5kN 的缆力有效地传给地基,并使竖直沉降和水平位移限制在容许值以内,满足整桥的结构受力与变位限制要求。北锚沉井平面南北长 69m，东西宽 51m，下沉深度为 58m；沉井为矩形多孔沉井，内设纵横各 5 道隔墙，把沉井分为 36 个格仓，井壁厚度 2m，隔墙厚度 1m。2008 年 12 月开工的南京长江四桥北锚碇沉井平面尺寸 69m×58m，由 20 个井孔构成，下沉深度 52.8m。

5.2 沉井的类型与构造

5.2.1 沉井的类型

1) 按施工方法分

根据不同的施工方法可将沉井分为一般沉井和浮运沉井。一般沉井指直接在基础设计的位置上制造，然后挖土，依靠井壁自重下沉。若基础位于水中，则先人工筑岛，再在岛上筑井下沉。浮运沉井指先在岸边预制，再浮运就位下沉的沉井。通常在深水地区(如水深大于 10m)，或水流流速大，有通航要求，人工筑岛困难或不经济时采用。

2) 按井壁材料分

根据不同的井壁材料可将沉井分为混凝土沉井、钢筋混凝土沉井、竹筋混凝土沉井和钢沉井。混凝土沉井因抗压强度高，抗拉强度低，多做成圆形，且仅适用于下沉深度不大(4～7m)的松软土层。钢筋混凝土沉井抗压、抗拉强度高，下沉深度大，可做成重型或薄壁就地制造下沉的沉井，也可做成薄壁浮运沉井及钢丝网水泥沉井等，在工程中应用最广。沉井主要在下沉阶段过程中承受拉力，因此，在盛产竹材的南方，也可采用耐久性差而抗拉力好的竹筋代替部分钢筋，做成竹筋混凝土沉井。钢沉井由钢材制作，强度高、质量轻、易于拼装、适于制造空心浮运沉井，但用钢量大，国内应用较少。此外，根据工程条件也可选用木沉井和砌石圬工沉井等。

3) 按平面形状分

根据沉井的平面形状可分为圆形、矩形和圆端形三种基本类型，按井孔的布置方式又可分为单孔、双孔及多孔沉井(图 5.3)。

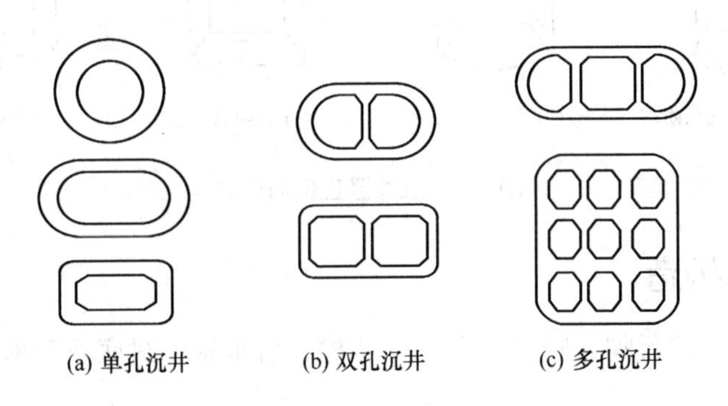

图 5.3　沉井平面形式

(1) 圆形沉井。在下沉过程中，圆形沉井垂直度和中线较易控制；相对于其他形状沉井，圆形沉井更能保证刃脚均匀作用在支承的土层上。在土压力作用下，井壁只受轴向压力，便于机械取土作业，但它只适用于圆形或接近正方形截面的墩(台)。

(2) 矩形沉井。具有制造简单、基础受力有利、较能节省圬工数量的优点，并符合大多数墩(台)的平面形状，能更好地利用地基承载力；但四角处有较集中的应力存在，且四角处土不易被挖除，井角也不能均匀接触土层。因此，矩形沉井四角一般做成圆角或钝角。矩形沉井在侧压力作用下，井壁受较大的挠曲力矩，长宽比愈大其挠曲应力亦愈大。因此，通常在沉井内部设置纵横隔墙，增加刚度，改善受力条件。另外，矩形沉井在流水中阻水系数较大，所受冲刷较严重。

(3) 圆端形沉井。控制下沉、受力条件、阻水冲刷均较矩形沉井有利，但沉井制造较复杂。

对平面尺寸较大的沉井，可在沉井中设置纵横隔墙，使沉井由单孔变成双孔或多孔。双孔或多孔沉井受力有利，也便于在井孔内均衡挖土，使沉井均匀下沉，方便下沉过程中纠偏。

4) 按剖面形状分

按沉井的竖向剖面形状可分为柱形、锥形和阶梯形，如图 5.4 所示。柱形的沉井在下沉过程中不易倾斜，井壁接长较简单，模板可重复使用。因此，当土质较松软，沉井下沉深度不大时可以采用这种形式。而锥形及阶梯形井壁可以减小土与井壁的摩阻力，其缺点是施工及模板制造较复杂，耗材多，沉井在下沉过程中容易发生倾斜。因此，在土质较密实、沉井下沉深度大，可采用锥形及阶梯形井壁沉井。锥形的沉井井壁坡度一般为 1∶20～1∶50，阶梯形井壁的台阶宽度约为 100～200cm。

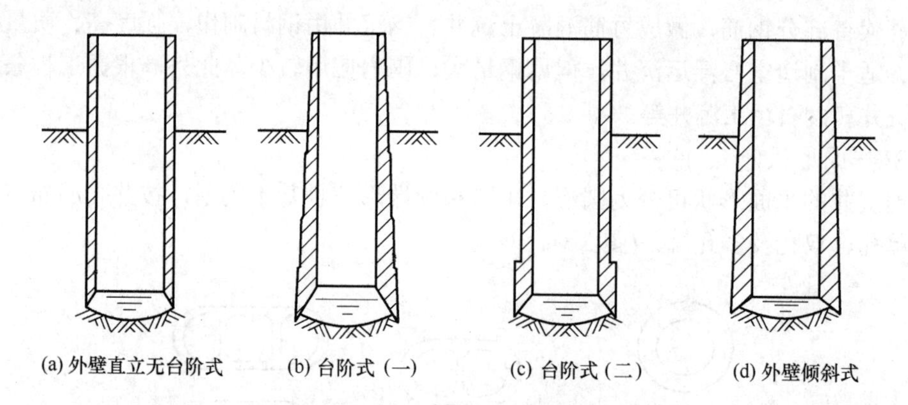

图 5.4　沉井竖直剖面形式

5.2.2　沉井的构造

沉井主要由井壁、刃脚、隔墙、井孔、凹槽、射水管、封底及顶板等组成，如图 5.5 所示。

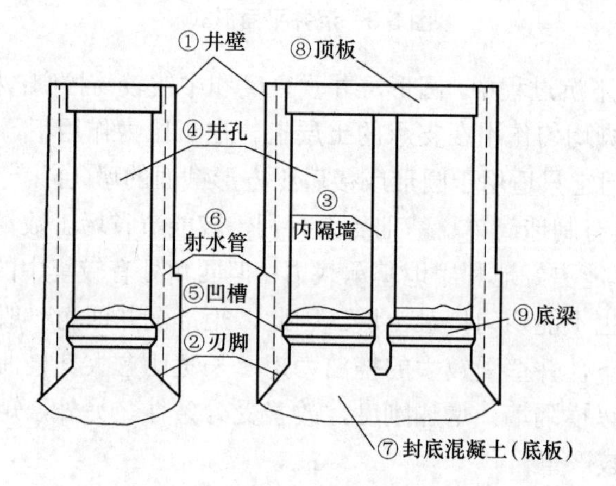

图 5.5　沉井构造

1) 井壁

井壁是沉井的主体部分(图 5.5①)。在沉井下沉过程中井壁起挡土、挡水作用，井壁本身重量有助于克服井壁与土体之间的摩阻力而下沉。当沉井施工完毕后，井壁就成为基础或基础的一部分，将上部荷载传给地基土。沉井井壁的厚度应根据结构强度、施工下沉需要的重力、便于取土和清基等因素而定，可采用 0.8～1.5m；但钢筋混凝土薄壁浮运沉井及钢模薄壁浮运沉井的壁厚不受此限。井壁和内隔墙可根据施工需要分别设置连通管、探测管、射水孔和使用泥浆润滑套施工时的预埋管路以及采用空气幕施工时需设置的气龛、管路等。钢筋混凝土沉井井壁混凝土强度等级不应低于 C20；当为薄壁浮运沉井时，井壁和隔板不应低于 C25。

2) 刃脚

井壁下端形如楔状的部分称为刃脚(图 5.5②)。在沉井下沉过程中，刃脚起切土、使沉井易于下沉的作用。沉井刃脚根据地质情况，可采用尖刃脚或带踏面刃脚。如土质坚硬，

刃脚面应以型钢加强或底节外壳采用钢结构。刃脚底面宽度可为0.1～0.2m (图5.6)，如为软土地基可适当放宽。刃脚斜面与水平面交角不宜小于45°。沉井内隔墙底面比刃脚底面至少应高出0.5m。当沉井需要下沉至稍有倾斜的岩面上时，在掌握岩层高低差变化的情况下，可将刃脚做成与岩面倾斜度相适应的高低刃脚。

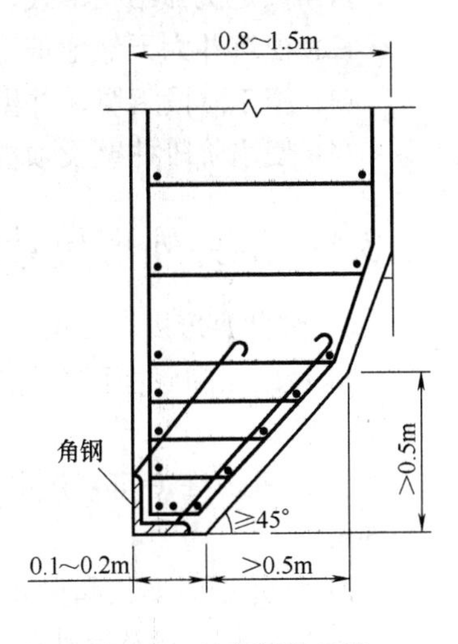

图5.6　包角钢的刃脚

3) 隔墙

沉井长宽尺寸较大时，应在沉井内设置隔墙(图5.5③)，或用框架代替隔墙，以加强沉井的整体刚度，减小井壁的挠曲应力；隔墙把沉井分隔成若干个井孔，有利于控制挖土下沉的方向。一般隔墙厚度小于井壁厚度。隔墙底面标高应比刃脚底面高出0.5m以上，避免隔墙下的土阻碍沉井下沉。也可在刃脚与隔墙联结处设置埂肋，加强刃脚与隔墙的连接。如人工挖土，须在隔墙下部设置过人孔，其尺寸一般为1.0m×1.0m。

4) 井孔

沉井内设置了隔墙或框架后，将整个沉井分成若干小格(也称为分仓)，即为井孔(图5.5④)。其尺寸大小除满足结构要求外，还必须按工艺要求设计。根据施工时采用施工机械的要求，一般井孔的长、宽不宜小于3m。如果采用水力机械和空气吸泥机等机械，其井孔尺寸还应适当放大。

5) 凹槽

凹槽(图5.5⑤)是为了更好地传递底板荷载、增强底板或底梁(图5.5⑨)与井壁的联结而设立的。如井孔为全部填实的实心沉井也可不设凹槽。凹槽高度应根据钢筋混凝土底板厚度确定，凹槽深度为0.15～0.25m。

6) 射水管

当沉井下沉深度大，穿过的土质较致密，下沉阻力较大时，可在井壁中预埋均匀布置的射水管(图5.5⑥)。射水压力视土质而定，一般水压不小于600kPa。

7) 封底混凝土

封底混凝土是传递墩(台)全部荷载于地基的承重结构(图5.5⑦)，其厚度按承受基底反力的设计要求而定，也可根据经验取不小于井孔最小边长的1.5倍，其顶面应高出刃脚根部(即刃脚斜面的顶点处)不小于0.5m，并浇筑到凹槽上端。封底混凝土强度等级，非岩石地基不应低于C25，岩石地基不应低于C20。

8) 顶板

空心或井孔内填以砂砾石的沉井，均须在沉井顶部浇筑钢筋混凝土顶板(图5.5⑧)，用以支承上部结构荷载。沉井顶板厚度按钢筋混凝土楼盖或整体式单向(或双向)板计算确定。

5.3　沉井的设计计算

沉井的计算内容包括：

(1) 拟定沉井结构形式、外形尺寸、高度和壁厚。

(2) 视沉井为天然地基上整体深基础的地基承载力、稳定性及变形验算。

(3) 施工阶段刃脚、井壁的结构计算。

(4) 使用阶段井壁及顶板、底板结构计算。

5.3.1 沉井外形尺寸的设计计算

1) 沉井高度

沉井顶面和底面两个标高之差即为沉井的高度。沉井高度可根据基础埋置深度的确定方法来确定。

沉井每节高度可视沉井的平面尺寸、总高度、地基土情况和施工条件而定，不宜高于 5m。

2) 沉井平面形状和尺寸

沉井平面形状及尺寸应根据墩台身底面尺寸、地基土的承载力及施工要求确定。沉井棱角处宜做成圆角或钝角，顶面襟边宽度应根据沉井施工容许偏差而定，不应小于沉井全高的 1/50，且不应小于 0.2m，浮式沉井另加 0.2m。沉井顶部需设置围堰时，其襟边宽度应满足安装墩台身模板的需要。

井孔的布置和大小应满足取土机具操作的需要；对顶部设置围堰的沉井，宜结合井顶围堰统一考虑。

5.3.2 沉井下沉与抗浮稳定性验算

1) 下沉系数

沉井下沉是靠在井孔内不断取土，在沉井重力作用下克服四周井壁与土的摩阻力和刃脚底面土的阻力而实现的，所以在设计时应首先确定沉井在自身重力作用下是否有足够的重力使沉井顺利下沉，即须满足

$$\frac{G-B}{R_r+R_f}=K_1 \tag{5.1}$$

式中：G——沉井在各种施工阶段时的总自重；

B——下沉过程中地下水的总浮力；

R_r——沉井底端地基总反力；

R_f——井壁总摩阻力，计算时可假定单位面积摩阻力沿深度呈梯形分布，距地面 5m 范围内按三角形分布，其下为常数，$R_f=u(h-2.5)q$，其中 u 为沉井下端面周长，h 为沉井入土深度，q 为井壁单位面积摩阻力加权平均值；

K_1——下沉系数，可取 1.15～1.25，对位于淤泥质土层中的沉井宜取小值，位于其他土层的沉井可取较大值。

土与井壁间的摩阻力标准值应根据实践经验或实测资料确定；当缺乏上述资料时，可根据土的性质、施工措施，按表 5.1 选用。应保证在自重作用下克服井壁摩阻力而顺利下沉。

表 5.1　井壁与土体间的摩阻力标准值

土的名称	摩阻力标准值/kPa	土的名称	摩阻力标准值/kPa
黏性土	25~50	砾石	15~20
砂性土	12~25	软土	10~12
卵石	15~30	泥浆套	3~5

注：泥浆套为灌注在井壁外侧的触变泥浆，是一种助沉材料。

2) 下沉稳定系数 K_1'

为使沉井顺利下沉，保证下沉稳定，沉井刃脚下土的支承力又不能过小，即

$$\frac{G-B}{R_f+R_1+R_2}=K_1' \tag{5.2}$$

式中：K_1'——下沉稳定系数，一般取 0.8～0.9；

R_1——刃脚踏面及斜面下土的支承力；

R_2——隔墙和底梁下土的支承力。

3) 抗浮安全系数 K_2

当沉井下沉到设计标高，已浇筑混凝土封底及钢筋混凝土顶板，并已抽除井内积水，而内部结构及设备尚未安装，井外地下水位达最高时，应考虑沉井的抗浮稳定验算，要求抗浮稳定系数 K_2 满足

$$\frac{G+R_f}{B}=K_2 \tag{5.3}$$

式中：K_2——抗浮安全系数，一般取 1.05～1.1，在不计井壁摩阻力时可取 1.05。

5.3.3　沉井作为整体深基础的设计与计算

根据沉井的下沉深度，沉井作为整体基础可采用不同的计算方法：当沉井埋置深度较小，仅下沉至最大冲刷线以下几米时，可以不考虑基础侧面土的横向抗力及摩阻力影响，而按浅基础进行设计与计算；当沉井基础埋置深度较大、沉井周围土体对沉井的约束作用不可忽略时，需要按深基础进行设计与计算，必须考虑基础侧面土体弹性抗力及摩阻力的影响。

沉井作为整体深基础时，假定地基土作为弹性变形介质，水平向地基系数随深度成正比例增加；不考虑基础与土之间的黏着力和摩阻力；沉井基础的刚度与土的刚度之比趋于无限大，沉井在横向外力作用下只能发生转动而无挠曲变形。因此，可按刚性桩(“*m*”法、$\alpha h \leqslant 2.5$)计算内力和土抗力。

1. 非岩石地基

沉井基础受到水平力 H 及偏心竖向力 N 作用时，先将这些外力转变为中心荷载和水平力的共同作用，这时地面或局部冲刷线以上所有水平力和竖向力对基础底面重心总弯矩与水平力合力之比 λ 为(图 5.7)

$$\lambda=\frac{\sum M}{H} \tag{5.4}$$

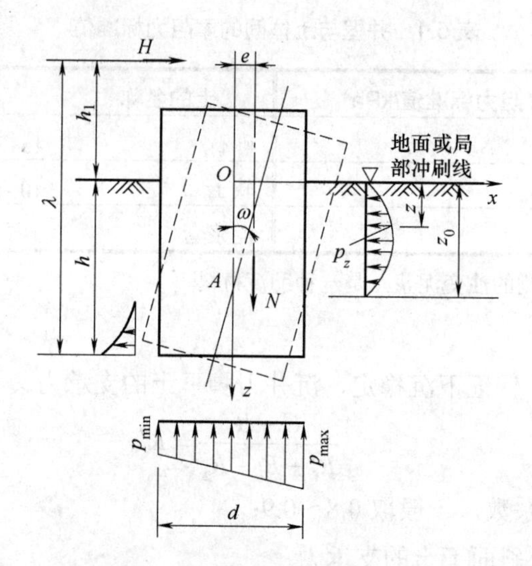

图 5.7　沉井基础受到水平力 H 及偏心竖向力 N 作用

先讨论沉井在水平力 H 作用下的情况。由于水平力的作用，沉井将绕地面下 z_0 深度处的 A 点转动，转角为ω，地面下或最大冲刷线以下深度 z 处沉井基础的水平位移Δx 和土的横向抗力 p_z 分别为

$$\Delta x=(z_0-z)\cdot\tan\omega \tag{a}$$

$$p_z=\Delta x\cdot C_z=C_z\cdot(z_0-z)\cdot\tan\omega \tag{b}$$

式中：z_0——转动中心 A 离地面的距离；

C_z——地面下深度 z 处水平向的地基抗力系数，kN/m^3，其值为

$$C_z=mz \tag{c}$$

m——地基抗力系数的比例系数(kN/m^4)。

将 C_z 的表达式代入式(b)得

$$p_z=mz\cdot(z_0-z)\cdot\tan\omega \tag{d}$$

由于转角ω 很小，$\tan\omega\approx\omega$，《公路桥涵地基和基础设计规范》(JTG D63—2007)直接以ω代 $\tan\omega$。

在基础底面平面上，竖向地基系数 C_0 不变，基底竖向压应力分布图形与基础竖向位移图相似。因此，基础边缘处由水平力 H 引起的竖向应力为

$$p_{\frac{d}{2}}=C_0\cdot\delta_1=C_0\cdot\frac{d}{2}\tan\omega \tag{e}$$

式中：C_0——竖向地基系数，$C_0=m_0h$，且不得小于 $10m_0$；

m_0——基础底面处的地基竖向抗力系数的比例系数；

δ_1——基础边缘处的竖向位移；

d——基底宽度或直径。

为求得未知数 z_0 与ω ，可建立两个平衡方程。先取 x 方向静力平衡，即 $\sum X=0$，有

$$H-\int_0^h p_z b_1\mathrm{d}z=H-b_1m\cdot\tan\omega\cdot\int_0^h z(z_0-z)\mathrm{d}z=0 \tag{f}$$

再对坐标原点(地面与基础竖向轴线之交点)O 取力矩平衡，即 $\sum M=0$，有

$$Hh_1+\int_0^h p_z b_1 z\mathrm{d}z - p_{\frac{d}{2}}W_0 = 0 \tag{g}$$

式中：b_1——基础计算宽度，按第 4 章中“m 法”计算；

W_0——基础底面的边缘弹性抵抗矩。

将式(f)和式(g)联立求解，可得

$$z_0 = \frac{\beta b_1 h^2(4\lambda - h) + 6dW_0}{2\beta b_1 h(3\lambda - h)} \tag{5.5}$$

$$\tan\omega = \frac{12\beta H(2h+3b_1)}{mh(\beta b_1 h^3 + 18Wd)} = \frac{6H}{Amh} \tag{5.6}$$

式中：β——深度 h 处沉井侧面的侧向地基系数与沉井底面的竖向地基系数的比值，其值为

$$\beta = \frac{C_h}{C_0} = \frac{mh}{C_0} \tag{5.7}$$

$$A = \frac{\beta b_1 h^3 + 18Wd}{2\beta(3\lambda - h)} \tag{5.8}$$

则地面下或最大冲刷线以下深度 z 处土的横向抗力 p_z 为

$$p_z = \frac{6H}{Ah}z(z_0 - z) \tag{5.9}$$

地面下或最大冲刷线以下深度 z 处沉井基础截面上的弯矩为

$$\begin{aligned} M_z &= H(\lambda - h + z) - \int_0^z p_z b_1(z-\xi)\mathrm{d}\xi \\ &= H(\lambda - h + z) - \frac{Hb_1 z^3}{2hA}(2z_0 - z) \end{aligned} \tag{5.10}$$

只有水平力 H 作用时基础边缘处的竖向应力为

$$p_{\frac{d}{2}} = \frac{3Hd}{A\beta} \tag{5.11}$$

当有竖向荷载 N 及水平力 H 同时作用时，基底边缘处的压应力为

$$p_{\substack{\max \\ \min}} = \frac{N}{A_0} \pm \frac{3Hd}{A\beta} \tag{5.12}$$

式中：A_0——基础底面积。

2. 基底嵌入基岩内

若基底嵌入基岩内，在水平力和竖直偏心荷载作用下，可以认为基底不产生水平位移，基础的转动中心 A 与基底中心重合，即 $z_0 = h$，如图 5.8 所示。在基底嵌入处存在一水平阻力 H_1；由于力 H_1 距基底很近，可忽略 H_1 对 A 点的力矩。当基础有水平力 H 作用时，地面下或最大冲刷线以下深度 z 处产生的水平位移Δx 和土的横向抗力 p_z 分别为

$$\Delta x = (h - z)\tan\omega \tag{h}$$

$$p_z = M_z\Delta x = M_z(h - z)\tan\omega \tag{i}$$

基底边缘处的竖向应力为

$$p_{\frac{d}{2}} = C_0\frac{d}{2}\tan\omega = \frac{mhd}{2\beta}\tan\omega \tag{j}$$

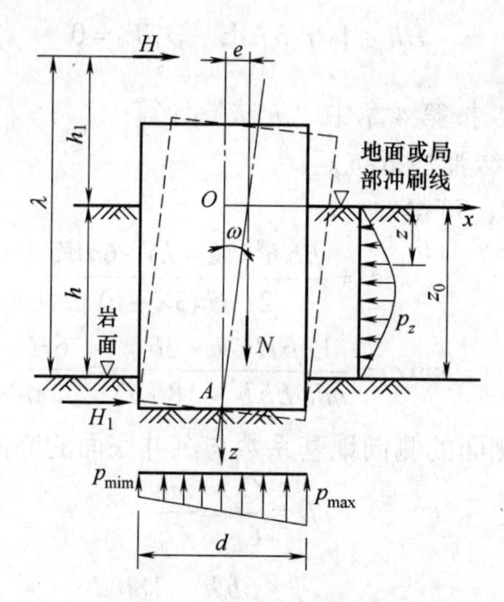

图 5.8　基底嵌入基岩内

式(i)和式(j)中只有一个未知数ω，故只需建立一个弯矩平衡方程$\Sigma M=0$便可解出ω值，即

$$H(h+h_1)-\int_0^h p_z b_1(h-z)\mathrm{d}z-p_{\frac{d}{2}}W_0=0 \tag{k}$$

解得

$$\tan\omega=\frac{H}{mhD_0} \tag{5.13}$$

式中：

$$D_0=\frac{b_1\beta h^3+6W_0 d}{12\lambda\beta} \tag{5.14}$$

地面下或最大冲刷线以下深度z处土的横向抗力p_z为

$$p_z=(h-z)\cdot z\frac{H}{D_0 h} \tag{5.15}$$

只有水平力H作用时基础边缘处的竖向压应力为

$$p_{\frac{d}{2}}=\frac{Hd}{2\beta D_0} \tag{5.16}$$

当有竖向荷载N及水平力H同时作用时，基底边缘处的压应力为

$$p_{\substack{\max\\\min}}=\frac{N}{A_0}\pm\frac{Hd}{2\beta D_0} \tag{5.17}$$

根据水平方向静力平衡条件$\sum X=0$，可以求出嵌入处水平阻力H_1为

$$H_1=\int_0^h b_1 p_z\mathrm{d}z-H=H\left(\frac{b_1 h^2}{6D_0}-1\right) \tag{5.18}$$

地面下或最大冲刷线以下深度z处基础截面上的弯矩为

$$M_z=H(\lambda-h+z)-\frac{z^3 b_1 H}{12D_0 h}(2h-z) \tag{5.19}$$

3. 基础侧面水平压力限制条件

为了保证沉井基础在土中有可靠的嵌固与稳定性，基础侧面水平压力不可过小、过大；基础侧面水平压力过小，土对基础的嵌固作用降低；而基础侧面水平压力过大，可能达到土的极限抗力[σ]，土体失稳。一般认为，沉井在外力作用下产生位移时，一侧产生主动土压力 p_{a}，而另一侧受到被动土压力 p_{p} 的作用，故沉井侧面水平压力应满足

$$p_z \leqslant [\sigma] = p_{\mathrm{p}} - p_{\mathrm{a}}$$

将朗肯主动土压力与被动土压力计算表达式代入，则得

$$p_z \leqslant \frac{4}{\cos\varphi}(\gamma z \cdot \tan\varphi + c) \tag{5.20}$$

式中：γ——土的重度；

φ，c——土的内摩擦角和黏聚力。

试验证明，基础侧面最大横向抗力大致出现在 $z = h/3$ 及 $z = h$ 处，将此二 z 值代入式(5.20)，p_z 应满足下列条件：

$$\left.\begin{aligned} p_{h/3} &\leqslant \frac{4}{\cos\varphi}\left(\frac{1}{3}\gamma h \tan\varphi + c\right) \cdot \eta_1 \eta_2 \\ p_h &\geqslant \frac{4}{\cos\varphi}(\gamma h \tan\varphi + c) \cdot \eta_1 \eta_2 \end{aligned}\right\} \tag{5.21}$$

式中：$p_{h/3}$——相应于 $z = h/3$ 深度处的土横向抗力；

p_h——相应于 $z = h$ 深度处的土横向抗力；

h——沉井基础的埋置深度；

η_1——系数，对于外超静定推力拱桥的墩台 $\eta_1 = 0.7$，其他结构体系的墩台 $\eta_1 = 1.0$；

η_2——考虑结构重力在总荷载中所占百分比的系数，其值为

$$\eta_2 = 1 - 0.8\frac{M_{\mathrm{g}}}{M} \tag{5.22}$$

M_{g}——结构自重对基础底面重心产生的弯矩；

M——全部荷载对基础底面重心产生的总弯矩。

4. 沉井顶面的水平位移计算

基础在水平力和力矩作用下，沉井顶面会产生水平位移Δ，它由地面或局部冲刷线处的水平位移 $z_0 \cdot \tan\omega$，地面或局部冲刷线至沉井顶面高度 l_0 范围内的水平位移及在 l_0 范围内沉井自身变形产生的沉井顶面水平位移δ_0 三部分组成。考虑沉井基础刚度的影响，沉井顶面水平位移按下式计算：

$$\Delta = (z_0 k_1 + l_0 k_2)\tan\omega + \delta_0 \tag{5.23}$$

式中：l_0——地面或局部冲刷线至墩台顶面的高度；

δ_0——在 l_0 范围内墩台身与基础变形产生的墩台顶面水平位移；

k_1，k_2——考虑基础刚性影响的系数，按表 5.2 采用。

表 5.2　系数 k_1、k_2

换算深度 αh	系数	λ/h				
		1	2	3	4	5
1.6	k_1	1.0	1.0	1.0	1.0	1.0
	k_2	1.0	1.1	1.1	1.1	1.1
1.8	k_1	1.0	1.1	1.1	1.1	1.1
	k_2	1.1	1.2	1.2	1.2	1.3
2.0	k_1	1.1	1.1	1.1	1.1	1.2
	k_2	1.2	1.3	1.4	1.4	1.4
2.2	k_1	1.1	1.2	1.2	1.2	1.2
	k_2	1.2	1.5	1.6	1.6	1.7
2.4	k_1	1.1	1.2	1.3	1.3	1.3
	k_2	1.3	1.8	1.9	1.9	2.0
2.5	k_1	1.2	1.3	1.4	1.4	1.4
	k_2	1.4	1.9	2.1	2.2	2.3

注：① $\alpha h < 1.6$，$k_1 = k_2 = 1.0$。

② 当仅有偏心竖向力作用时，$\lambda / h \to \infty$。

5.3.4　沉井施工过程中的结构设计

沉井在施工过程中受到各种外力的作用，因此必须通过相应的设计计算及必要的配筋，使沉井结构满足各阶段最不利受力状态的要求，保证沉井结构在施工各阶段中的强度和稳定性。在施工过程中，应对沉井结构进行下列验算：沉井的竖向挠曲验算，沉井刃脚受力计算，井壁受力计算和混凝土封底及顶盖的计算，等等。

1. 底节沉井竖向挠曲验算

底节沉井在抽垫及除土下沉过程中，由于施工方法不同，刃脚下支承亦不同。不管采用哪种施工方法，沉井自重都将使井壁产生较大的竖向挠曲应力。因此，应根据不同的支承情况，进行井壁的强度验算，判断挠曲应力是否大于沉井材料纵向抗拉强度，是否应增加底节沉井高度或在井壁内设置水平向钢筋。

1) 排水除土下沉

将沉井视为支承于四个固定支点上的梁，且支点控制在最有利位置处，即支点和跨中的弯矩大致相等。对矩形和圆端形沉井，若沉井长宽比大于 1.5，支点可设在长边，如图 5.9(a)所示；圆形沉井的四个支点可布置在两相互垂直线上的端点处。

2) 不排水除土下沉

机械挖土时刃脚下支点很难控制，沉井下沉过程中可能出现的最不利支承为：对矩形和圆端形沉井，因除土不均将导致沉井支承于四角[图 5.9(b)]成为一简支梁，跨中弯矩最大，沉井下部竖向开裂；也可能因孤石等障碍物使沉井支承于壁中[图 5.9(c)]，形成悬臂梁，支点处沉井顶部产生竖向开裂；圆形沉井则可能出现支承于直径上的两个支点。

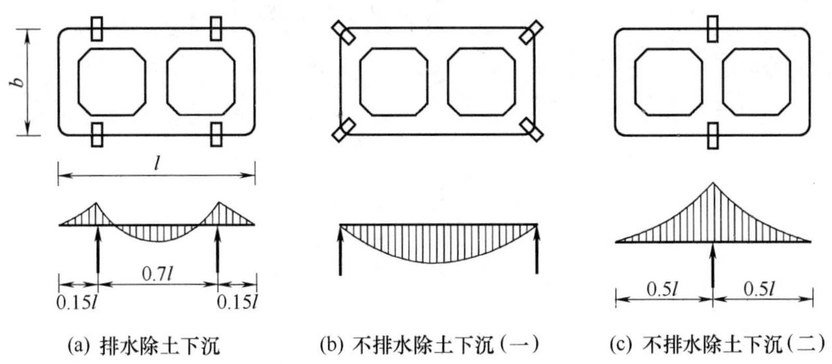

图 5.9　底节沉井支点布置示意图

若底节沉井隔墙跨度较大，还需验算隔墙的抗拉强度。其最不利受力情况是，下部土已挖空，上节沉井刚浇筑而未凝固，此时隔墙成为两端支承在井壁上的梁，承受两节沉井隔墙和模板等重量。

若底节隔墙强度不够，可布置水平向钢筋，或在隔墙下夯填粗砂以承受荷载。

2. 沉井刃脚受力计算

沉井在下沉过程中，刃脚受力较为复杂。为简化起见，一般按竖向和水平向分别计算。竖向分析时，近似地将刃脚看作是固定于刃脚根部井壁处的悬臂梁，根据刃脚内外侧作用力的不同，可能向外或向内挠曲；在水平面上，则视刃脚为一封闭的框架，在水、土压力作用下在水平面内发生弯曲变形。

1) 刃脚竖向作为悬臂梁计算

可以认为刃脚根部与井壁嵌固，刃脚高度作为悬臂长度，可根据以下两种不利情况分别计算。

(1) 刃脚向外弯曲。沉井下沉过程中，刃脚内侧已切入土中约 1m，沉井顶部露出水面尚有一定高度(多节沉井约为一节沉井高度)时，验算刃脚因受井孔内土体的侧向压力而向外弯曲时的强度。此时，刃脚受井孔内土体的横向压力作用，在刃脚根部水平截面上产生最大向外弯矩。计算方法如下(图 5.10)：

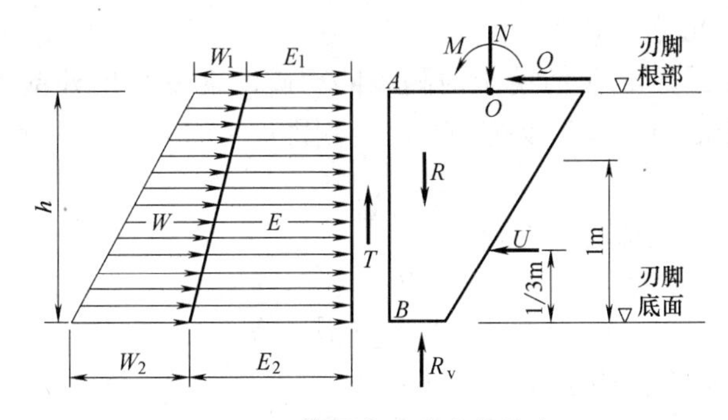

图 5.10　作用在刃脚上的外力

① 沿井壁的水平方向取一个单位宽度，计算作用在刃脚上的土侧压力E 和水压力W

$$p = W + E + Q \tag{5.24}$$

其中

$$W = \frac{W_1 + W_2}{2} \cdot t \tag{5.25}$$

$$W_1 = \lambda h_1 \gamma_w \tag{5.26}$$

$$W_1 = \lambda h_2 \gamma_w \tag{5.27}$$

$$E = \frac{E_1 + E_2}{2} \cdot t \tag{5.28}$$

式中：p——作用在井壁高度t 段上的分布荷载；

W——作用在井壁高度t 段上的水压力；

W_1——作用在刃脚根部以上高度t 范围内截面A 上的单位水压力；

W_2——作用在刃脚根部截面B 的单位水压力；

t——井壁厚度；

h_1，h_2——验算截面A 和B 距水面的高度；

γ_w——水的重度；

λ ——折减系数，排水挖土时，井内无水压，井外水压视土质而定，砂类土λ=1.0，黏性土λ = 0.7；不排水挖土时，井外水压以100%计，λ = 1. 0，井内水压以50%计，λ = 0.5；

E——作用在t 段井壁上的土侧压力；

E_1——作用在刃脚根部以上高度t 处A 截面的单位土侧压力；

E_2——作用在刃脚根部处B 截面的单位土侧压力；

Q——由刃脚传来的水平力，其值等于作用在刃脚悬臂梁上的水平力乘以分配系数α，α 计算方法为：刃脚沿竖向视为悬臂梁，其悬臂长度等于斜面部分的高度，当内隔墙的底面距刃脚底面不超过0.5m 或大于0.5m 而采用竖向承托加强时，作用于悬臂部分的水平力可乘以分配系数α，其值为

$$\alpha = \frac{0.1 l_1^4}{h^4 + 0.05 l_1^4} \leqslant 1.0 \tag{5.29}$$

其中，l_1 ——支承在内隔墙间的外壁最大计算跨径；

h——刃脚斜面部分的高度。

应该注意，分配系数α 仅适用于内隔墙的刃脚踏面底高出外壁的刃脚踏面底不大于0.5m ，或者大于0.5m 但有竖直承托加强时。否则α = 1.0，全部水平力都由悬臂梁即刃脚承担。

W 的作用点到刃脚根部的距离为

$$\frac{W_2 + 2W_1}{W_2 + W_1} \cdot \frac{t}{3}$$

E 的作用点距刃脚根部距离为

$$\frac{E_2 + 2E_1}{E_2 + E_1} \cdot \frac{t}{3}$$

在计算刃脚向外弯曲时，作用在刃脚外侧的计算侧土压力和水压力的总和不应大于静

水压力的 70%，否则按 70% 的静水压力计算。

② 作用在井壁外侧单位宽度上的摩阻力 T 按以下两式计算，取其较小值，以求得反力 R_v (图 5.11) 最大值。

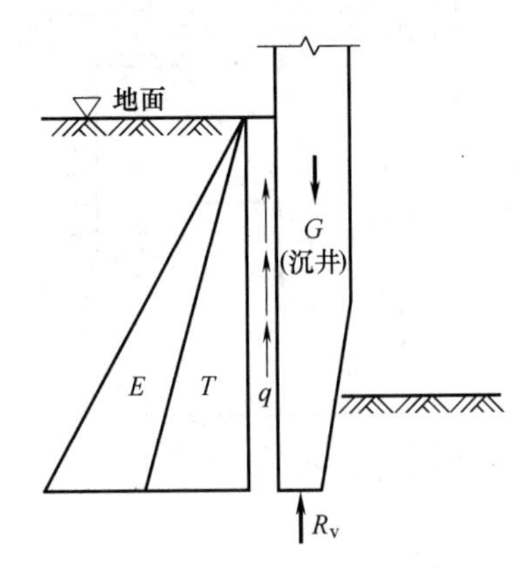

图 5.11　井壁摩阻力 T 及刃脚下土的反力 R_v

$$T = \mu \cdot E = E \cdot \tan\varphi = 0.5E \tag{5.30}$$

$$T = q \cdot A \tag{5.31}$$

式中：μ ——摩擦系数，$\mu = \tan\varphi$ ；

φ ——土的内摩擦角，在水中可取$\varphi = 26°\ 34'$，此时 $\tan\varphi = 0.5$；

q ——土与沉井井壁间的单位摩阻力；

A ——沉井侧面与土接触的单位宽度上的总面积，$A = 1 \times h = h$ (h 为刃脚高度，以 m 计)；

E ——作用在井壁上每 m 宽度的总土压力；

③ 刃脚底面单位周长上土的竖向反力 R_v，可按下式计算(图 5.10)：

$$R_v = G - T \tag{5.32}$$

式中：G——沿沉井外壁单位周长上的沉井重力，其值等于该高度沉井的总重除以沉井的周长，在不排水挖土下沉时应在沉井总重中扣去淹没水中部分的浮力；

T ——沿井壁单位周长上沉井侧面总摩阻力。

竖向反力 R_v 的作用点可按图 5.12 确定，假定作用在刃脚斜面上的土反力的方向与斜面上法线成β角，β 为土反力与刃脚斜面间的外摩擦角(一般取$\beta = 30°$)。作用在刃脚斜面上的土反力可分解成水平力 R_{h2} 与垂直力 R_{v2}，刃脚底面上的垂直反力为 R_{v1}，则

$$R_v = R_{v1} + R_{v2} \tag{5.33}$$

$$\frac{R_{v1}}{R_{v2}} = \frac{p \cdot a}{\frac{1}{2} p \cdot b} = \frac{2a}{b} \tag{5.34}$$

式中：a ——刃脚踏面底宽；

b ——刃脚入土斜面的水平投影长度；

p ——竖向反力分布强度(图 5.12)。

解以上联立方程式即可求得 R_{v1} 和 R_{v2}。假定 R_{v2} 为三角形分布，则 R_{v1} 和 R_{v2} 的作用点至刃脚外壁之距离分别为 $a/2$ 和 $a+b/3$，这样即可求得 R_{v1} 和 R_{v2} 的合力 R_v 的作用点。

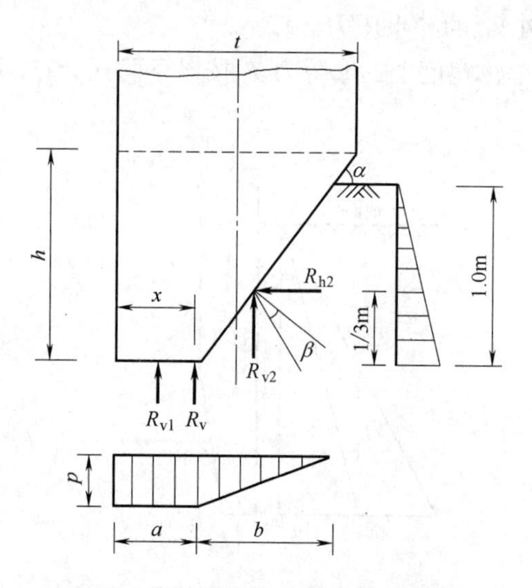

图 5.12 刃脚下 R_v 的作用点计算

④ 作用在刃脚斜面上的水平力 R_{h2} 可按下式计算(图 5.12)：

$$R_{h2}=R_{v2}\cdot\tan(\alpha-\beta) \tag{5.35}$$

假定 R_{h2} 为三角形分布，则 R_{h2} 的作用点在距刃脚底面 1/3m 高处。

⑤ 刃脚重力 g 按下式计算：

$$g=\gamma\cdot h\cdot\frac{t+a}{2} \tag{5.36}$$

式中：γ ——混凝土重度，若不排水下沉，应扣除水的浮力；

h ——刃脚斜面的高度。

⑥ 作用在刃脚外侧的摩阻力的计算方法与计算井壁外侧摩阻力 T 的方法相同，但取式(5.29)和式(5.30)计算结果较大值，其目的为使刃脚弯矩最大。

⑦ 刃脚既视作悬臂梁，又视作一个封闭的水平框架，因此作用在刃脚侧面上的水平力将两种不同作用来共同承担；视作悬臂梁时的分配系数α 见式(5.29)，视为闭合框架时的分配系数为β，其计算公式为

$$\beta=\frac{h^4}{h^4+0.05l_2^4} \tag{5.37}$$

式中：l_2——支承在内隔墙间的外壁最小计算跨径。

应该说明，式(5.37)仅适用于内隔墙的刃脚踏面底高出外壁的刃脚踏面底不大于 0.5m，或者大于 0.5m 但有竖直承托加强时的情况，否则$\alpha=1.0$，刃脚不起水平框架作用，全部水平力都由悬臂梁即刃脚承担，但需按构造布置水平钢筋，以承受一定的正、负弯矩。

⑧ 求得作用在刃脚上的所有外力的大小、方向和作用点以后，即可求算刃脚根部处截面上每单位周长井壁内的轴向压力 N、水平剪力 Q 及对刃脚根部截面重心 O 点的弯矩 M (图 5.10)，并据此计算在刃脚内侧的竖向钢筋。这些钢筋应伸至刃脚根部以上 $0.5l_1$ (l_1 为沉井外壁的最大计算跨径)。

(2) 刃脚向内弯曲。当沉井沉到设计标高，刃脚下的土已挖空，这时刃脚处于向内弯曲的不利情况，如图 5.13 所示，应验算刃脚因受井壁外侧全部水压力和侧土压力而向内弯曲

时的强度，并配筋。

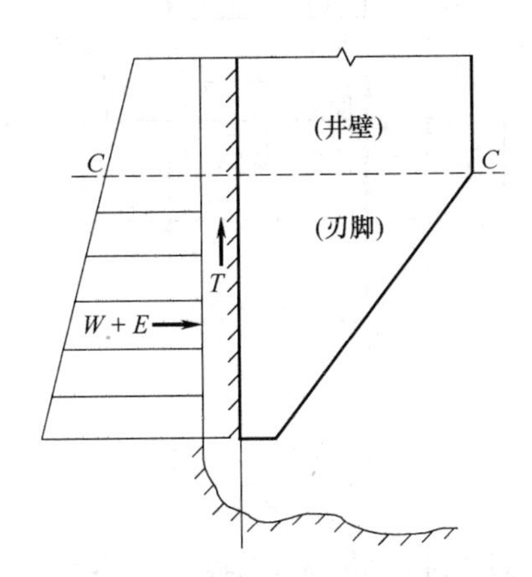

图 5.13　刃脚向内弯曲

作用在刃脚外侧的外力，沿沉井周边取一单位周长计算，计算步骤和刃脚向外弯曲的情况相似，计算方法如下。

① 计算刃脚外侧的土压力和水压力。土压力与刃脚向外弯曲的情况相同。水压力计算：当不排水下沉时，井壁外侧水压力按 100%计算，井内水压力一般按 50%计算，但也可按施工中可能出现的水头差计算；当排水下沉时，在透水不良土中，外侧水压力可按静水压力的 70%计算。这里土压力和水压力的总和可以超过 70% 的静水压力。

② 由于刃脚下的土已掏空，刃脚下的垂直反力 R_v 和刃脚斜面水平反力 R_{h2} (图 5.12)均等于零。

③ 作用在井壁外侧的摩阻力 T 与刃脚向外弯曲的情况的计算方法相同，但取较小值。

④ 刃脚重力 g 也与刃脚向外弯曲的情况相同，按式(5.36)计算。

⑤ 根据以上计算的所有外力，可以算出刃脚根部处截面上每单位周长(外侧)内的轴向力 N、水平力 Q 及对截面重心轴的弯矩 M，并据以计算刃脚外侧的竖向钢筋数量。这些钢筋也应延伸至刃脚根部以上 $0.5l_1$ (l_1 为沉井外壁的最大计算跨径)。

2) 刃脚作为水平框架计算

沉井已沉到设计标高，刃脚下的土已被掏空的情况下，刃脚将受到最大的水平力，此时可将刃脚作为闭合的水平框架计算。图 5.14 所示为方形沉井刃脚上沿井壁水平方向截取的单位高度水平框架(未画出沉井井壁厚度)，作用在这个水平框架上的外力计算与上述求算刃脚外侧钢筋的方法相同，但作用在水平框架全周上的均布荷载为刃脚上的最大水平力乘以分配系数β，再验算水平框架水平方向的抗弯强度，并配筋。

图 5.14 中：

$$N=\frac{1}{2}pa \tag{5.38}$$

$$|Q|_{\max}=\frac{1}{2}pa \tag{5.39}$$

$$M_1=-\frac{1}{12}pa^2\ (角点) \tag{5.40}$$

$$M_2=\frac{1}{24}pa^2\ (跨中) \tag{5.41}$$

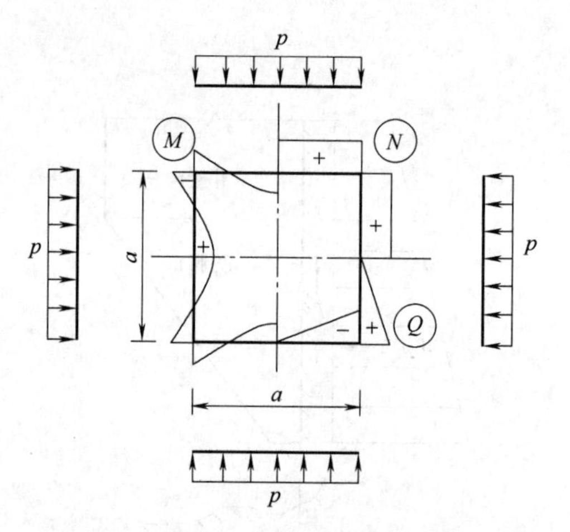

图 5.14 方形沉井刃脚上的水平框架

3. 井壁受力计算

1) 井壁竖向受拉计算

沉井在下沉过程中，刃脚下的土已被挖空，但沉井上部被摩擦力较大的土体嵌固，这时下部沉井呈悬挂状态，井壁尤其是井壁接缝处就有可能在自重作用下拉断。因而，应验算井壁接缝处的竖向抗拉强度。

(1) 等截面井壁。

拉应力的大小与井壁摩阻力分布图有关，在判断可能夹住沉井的土层不明显时，可近似假定井壁摩阻力沿沉井总高度按倒三角形分布，即刃脚底面处为零，在地面处为最大，如图 5.15 所示。

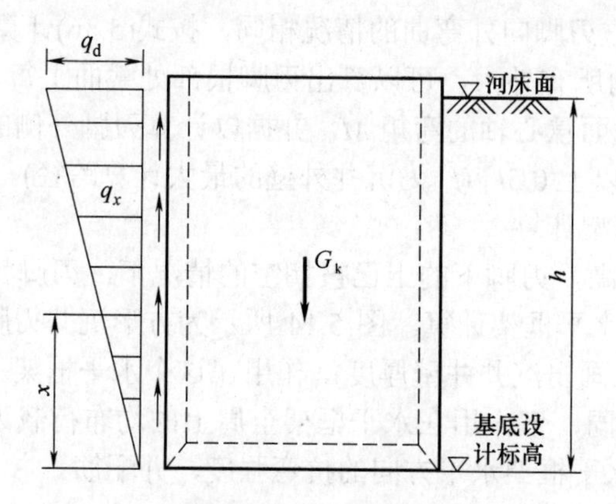

图 5.15 等截面沉井井壁竖向受拉计算

因为

$$G_k = \frac{1}{2} q_d \cdot h \cdot u \tag{5.42}$$

即

$$q_d = \frac{2G_k}{hu} \tag{5.43}$$

又有

$$\frac{q_x}{x}=\frac{q_d}{h} \tag{5.44}$$

所以

$$q_x=\frac{q_d}{h}x=\frac{2G_k}{hu}\cdot\frac{x}{h}=\frac{2G_k x}{h^2 u} \tag{5.45}$$

式中：G_k——沉井重力；

u——井壁周长；

h——沉井入土深度；

q_d——作用于河床表面处的井壁上的单位摩阻力；

q_x——作用在距刃脚底面 x 高度处井壁上的单位摩阻力。

井壁 x 处的拉力 P_x = (x 以下自重) − (x 高度内摩阻力)，即

$$P_x=\frac{G_k x}{h}-\frac{q_x x u}{2}=\frac{G_k x}{h}-\frac{2G_k}{h^2 u}\cdot\frac{xu}{2}=\frac{G_k x}{h}\left(1-\frac{x}{h}\right) \tag{5.46}$$

为了求得 P_{max}，令 $dP_x/dx=0$，即

$$\frac{G_k}{h}\left(1-\frac{2x}{h}\right)=0$$

所以，$x=h/2$。也就是说，最危险的截面在沉井入土深度的 1/2 处，最大竖向拉力 P_x 为

$$P_{max}=P_x\big|_{x=h/2}=\frac{G_k x}{h}\left(1-\frac{x}{h}\right)\bigg|_{x=h/2}=\frac{G_k}{4} \tag{5.47}$$

即最大竖向拉力为沉井全重的 1/4。

(2) 台阶形井壁。

在图 5.16 中：

$$q_d=\frac{G_{1k}+G_{2k}+G_{3k}+G_{4k}}{hu}$$

$$q_x=q_d\cdot\frac{x}{h} \tag{5.48}$$

井壁 x 处拉力等于 x 范围内自重减去 x 范围内摩阻力，即

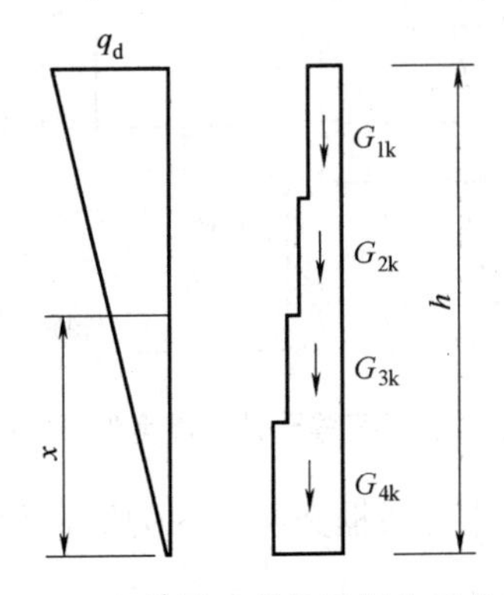

图 5.16　台阶形沉井井壁竖向受拉计算

$$P_x=G_{xk}-\frac{1}{2}q_x u x \tag{5.49}$$

式中：P_x ——距刃脚底面 x 变阶处的井壁拉力；

G_{xk}——x 高度范围内的沉井自重；

u——井壁周长；

q_x——距刃脚底面 x 变阶处的摩阻力；

q_d——沉井顶面摩阻力；

h——沉井总高；

x——刃脚底面至变阶处(或验算截面)的高度。

每段井壁变阶处均应进行计算，然后取最大值。

2) 井壁横向受力计算

水平方向应验算刃脚根部以上高度等于该处壁厚的一段井壁。计算时除计入该段井壁范围内的水平荷载外，还应考虑由刃脚悬臂传来的水平剪力。

根据排水或不排水的情况，沉井井壁在水压力和土压力等水平荷载作用下应作为水平框架验算其水平方向的弯曲。

采用泥浆套下沉的沉井，泥浆压力大于上述水平荷载，井壁压力应按泥浆压力计算。

(1) 刃脚根部以上高度等于井壁厚度 t 的一段井壁。

验算位于刃脚根部以上其高度等于井壁厚度 t 的一段井壁，据此设置该段的水平钢筋。因这段井壁 t 又是刃脚悬臂梁的固定端，施工阶段作用于该段的水平荷载，除本身所受的水平荷载外，还承受由刃脚传来的水平力 Q(图 5.17)。作用在该段井壁上的分布荷载 q、水压力 W、土侧压力 E 及刃脚传来的水平力 Q 的计算与计算刃脚时刃脚向外弯曲的情况相同，按式(5.24)～式(5.28)确定。

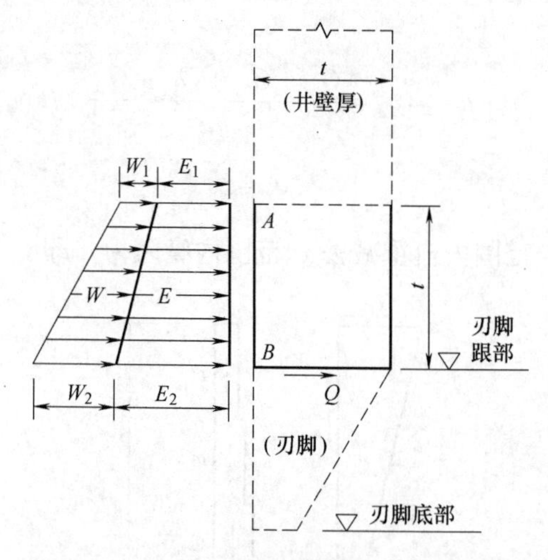

图 5.17　刃脚根部以上高度等于井壁厚度的一段井壁框架荷载分布

根据以上计算出来的 q 值，即可按框架分析求刃脚根部以上 t 高度内截面的作用效应。

(2) 其余段井壁。

其余各段井壁的计算，可按井壁断面的变化，将井壁分成数段，取每一段中控制设计的井壁(位于每一段最下端的单位高度)进行计算。作用在框架上的均布荷载为 $q = W + E$。然后用同样的计算方法，求得水平框架内截面的作用效应，并将水平筋布置在全段上。

计算采用泥浆套下沉的沉井在下沉过程中所受到的侧压力时，应将沉井外侧泥浆压力按 100%计算，因为泥浆压力一定要大于水压力及土压力总和，才能保证泥浆套不被破坏。

采用空气幕沉井，在下沉过程中受到土侧压力，根据试验沉井测量结果，压气时气压对井壁的作用不明显，可以略去不计，仍按普通沉井的有关规定计算。

在计算空气幕沉井下沉过程中结构强度时，由于井壁的摩擦力在开气时减小，不开气时仍与普通沉井相同，因此视计算内容不同按最不利情况采用。

5.3.5　沉井混凝土封底和盖板的计算

1. 沉井混凝土封底

混凝土封底的厚度应根据基底的水压力和地基土的向上反力计算确定。井孔不填充混凝土的沉井，封底混凝土须承受沉井基础全部荷载所产生的基底反力，井内如填砂时应扣除其重力。井孔内如填充了混凝土(或片石混凝土)，封底混凝土须承受填充混凝土前的沉井底部的静水压力。

(1) 在施工抽水时，封底混凝土应承受基底水和土的向上反力，此时如因混凝土的龄期不足，应考虑降低混凝土强度。

(2) 沉井井孔用混凝土或石砌圬工填实时，封底混凝土应承受基础设计的最大基底反力，并计入井孔内填充物的重力。

(3) 封底层混凝土厚度一般不宜小于 1. 5 倍井孔直径或短边边长。

2. 沉井钢筋混凝土盖板

对于空心沉井或井孔填以砂砾石的沉井，必须在井顶做钢筋混凝土盖板(当沉井内以混凝土填实，可用混凝土或片石混凝土筑成)，用以支承墩台的全部荷载。顶盖按承受襟边以上最不利荷载组合的均布荷载的双向板来计算钢筋用量，先根据构造要求假定盖板厚度，然后再进行厚度验算及配筋计算。

如果墩台身全部位于井孔内，不但需要进行板的配筋计算，还应验算板的剪应力和井壁的支承压力。如果墩、台身较大，部分支承在井壁上，则不需进行板的剪力验算，而进行井壁压应力验算。

5.3.6　浮运沉井计算要点

沉井在浮运过程中要有一定的吃水深度。如果沉井的重心高，浮运沉井则易倾覆，而最容易倾覆的方向为沉井横向，所以应验算沉井横向(沿宽度方向)的稳定性。在稳定性验算中主要是决定沉井的重心、浮心以及定倾半径，然后将它们的数值进行比较，便可判断沉井在浮运过程中是否稳定。

《公路桥涵地基和基础设计规范》(JTG D63—2007)规定，“浮式沉井施工应计算各施工阶段的沉井重力、入水深度、浮体稳定性、井壁水头差、井壁出水高度及其受力部分混凝土的龄期强度，计算各种可能水位和河床标高时沉井就位的相应内力，以及落地后所控制的沉井浮重和刃脚可能达到的标高。通过每一施工阶段的计算，可能得到井壁各部位可能承受的内力，并作为设计的依据。”

“保证浮式沉井的稳定性，沉井倾斜角不得大于6°，不至产生施工不安全感。”

浮运沉井浮体稳定倾斜角φ 可按下列公式计算：

$$\varphi = \tan^{-1}\frac{M}{\gamma_{\mathrm{w}}V(\rho-a)} \tag{5.50}$$

$$\rho = \frac{I}{V} \tag{5.51}$$

式中：φ ——沉井在浮运阶段的倾斜角，不应大于6°，并应满足$(\rho-a)>0$；

M——外力矩；

V——排水体积；

a——沉井重心至浮心的距离，重心在浮心之上为正，反之为负；

ρ——定倾半径，即定倾中心至浮心的距离；

I——薄壁沉井浮体排水截面面积的惯性矩；

γ_{w}——水的重度，$\gamma_{\mathrm{w}}=10\mathrm{kN/m^3}$。

浮运沉井底节以上沉井应按静水压力、流水压力、风力、导向结构反力、锚缆拉力、井内填充混凝土侧压力等，分别验算井壁和内隔墙。

思考与练习题

5.1　何谓沉井基础?其适用于哪些场合?

5.2　与桩基础相比，沉井基础的荷载传递有何异同?

5.3　沉井基础的主要构成有哪儿部分?

5.4　工程中如何选择沉井的类型?

5.5　沉井作为整体深基础，其设计计算应考虑哪些内容?

5.6　沉井在施工过程中应进行哪些验算?

5.7　浮运沉井的计算有何特殊性?

第6章 基坑工程

6.1 概 述

基坑工程是指为保证地面向下开挖形成地下空间所需的挡土结构、地下水控制措施及环境保护措施的总称。基坑围护是指在基坑开挖时，为保证坑壁不坍塌和地下结构的安全而设置的降水、止水、挡土等围护工程的总称。

随着城市化进程的加快，城市规模不断膨胀。一方面，高层建筑迅速发展。1974 年建成的美国芝加哥市区西尔斯大厦(Sears Tower)高 441m。始建于 2004 年、落成于 2010 年年初的阿拉伯联合酋长国哈利法塔(原名迪拜塔，又称迪拜大厦或比斯迪拜塔)有 162 层，高达 828m，是目前世界第一高楼。1998 年建成的上海金茂大厦 88 层，高 420.5m。上海环球金融中心 1995 年动工，2008 年竣工，楼高 492m，地上 101 层。上海中心大厦建筑主体 118 层，总高为 632m，结构高度为 580m，2008 年动工，2016 年 3 月完工，即将正式投入使用。为满足稳定要求，高层建筑基础的埋置深度大，前述高楼大厦大多带有多层地下室。另一方面，地下空间已在国际国内得到开发利用，诸如地下铁路、地下车站、地下停车场、地下街道、地下商场、地下仓库、地下民防工程以及多种地下民用和工业设施等，地下工程及基坑工程不仅数量增多，而且向更大、更深方向发展。

基坑工程具有下列特点。

(1) 风险性。基坑支护体系是临时工程，安全储备小，加上受降雨、周边堆载及振动荷载等因素影响较大，发生事故后的经济损失与社会影响严重。

(2) 复杂性。基坑场地的工程地质、水文地质条件有差异并相互影响，基坑工程设计、施工、环境等因素相互影响，强度、变形及渗流相互作用。

(3) 环境效应。基坑场地地下水位、应力分布可能复杂，基坑施工可能对相邻建筑物、构筑物及地下管线产生影响。

基坑工程一般集中在市区，施工场地狭小，施工条件复杂，场地土质条件差，地下水赋存形态及其运动形式复杂，分布变化大，已成为建筑及地下工程中事故最为频繁的领域，成为土木工程中一个极具风险和挑战性的课题。在我国的高层建筑总造价中，地基基础部分常占 1/4~1/3，如果地质条件复杂，地基基础部分造价更高。地基基础工程的工期往往占总工期的 1/3 以上，其中基坑工程是保证地基基础工程成功完成的关键。一方面，它要确保基坑本身的土体和支护结构的稳定；另一方面还要确保周围建筑物、地下设施及管线、道路的安全与正常使用。还应该看到，大多数基坑工程是临时性工程，在设计施工中常常有很大的节省造价和缩短工期的空间。因而，基坑工程既具有很大的风险，也有很高的灵活性。在我国，高层建筑和地下工程实践在迅速发展，但相应的理论和技术落后于工程实践。一方面可能设计偏于保守而造成财力和时间的浪费；另一方面，基坑工程事故频发，造成很大的经济损失和人员的伤亡。

近年来，我国高层建筑的深基坑工程成功案例很多。例如，天津站交通枢纽轨道换乘中心工程，地下整体三层，局部四层，开挖深度25m(局部32.5m)，围护结构采用1.2m厚地下连续墙，由于有截断第二层承压含水层的要求，墙深采用42～53m。上海中心大厦主楼区基础基坑挖深31.10m，局部挖深达33.10m，裙房区基坑挖深26.70 m，最大挖深29.2 m；主楼区围护结构采用直径121m的圆形地下连续墙、另加6道环形圈梁组成的围护体系，地下连续墙厚1.2m、深50m；裙房区围护结构采用两墙合一的地下连续墙，地下连续墙厚1.2m、深48m。

但是与此同时，地下工程及基坑工程事故也屡见不鲜。例如，2003年7月，上海地铁4号线浦西联络通道特大涌水事故引起严重地面沉降，黄浦江大堤断裂、周边建筑倒塌，经济损失达15亿元；2007年3月，北京地铁10号线苏州街站东南出入口处发生坍塌事故，塌方面积约20m^2，深约11m，造成6人死亡；2007年12月，南京地铁2号线汉中门站至上海路站区间隧道施工涌水，市区主干道路面塌方，形成约10m深、50m^{2}的大坑；2008年11月，杭州地铁1号线湘湖站基坑工程失稳，地下连续墙围护结构完全倒塌，11辆汽车坠入坑中，21人死亡；2009年3月，德国科隆市中心南部地铁线路中的一段在建设过程中全部倒塌，造成周围地面数栋建筑被毁，使得科隆历史档案馆严重受损，损失了无数的具有珍贵历史价值的档案及资料；2011年3月，深圳地铁1号线续建工程大新站3号出入口发生基坑失稳事故，基坑附近路面塌陷，出现直径约4m、深3m的大坑，并导致市政排污干管爆裂。

6.1.1 影响基坑工程精确设计的难点

目前，影响基坑工程精确设计的理论难点主要有如下几方面。

(1) 基坑支护结构上的土压力计算。不同地区的大量现场监测资料表明，按传统土压力理论计算的支护结构中的内力常常比实测值大。这主要是由于在原状土中开挖，作用于预先设置的支挡结构上土压力的大小及分布形态受原状土的性质、支护的变形、基坑的三维效应和地基土的应力状态等诸多因素影响，与墙后人工填土作用于挡土墙上的土压力有很大的不同，准确分析目前尚有困难。

(2) 土中水的赋存形态及其运动。随着基坑开挖深度的增加，排水和降水将引起地下水渗流，这不但增加了计算支护结构上的水压力和土压力的难度，也使基坑在渗流作用下的渗透稳定性成为深基坑工程中亟待解决的问题。

(3) 基坑工程对周围环境的影响。一般地，基坑自身的安全主要靠保证其稳定性来达到。但是在评价基坑开挖、支护，降水对相邻建筑物、地下设施及管线的影响时，常常需要进行变形计算，而变形预测的难度远高于稳定分析。

要解决这三个难点，工程技术人员应该在运用岩土力学理论的同时，紧密结合工程实践经验，研究基坑工程的设计特点和施工方法，不断完善和发展基坑工程的理论与技术。

6.1.2　基坑工程设计资料

在现阶段，基坑工程设计时首先应掌握以下资料。

(1) 岩土工程勘察报告。

(2) 建筑总平面图、工程用地红线图、地下工程的建筑及结构设计图。

(3) 邻近建筑物的平面位置，基础类型及结构图、埋深及荷载，周围道路、地下设施、市政管道及通信工程管线图、基坑周围环境对基坑支护结构系统的设计要求等。

6.1.3　基坑工程设计的内容

基坑工程设计的内容有如下几方面。

(1) 支护结构体系的选型及地下水控制方式。

(2) 支护结构的强度和变形计算。

(3) 基坑内外土体稳定性计算。

(4) 基坑降水、止水帷幕设计。

(5) 土方开挖施工组织设计。

(6) 基坑施工监测设计及应急措施的制订。

6.1.4　基坑支护结构设计要求

基坑支护结构设计从稳定、强度和变形三个方面满足设计要求。

(1) 稳定。指基坑周围土体的稳定性，即不发生土体的滑动破坏，因渗流造成流砂、流土、管涌以及支护结构、支撑体系的失稳。

(2) 强度。支护结构，包括支撑体系或锚杆结构的强度满足构件强度和稳定性的要求。

(3) 变形。因基坑开挖造成的地层移动及地下水位变化引起的地面变形，不得超过基坑周围建筑物、地下设施的允许变形值，不得影响基坑工程基桩的安全或地下结构的施工。

基坑支护应按实际的基坑周边建筑物、地下管线、道路和施工荷载等条件进行设计，设计中应提出明确的基坑周边荷载限值、地下水和地表水控制等基坑使用要求。

基坑支护设计应满足下列主体地下结构的施工要求。

(1) 基坑侧壁与主体地下结构的净空间和地下水控制应满足主体地下结构及防水的施工要求。

(2) 采用锚杆时，锚杆的锚头及腰梁不应妨碍地下结构外墙的施工。

(3) 采用内支撑时，内支撑及腰梁的设置应便于地下结构及防水的施工。

6.1.5　支护结构设计时采用的两种极限状态

1. 承载能力极限状态

(1) 支护结构构件或连接因超过材料强度而破坏，或因过度变形而不适于继续承受荷载，或出现压屈、局部失稳。

(2) 支护结构及土体整体滑动。

(3) 坑底土体隆起而丧失稳定。

(4) 对支挡式结构，坑底土体丧失嵌固能力而使支护结构推移或倾覆。

(5) 对锚拉式支挡结构或土钉墙，土体丧失对锚杆或土钉的锚固能力。

(6) 重力式水泥土墙整体倾覆或滑移。

(7) 重力式水泥土墙、支挡式结构因其持力土层丧失承载能力而破坏。

(8) 地下水渗流引起的土体渗透破坏。

2. 正常使用极限状态

(1) 造成基坑周边建(构)筑物、地下管线、道路等损坏或产生影响其正常使用的支护结构位移。

(2) 因地下水位下降、地下水渗流或施工因素而造成基坑周边建(构)筑物、地下管线、道路等损坏或产生影响其正常使用的土体变形。

(3) 影响主体地下结构正常施工的支护结构位移。

(4) 影响主体地下结构正常施工的地下水渗流。

6.1.6　基坑工程的设计和安全等级

根据场地地质条件的复杂程度、对周边环境保护要求、基坑的规模等因素划分基坑工程的设计等级，以确定不同等级基坑的设计要求。

基坑工程的设计等级如表 6.1 所示。

表 6.1　基坑工程设计等级

设计等级	建筑和地基类型
甲级	位于复杂地质条件及软土地区的二层及二层以上地下室的基坑工程； 开挖深度大于 15m 的基坑工程； 周边环境条件复杂、环境保护要求高的基坑工程
乙级	除甲级、丙级以外的基坑工程
丙级	非软土地区且场地地质条件简单，基坑周边环境条件简单、环境保护要求不高且基坑开挖深度小于 5.0m 的基坑工程

《建筑地基基础设计规范》(GB 50007—2011)规定，所有支护结构设计均应满足强度和变形计算以及土体稳定性验算的要求；设计等级为甲级、乙级的基坑工程，应进行因土方开挖、降水引起的基坑四周变形的计算；高地下水位地区设计等级为甲级的基坑工程，应进行地下水控制的专项设计。

基坑支护设计时，应综合考虑基坑周边环境和地质条件的复杂程度、基坑深度等因素，根据支护结构失效、土体过大变形对基坑周边环境或主体结构施工安全的影响程度，按表 6.2 采用支护结构的安全等级。对同一基坑的不同部位，可采用不同的安全等级。

表 6.2　基坑支护结构的安全等级

安全等级	破坏后果	适用范围
一级	很严重	有特殊安全要求的支护结构
二级	严重	重要的支护结构
三级	不严重	一般的支护结构

6.1.7　基坑周边环境条件

基坑工程设计与施工时，应使基坑支护结构保证基坑的安全，并满足基坑周边环境的保护要求。基坑周边典型的环境条件如图 6.1 所示。基坑工程设计时，应按环境保护对象的重要性及其与基坑的距离，规定基坑变形设计计算的控制指标——支护结构最大侧移及坑外地面沉降，并根据环境保护对象的重要性及功能要求，确定其变形控制参数。

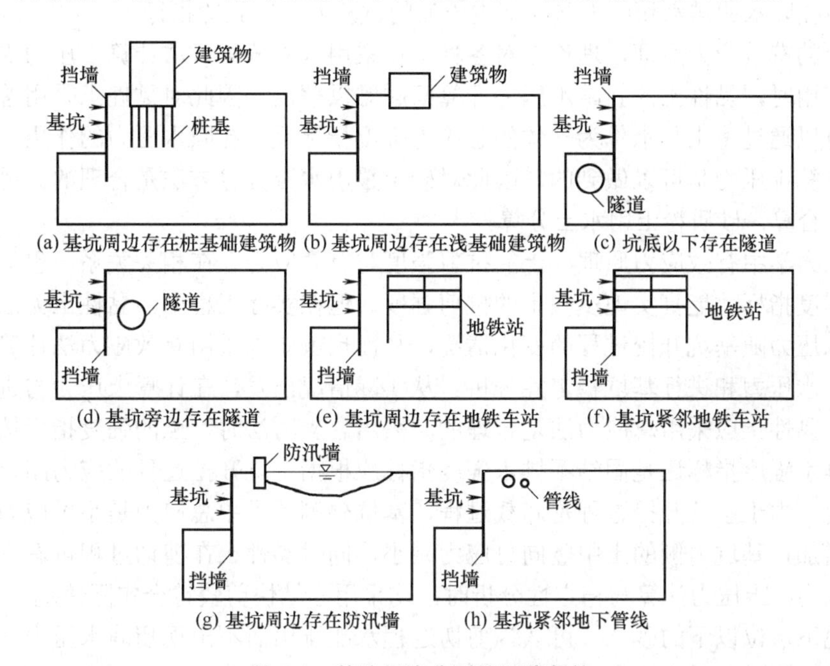

图 6.1　基坑周边典型的环境条件

6.1.8　土压力、水压力计算方法及土的抗剪强度指标取用

《建筑基坑支护技术规程》(JGJ 120—2012)规定了土压力及水压力计算、土的各类稳定性验算时，土、水压力的分算、合算方法及相应的土的抗剪强度指标取用类别。

(1) 对地下水位以上的黏性土、黏质粉土，土的抗剪强度指标应采用三轴固结不排水抗剪强度指标 c_{cu}、φ_{cu} 或直剪固结快剪强度指标 c_{cq}、φ_{cq}，对地下水位以上的砂质粉土、砂土、碎石土，土的抗剪强度指标应采用有效应力强度指标 c'、φ'。

(2) 对地下水位以下的黏性土、黏质粉土，可采用土压力、水压力合算方法。此时，对正常固结和超固结土，土的抗剪强度指标应采用三轴固结不排水抗剪强度指标 c_{cu}、φ_{cu} 或直剪固结快剪强度指标 c_{cq}、φ_{cq}；对欠固结土，宜采用有效自重压力下预固结的三轴不固结不

排水抗剪强度指标 c_{uu}、φ_{uu}。

(3) 对地下水位以下的砂质粉土、砂土和碎石土，应采用土压力、水压力分算方法。此时，土的抗剪强度指标应采用有效应力强度指标 c'、φ'；对砂质粉土，缺少有效应力强度指标时，也可采用三轴固结不排水抗剪强度指标 c_{cu}、φ_{cu} 或直剪固结快剪强度指标 c_{cq}、φ_{cq} 代替；对砂土和碎石土，有效应力强度指标 φ' 可根据标准贯入试验实测击数和水下休止角等物理力学指标取值；土压力、水压力采用分算方法时，水压力可按静水压力计算；当地下水渗流时，宜按渗流理论计算水压力和土的竖向有效应力；当存在多个含水层时，应分别计算各含水层的水压力。

(4) 有可靠的地方经验时，土的抗剪强度指标尚可根据室内、原位试验得到的其他物理力学指标，按经验方法确定。

土的抗剪强度指标随排水、固结条件及试验方法的不同有多种类型的参数，不同试验方法做出的抗剪强度指标的结果差异很大，计算和验算时不能任意取用，应采用与基坑开挖过程土中孔隙水的排水和应力路径基本一致的试验方法得到的指标。

根据土的有效应力原理，理论上对各种土均采用水土分算方法计算土压力更合理，但实际工程应用时，黏性土的孔隙水压力计算问题难以解决，因此对黏性土采用总应力法更为实用，可以通过将土与水作为一体的总应力强度指标反映孔隙水压力的作用。砂土采用水土分算计算土压力是可以做到的，因此对砂土采用水土分算方法是合理的。另外，黏质粉土用水土合算，砂质粉土用水土分算。

根据土力学中有效应力原理，土的抗剪强度与有效应力存在相关关系，也就是说只有有效抗剪强度指标才能真实地反映土的抗剪强度。但在实际工程中，黏性土无法通过计算得到孔隙水压力随基坑开挖过程的变化情况，从而也就难以采用有效应力法计算支护结构的土压力、水压力和进行基坑稳定性分析。从实际情况出发，在计算土压力与进行土的稳定分析时，黏性土应采用总应力法是合理的。采用总应力法时，土的强度指标按排水条件是采用不排水强度指标还是固结不排水强度指标应根据基坑开挖过程的应力路径和实际排水情况确定。由于基坑开挖过程是卸载过程，基坑外侧的土中总应力是小主应力减小，大主应力不增加，基坑内侧的土中竖向总应力减小，同时黏性土在剪切过程可看作是不排水的。因此认为，土压力计算与稳定性分析时，均采用固结快剪较符合实际情况。

对于地下水位以下的砂土，可认为剪切过程水能排出而不出现超静水压力。对静止地下水，孔隙水压力可按水头高度计算。所以，采用有效应力方法并取相应的有效强度指标较为符合实际情况，但砂土难以用三轴剪切试验与直接剪切试验得到原状土的抗剪强度指标，要通过其他方法测得。

支护结构设计时，应根据工程经验分析判断计算参数取值和计算分析结果的合理性。

6.2 基坑支护结构的类型

基坑开挖是否采用支护结构，采用何种支护结构，应根据基坑周边环境、地下结构的条件、基坑开挖深度、工程地质和水文地质条件、施工条件、施工季节、地区工程经验等通过经济、技术、环境综合分析比较确定。

基坑支护结构体系一般包括两个部分，即挡土结构和降水止水体系。桩、墙式支护结构常采用钢板桩、钢筋混凝土板桩、柱列式灌注桩、地下连续墙等。根据土质条件及基坑规模，可以设计成悬臂式、内支撑式或锚拉式。重力式支护结构多采用水泥土搅拌桩挡墙、土钉墙等。当支护结构不能起到止水作用时，可同时设置止水帷幕或采用坑外降水，以达到控制地下水的目的，使基坑土方工程可在干作业条件下开挖。

6.2.1　基坑支护结构的分类

1. 桩、墙式支护结构

柱列桩、板桩、地下连续墙等均属此类，支护桩、墙插入坑底土中一定深度(一般插入至较坚硬土层)，上部悬臂或设置锚撑体系，形成一梁式锚、撑受力构件。其结构计算简图，可将支护桩、墙简化成在土压力作用下的一静定梁或超静定梁，或按插入土中的竖向弹性地基梁求解。

此类支护结构应用广泛，适用性强，易于控制支护结构变形，尤其适用于开挖深度较大的深基坑，并能适应各种复杂的地质条件，设计计算理论较为成熟，各地区的工程经验也较多，是深基坑工程中经常采用的主要结构形式。

2. 实体重力式支护结构

水泥土搅拌桩挡墙、高压旋喷桩挡墙等类似重力式挡墙。此类支护结构截面尺寸较大，依靠实体墙身的重力起挡土作用。墙身也可设计成格构式或阶梯形等多种形式，无锚拉或内支撑系统，土方开挖施工方便。墙身主要承受压力，一般不承受拉力，按重力式挡墙的设计原则计算。土质条件较差时，基坑开挖深度不宜过大。其适用于小型基坑工程。土质条件较好时，水泥土搅拌工艺使用受限制。各地已有大量应用实体重力式支护结构的工程经验。

3. 组合式支护结构

按场地、地质及环境条件的不同，尚可采用多种形式组合的支护结构，例如桩、墙式支护结构与土钉墙或重力式支护结构结合，以及与岩石锚杆组合而形成组合式支护结构。

6.2.2　常用的支护结构形式

图 6.2～图 6.8 所示为常用的各种支护结构示意图。《建筑基坑支护技术规程》(JGJ 120—2012)规定，支护结构按表 6.3 选型，实际工程设计时常用的基坑支护结构类型可按表 6.4 选用。

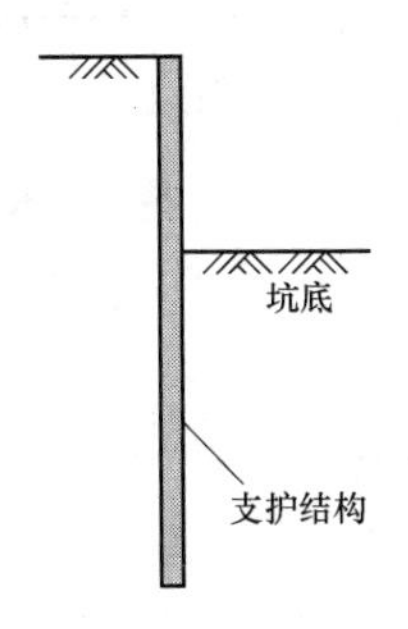

图 6.2　悬臂式支护结构

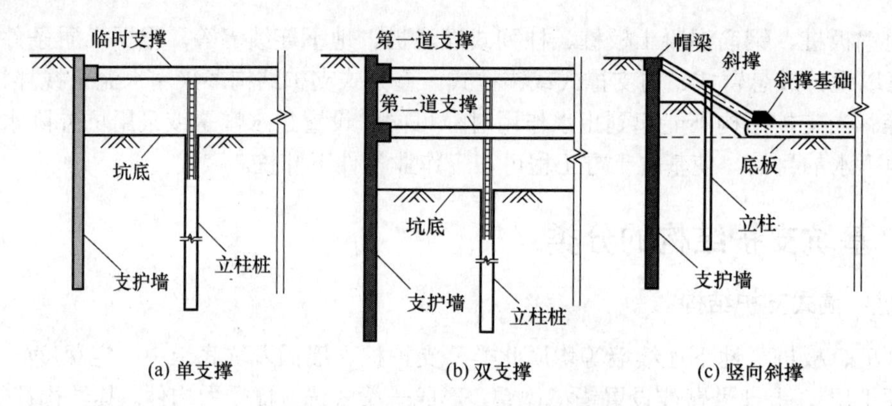

图 6.3　内支撑式支护结构示意图

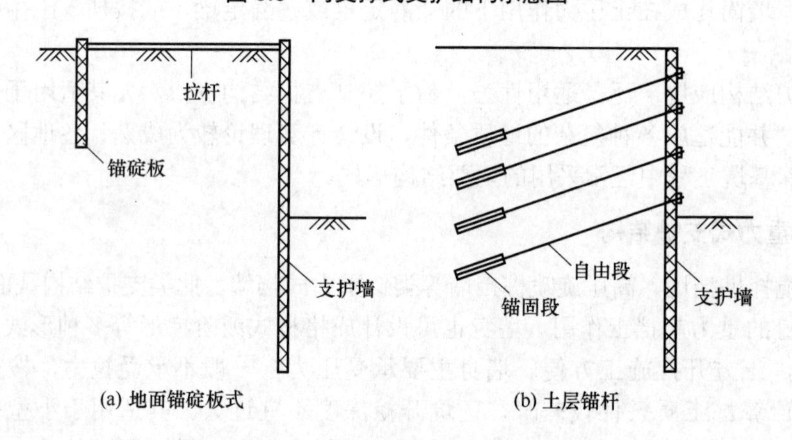

图 6.4　锚拉式支护结构示意图

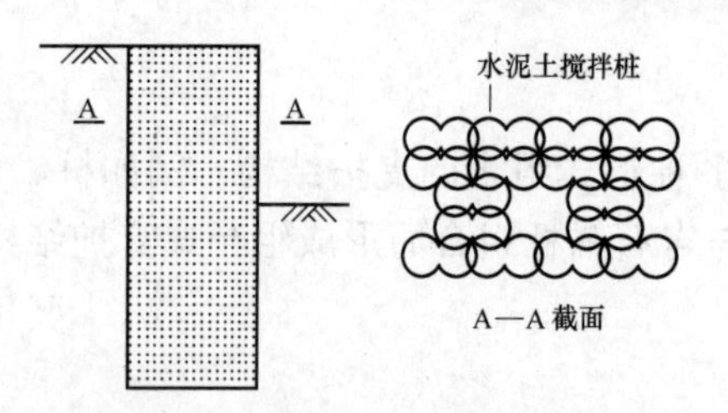

图 6.5　水泥土重力式支护结构示意图

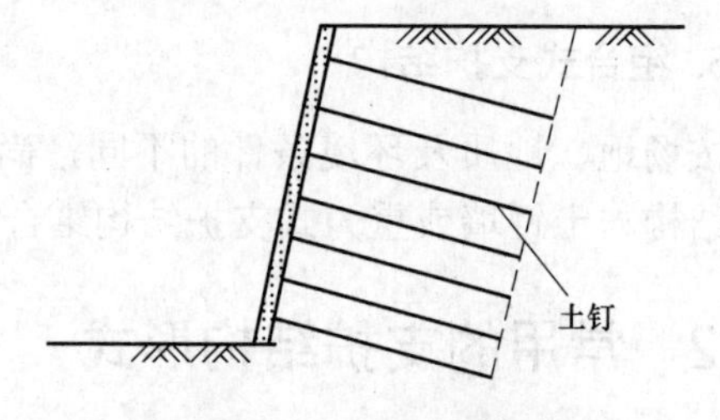

图 6.6　土钉支护示意图

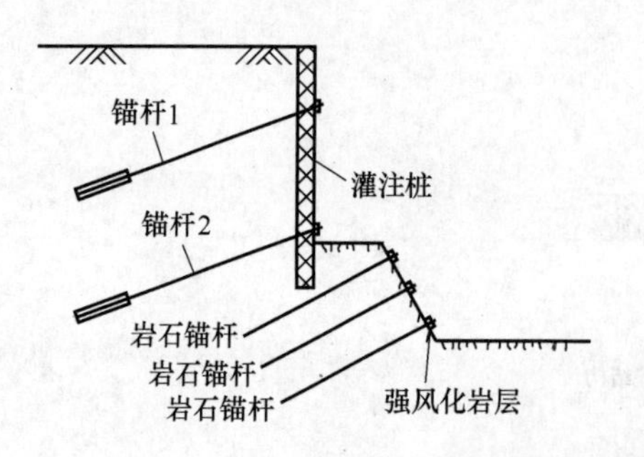

图 6.7　灌注桩、土(岩)层锚杆组合支护示意图

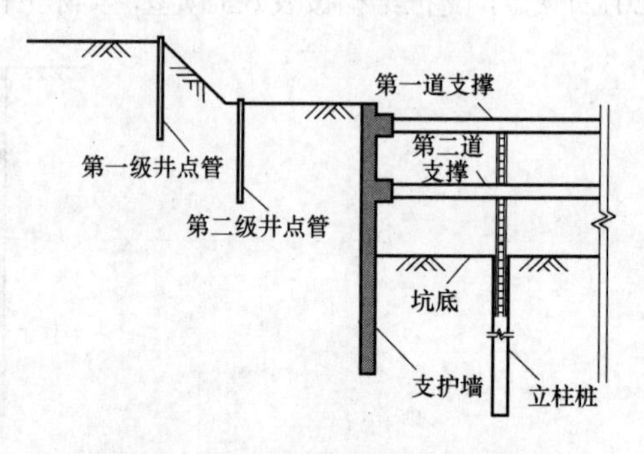

图 6.8　软土地区基坑支护示意图

表 6.3　各类支护结构的适用条件

<table>
<tr><th colspan="2" rowspan="2">结构类型</th><th colspan="3">适用条件</th></tr>
<tr><th>安全等级</th><th colspan="2">基坑深度、环境条件、土类和地下水条件</th></tr>
<tr><td rowspan="5">支挡式结构</td><td>锚拉式结构</td><td rowspan="5">一级
二级
三级</td><td>适用于较深的基坑</td><td rowspan="5">(1) 排桩适用于可采用降水或截水帷幕的基坑
(2) 地下连续墙宜同时用作主体地下结构外墙，可同时用于截水
(3) 锚杆不宜用在软土层和高水位的碎石土、砂土层中
(4) 当邻近基坑有建筑物地下室、地下构筑物等，锚杆的有效锚固长度不足时，不应采用锚杆
(5) 当锚杆施工会造成基坑周边建(构)筑物的损害或违反城市地下空间规划等规定时，不应采用锚杆</td></tr>
<tr><td>支撑式结构</td><td>适用于较深的基坑</td></tr>
<tr><td>悬臂式结构</td><td>适用于较浅的基坑</td></tr>
<tr><td>双排桩</td><td>当锚拉式、支撑式和悬臂式结构不适用时，可考虑采用双排桩</td></tr>
<tr><td>支护结构与主体结构结合的逆做法</td><td>适用于基坑周边环境条件很复杂的深基坑</td></tr>
<tr><td rowspan="4">土钉墙</td><td>单一土钉墙</td><td rowspan="4">二级
三级</td><td>适用于地下水位以上或降水的非软土基坑，且基坑深度不宜大于 12m</td><td rowspan="4">当基坑潜在滑动面内有建筑物、重要地下管线时，不宜采用土钉墙</td></tr>
<tr><td>预应力锚杆复合土钉墙</td><td>适用于地下水位以上或降水的非软土基坑，且基坑深度不宜大于 15m</td></tr>
<tr><td>水泥土桩复合土钉墙</td><td>用于非软土基坑时基坑深度不宜大于 12m；用于淤泥质土基坑时基坑深度不宜大于 6m；不宜用在高水位的碎石土、砂土层中</td></tr>
<tr><td>微型桩复合土钉墙</td><td>适用于地下水位以上或降水的基坑，用于非软土基坑时基坑深度不宜大于 12m，用于淤泥质土基坑时基坑深度不宜大于 6m</td></tr>
<tr><td colspan="2">重力式水泥土墙</td><td>二级
三级</td><td colspan="2">适用于淤泥质土、淤泥基坑，且基坑深度不宜大于 7m</td></tr>
<tr><td colspan="2">放坡</td><td>三级</td><td colspan="2">(1) 施工场地满足放坡条件
(2) 放坡与上述支护结构形式结合</td></tr>
</table>

表 6.4　基坑支护结构的类型及适用条件

序号	支护结构类型	适用条件及注意事项
1	放坡开挖	基坑周边场地允许； 邻近基坑边无重要建筑物或地下管线； 开挖深度超过 4～5m 时，宜采用分级放坡； 地下水位较高或单一放坡不满足基坑稳定性要求时，宜采用深层搅拌桩、高压喷射注浆桩等措施进行截水或挡土； 对基坑土体水平位移控制要求较高，或饱和软黏土中，一般不宜采用此法开挖
2	水泥土重力式挡墙	基坑周边不具备放坡条件，但具备重力式挡墙的施工宽度。 邻近基坑周边无重要建筑物或地下管线； 土层较差且厚度较大时，特别是软塑或流塑土层，可选择水泥上重力式挡土结构 设计与施工时应确保重力式挡土结构的整体性； 对基坑周边土体水平位移控制要求较高时不应采用此法； 一般开挖深度小于 6m； 要注意整体稳定性的计算
3	悬臂式排桩支护结构	基坑周围不具备放坡或施工重力式挡土墙的宽度； 开挖深度不大，或邻近基坑边无建筑物及地下管线，可选用此结构；采用的桩型包括人工挖孔桩、灌注桩、钢筋混凝土板桩和钢板桩等； 预计变形较大时可选用双排桩； 土质好时，可加大开挖深度，要注意地下水控制； 对基坑周边土体水平位移控制要求较高时不宜采用此法
4	排桩式挡土结构(有支撑、锚)	基坑周围施工场地狭小、邻近基坑周边有建筑物或地下管线需要保护； 基坑平面尺寸较小，或邻近基坑边有深基础建筑物，或基坑用地红线以外不允许占用地下空间，可选择内支撑排桩式支护形式； 基坑周边土层较好，且邻近基坑边无深基础建筑物，或基坑用地红线以外允许占用地下空间，可选择锚杆排桩式支护形式； 内支撑的构件常用钢筋混凝土或组合型钢，对于平面尺寸较大、形状比较复杂和环境保护要求较严格的基坑，宜采用现浇混凝土支撑结构； 在软土地区的基坑支护，优先考虑内支撑； 注意做好地下水的控制工作
5	墙式挡土结构(有支撑、锚)	基坑周围施工场地狭小，邻近基坑边有建筑物或地下管线需要保护； 地下连续墙宜考虑兼作地下室外墙永久结构的全部或一部分使用； 地下连续墙可结合逆作法或半逆作法施工； 可广泛用于开挖深度大、土体变形控制要求严格的基坑工程

续表

序号	支护结构类型	适用条件及注意事项
6	土钉墙	土层在地下水以下或可塑软弱土层不宜采用土钉支护； 土钉支护不宜用于对基坑周边土体变形有严格要求的基坑支护工程； 应特别注意相邻建筑物及地下管线因变形而引起的不良后果； 注意验算整体稳定性； 遇到较深软弱土层时，可将预应力锚杆与土钉混合使用； 开挖深度不宜大于12m，预应力锚杆复合土钉墙基坑开挖深度不宜大于15m
7	组合式支护结构	单一支护结构形式难以满足工程或经济要求时，可考虑组合式支护结构； 应根据具体工程条件和要求，确定能充分发挥所选结构单元特长的最佳组合形式； 应考虑各结构单元之间的变形协调问题，采取有效的构造措施，保证支护结构的整体性
8	大型内支撑(包括环形支撑等)桩墙支护结构	基坑周围有相邻重要建(构)筑物； 地下水水位较高时，应设止水结构； 基坑尺寸较大，基坑平面尺寸规则； 地基土质较软弱
9	基坑工程逆做法	按施工顺序可采用全逆作法、半逆作法或部分逆作法； 较深基坑或对周边变形有严格要求的基坑； 逆做法为立体交叉作业，应预先做好施工组织方案； 以地下室的梁板做支撑，自上而下施工，挡土结构变形小，节省临时支护结构； 节点处理较困难
10	支护结构与坑内土质加固	邻近有重要建筑物或地下结构需要保护； 被动区土质差，或可能发生管涌、滑动等失稳； 根据施工条件，可选择注浆法、喷射注浆、深层搅拌法等加固坑内被动区土体； 应通过计算分析比较后确定加固区深度与宽度

6.3　放坡开挖

《建筑基坑支护技术规程》(JGJ 120—2012)规定，放坡开挖适用于基坑支护结构安全等级为三级、施工场地满足放坡条件的情况，并且可与其他支护结构形式结合。

当条件允许时，放坡开挖是最为经济和快捷的基坑开挖方法，采用这种开挖方法需要满足下列条件：首先是土质条件，它适用于一般黏性土或粉土、密实碎石土和风化岩石等情况。其次是地下水条件，它适用于地下水位较低，或者采用人工降水措施的情况。第三是场地具有可放坡的空间，也要求基坑周围有堆放土料、机具的空间和交通道路，并且放坡对相邻建筑不会产生不利影响。

对于基坑深度范围内为密实碎石土、黏性土、风化岩石或其他良好土质，并且基坑较浅，也可竖直开挖。这种无支护的竖直开挖可认为是放坡开挖的一种特例。

放坡开挖可以单独使用，也经常与各种支护结构相结合。例如，基坑上部放坡开挖，下部采用土钉墙、排桩等支护开挖，如图 6.9 所示；也可在基坑一侧或一部分采用放坡开挖，其余采用支护开挖。

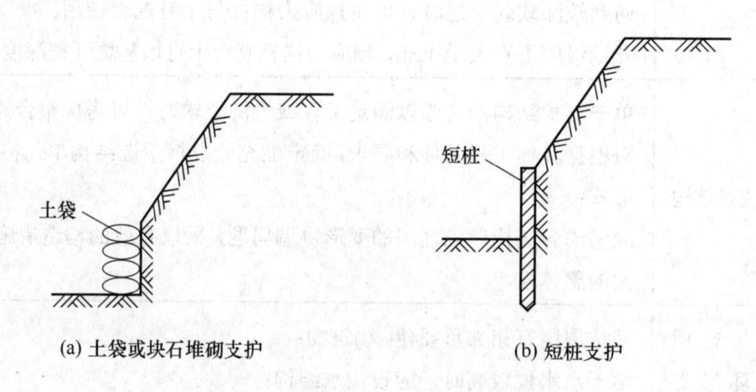

图 6.9　基坑上部放坡，下部支护

为了防止边坡的岩土风化剥落及降雨冲刷，可对放坡开挖的坡面实行保护，如水泥抹面、铺设土工膜、喷射混凝土护面、砌石等。有时在坡脚采用一定的防护措施。对于有上层滞水的情况，坡面应采用一定排水措施。为了防止周围雨水渗入和沿坡面流入基坑，可在基坑周围地面设排水沟、挡水堤等，也可在周围地面抹砂浆。

放坡坡率可参考表 6.5 和表 6.6。对于深度大于 5m 的基坑，可分级开挖，并设分级平台；边坡可按上陡下缓的原则设计。由于基坑的开挖常常是在非饱和的黏性土中进行，原状土的结构性强度和非饱和土的吸力可对地基土提供可观的附加抗剪强度。又由于基坑是临时工程，如果施工速度快，实践中常采用比表 6.5 和表 6.6 内规定更陡的坡度，甚至直立边坡开挖。但是一旦降雨、浸水或者施工拖延，会引起边坡坍落。

表 6.5　岩石边坡坡率

岩土类别	风化程度	坡度容许值(高宽比)	
		坡高在 8m 以内	坡高 8～15m
硬质岩石	微风化	1∶0.10～1∶0.20	1∶0.20～1∶0.35
	中等风化	1∶0.20～1∶0.35	1∶0.35～1∶0.50
	强风化	1∶0.35～1∶0.50	1∶0.50～1∶0.75
软质岩石	微风化	1∶0.35～1∶0.50	1∶0.50～0.75
	中等风化	1∶0.50～1∶0.75	1∶0.75～1∶1.00
	强风化	1∶0.75～1∶1.00	1∶1.00～1∶1.25

表 6.6　土质边坡坡率

土的类别	密实度或状态	坡度容许值（高宽比）	
		坡高在 5m 以内	坡高 5～10m
碎石土	密实	1∶0.35～1∶0.50	1∶0.50～1∶0.75
	中密	1∶0.50～1∶0.75	1∶0.75～1∶1.00
	稍密	1∶0.75～1∶1.00	1∶1.00～1∶1.25
粉土	饱和度 $S_r \leqslant 0.5$	1∶1.00～1∶1.25	1∶1.25～1∶1.50
粉质黏土	坚硬	1∶0.75	
	硬塑	1∶1.00～1∶1.25	
	可塑	1∶1.25～1∶1.50	
黏土	坚硬	1∶0.75～1∶1.00	1∶1.00～1∶1.25
	硬塑	1∶1.00～1∶1.25	1∶1.25～1∶1.50
花岗岩残积黏性土	硬塑	1∶0.75～1∶1.10	
	可塑	1∶0.85～1∶1.25	
杂填土	中密或密实的建筑垃圾	1∶0.75～1∶1.00	
砂土		1∶1.00（或自然休止角）	

6.4　土钉墙与锚喷支护

6.4.1　土钉墙

《建筑基坑支护技术规程》(JGJ 120—2012)规定，土钉墙适用于基坑支护结构安全等级为二、三级，基坑深度不大于 12m，地下水位以上或经降水处理的情况，当基坑潜在滑动面内有建筑物、重要地下管线时，不宜采用土钉墙。

20 世纪 70 年代初期，土钉墙支护技术出现在法国，主要用于公路和铁路的边坡施工，后来德国、美国、加拿大和英国先后将其用于基坑工程中。我国于 20 世纪 90 年代在较浅的基坑开挖时开始应用这种技术。由于与此前广泛使用的地下连续墙和排桩相比，这种支护方法造价低廉，施工快捷，成为目前应用最广的基坑支护形式之一。同时各国也相应开展了施工工艺、加筋机理和设计计算方面的研究，成为岩土工程中一个重要的课题。由于土钉在土中全长注浆与周围土体黏结，加筋机理可以改善土体的力学性质，提高基坑壁的强度和稳定性。

1. 土钉墙支护结构

土钉墙支护是由较密排列的土钉体、钢筋网喷射混凝土面层及排水系统所构成的一种支护。

土钉是主要的受力构件。常用的土钉有钻孔注浆土钉、击入式土钉。前者先钻孔，然后置入变形钢筋，最后沿全长注浆；后者多用角钢、圆钢或钢管，振动冲击、液压锤击、高压喷射和气动射击等方式击入。土钉外侧端部要采用焊接或旋固于混凝土面层内的钢筋网上。土钉长度宜为开挖深度的0.5～1.2倍，与水平方向俯角宜为5°～20°。

面层由喷射混凝土、纵横主筋、网筋构成。喷射混凝土面层的厚度一般大于80mm，网筋直径一般为6～10mm，间距多为150～300mm，坡面上下的网筋搭接，纵横主筋一般采用16 mm螺纹钢，间距与土钉间距相同。钢筋网可为单层或双层。土钉墙的喷射混凝土面层中一般应设排水孔，有时可将排水孔向上斜插入含水土层，以利于排水。

基坑侧壁一般开挖成一定的斜坡，通常不陡于1∶0.1。但是由于城市地价昂贵，也有很多采用竖直开挖的情况，所以倾角常常为0°～25°。土钉墙顶应做砂浆或混凝土抹面护顶。

土钉全孔注浆，不施加预应力，而钢筋与土的变形模量相差很大，因而只有土体与土钉间发生一定的相对位移，土与砂浆、砂浆与钢筋界面间的黏结力和摩擦力才会产生，土钉才会起到加筋作用，其基坑侧壁的位移及基坑周围地面的沉降将是比较大的，当周边有重要建(构)筑物时不宜使用土钉墙支护。

土钉墙支护适用于一般黏性土、粉土、杂填土和素填土、非松散的砂土、碎石土等，但不太适用于有较大粒径的卵石、碎石层，因为在这种土层钻(掏)孔比较困难。它也不适用于饱和的软黏土场地。对基坑底在地下水位以下的情况，应采用降水措施。特别值得注意的是，当有上层滞水，上、下水道漏水，或有积水的化粪池、古井、防空洞等情况时，常会引起土钉墙局部坍陷，应查清水的来源和分布，妥善处理。

2. 土钉墙稳定性验算

《建筑基坑支护技术规程》(JGJ 120—2012)规定，应采用圆弧滑动条分法对土钉墙支护基坑开挖的各工况进行整体滑动稳定性验算，计算公式为(图6.10)

$$\min\{K_{s,1},K_{s,2},\cdots,K_{s,i},\cdots\}\geqslant K_s \tag{6.1}$$

$$K_{s,i}=\frac{\sum[c_j l_j+(q_j b_j+\Delta G_j)\cos\theta_j\tan\varphi_j]+\sum R'_{k,k}[\cos(\theta_k+\alpha_k)+\psi_v]/s_{x,k}}{\sum(q_j l_j+\Delta G_j)\sin\theta_j} \tag{6.2}$$

式中：K_s——圆弧滑动整体稳定安全系数，安全等级为二级、三级的土钉墙，K_s分别不应小于1.3、1.25；

$K_{s,i}$——第i个滑动圆弧的抗滑力矩与滑动力矩的比值，抗滑力矩与滑动力矩之比的最小值宜通过搜索不同圆心及半径的所有潜在滑动圆弧确定；

c_j、φ_j——第j土条滑弧面处土的黏聚力、内摩擦角；

b_j——第j土条的宽度；

q_j——作用在第j土条上的附加分布荷载标准值；

ΔG_j——第j土条的自重，按天然重度计算；

θ_j——第j土条滑弧面中点处的法线与垂直面的夹角；

$R'_{k,k}$——第k层土钉或锚杆对圆弧滑动体的极限拉力值，应取土钉或锚杆在滑动面以外的锚固体极限抗拔承载力标准值与杆体受拉承载力标准值($f_{yk}A_s$或$f_{ptk}A_p$)的较小值，锚固体的极限抗拔承载力应按相应规定计算，但锚固段应取圆弧滑动面以外的长度；

α_k——第 k 层土钉或锚杆的倾角；

θ_k——滑弧面在第 k 层土钉或锚杆处的法线与垂直面的夹角；

$s_{x,k}$——第 k 层土钉或锚杆的水平间距；

ψ_v——计算系数，可取 $\psi_v = 0.5\sin(\theta_k + \alpha_k)\cdot\tan\varphi$ ，φ_k 为第 k 层土钉或锚杆与滑弧交点处土的内摩擦角。

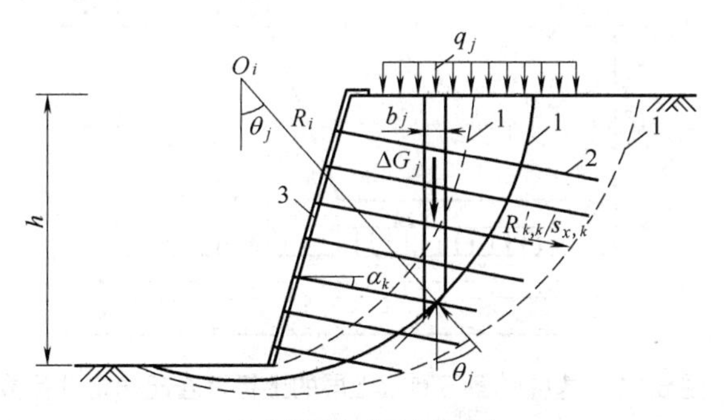

(a) 土钉墙在地下水位以上

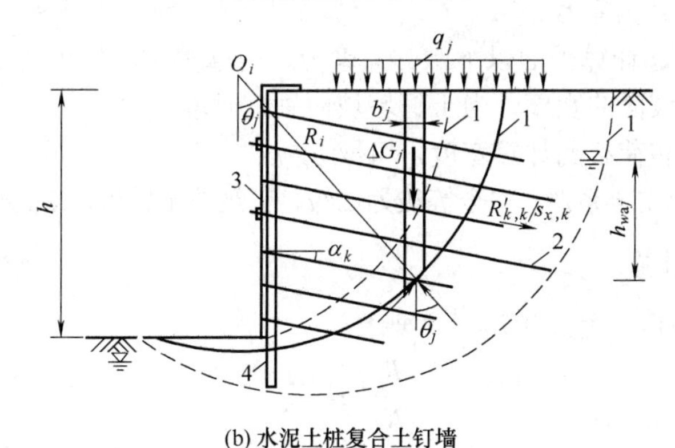

(b) 水泥土桩复合土钉墙

图 6.10　土钉墙整体稳定性验算

1—滑动面；2—土钉或锚杆；3—喷射混凝土面层；4—水泥土桩或微型桩

基坑底面下有软土层的土钉墙结构应按下列公式进行坑底隆起稳定性验算(图 6.11)：

$$\frac{\gamma_{m2}DN_q + cN_c}{(q_1b_1 + q_2b_2)/(b_1 + b_2)} \geqslant K_{he} \tag{6.3}$$

$$N_q = e^{\pi\tan\varphi}\cdot\tan^2\left(45^\circ + \frac{\varphi}{2}\right) \tag{6.4}$$

$$N_c = (N_q - 1)/\tan\varphi \tag{6.5}$$

$$q_1 = 0.5\gamma_{m1}h + \gamma_{m2}D \tag{6.6}$$

$$q_2 = \gamma_{m1}h + \gamma_{m2}D + q_0 \tag{6.7}$$

式中：q_0——地面均布荷载；

γ_{m1}——基坑底面以上土的重度，对多层土取各层土按厚度加权的平均重度；

h——基坑深度；

γ_{m2}——基坑底面至抗隆起计算平面之间土层的重度，对多层土取各层土按厚度加权的平均重度；

D——基坑底面至抗隆起计算平面之间土层的厚度，当抗隆起计算平面为基坑底平面时取 D 等于 0；

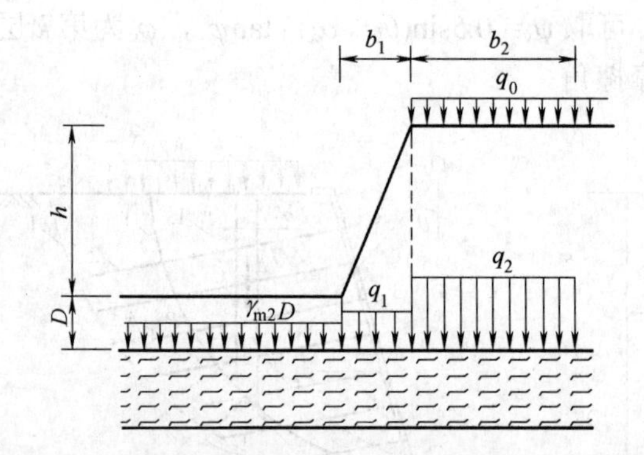

图 6.11　基坑底面下有软土层的土钉墙隆起稳定性验算

N_c，N_q——承载力系数；

c，φ——抗隆起计算平面以下土的黏聚力、内摩擦角，按第 6.1.8 节取值；

b_1——土钉墙坡面的宽度，当土钉墙坡面垂直时取 $b_1=0$；

b_2——地面均布荷载的计算宽度，可取 $b_2=h$；

K_{he}——抗隆起安全系数，安全等级为二级、三级的土钉墙，K_{he} 分别不应小于 1.6、1.4。

3. 土钉承载力计算

单根土钉的抗拔承载力应满足下式要求：

$$\frac{R_{k,j}}{N_{k,j}} \geqslant K_t \tag{6.8}$$

式中：K_t——土钉抗拔安全系数，安全等级为二级、三级的土钉墙，K_t 分别不应小于 1.6、1.4；

$N_{k,j}$——第 j 层土钉的轴向拉力标准值，应按式(6.9)确定；

$R_{k,j}$——第 j 层土钉的极限抗拔承载力标准值，应按式(6.13)确定。

单根土钉的轴向拉力标准值可按下式计算：

$$N_{k,j} = \frac{1}{\cos\alpha_j}\zeta\,\eta_j\,p_{ak,j}\,s_{xj}\,s_{zj} \tag{6.9}$$

式中：$N_{k,j}$——第 j 层土钉的轴向拉力标准值；

α_j——第 j 层土钉的倾角；

ζ ——墙面倾斜时的主动土压力折减系数，可按式(6.10)确定；

η_j——第 j 层土钉轴向拉力调整系数，可按公式(6.11)计算；

$p_{ak,j}$——第 j 层土钉处的主动土压力强度标准值；

s_{xj}——土钉的水平间距；

s_{zj}——土钉的垂直间距。

坡面倾斜时的主动土压力折减系数 ζ 可按下式计算：

$$\zeta = \tan\frac{\beta-\varphi_m}{2}\cdot\frac{\dfrac{1}{\tan\dfrac{\beta+\varphi_m}{2}}-\dfrac{1}{\tan\beta}}{\tan^2\left(45^\circ-\dfrac{\varphi_m}{2}\right)} \tag{6.10}$$

式中：ζ ——主动土压力折减系数；

β ——土钉墙坡面与水平面的夹角；

φ_m——基坑底面以上各土层按土层厚度加权的内摩擦角平均值。

土钉轴向拉力调整系数η_j可按下列公式计算：

$$\eta_j = \eta_a - (\eta_a - \eta_b)\frac{z_j}{h} \tag{6.11}$$

$$\eta_a = \frac{\sum_{i=1}^{n}(h-\eta_b z_j)\Delta E_{aj}}{\sum_{i=1}^{n}(h-z_j)\Delta E_{aj}} \tag{6.12}$$

式中：η_j——土钉轴向拉力调整系数；

z_j——第 j 层土钉至基坑顶面的垂直距离；

h——基坑深度；

ΔE_{aj}——作用在以 s_{xj}、s_{zj} 为边长的面积内的主动土压力标准值；

η_a——计算系数；

η_b——经验系数，可取 0.6～1.0；

n——土钉层数。

单根土钉的极限抗拔承载力应通过抗拔试验确定，单根土钉的极限抗拔承载力标准值可按下式估算，但应通过土钉抗拔试验进行验证：

$$R_{k,j} = \pi d_j \sum q_{sik} l_i \tag{6.13}$$

式中：$R_{k,j}$——第 j 层土钉的极限抗拔承载力标准值；

d_j——第 j 层土钉的锚固体直径，对成孔注浆土钉按成孔直径计算，对打入钢管土钉按钢管直径计算；

q_{sik}——第 j 层土钉在第 i 层土的极限黏结强度标准值，应由土钉抗拔试验确定，无试验数据时可根据工程经验并结合表 6.7 取值；

l_i——第 j 层土钉在滑动面外第 i 土层中的长度，计算单根土钉极限抗拔承载力时取图 6.12 所示的直线滑动面，直线滑动面与水平面的夹角取 $(\beta+\varphi_m)/2$。

表 6.7　土钉的极限黏结强度标准值

土的名称	土的状态	q_{sk}/kPa	
		成孔注浆土钉	打入钢管土钉
素填土		15～30	20～35
淤泥质土		10～20	15～25

续表

土的名称	土的状态	q_{sk} /kPa	
		成孔注浆土钉	打入钢管土钉
黏性土	$0.75<I_L\leqslant 1$	20～30	20～40
	$0.25<I_L\leqslant 0.75$	30～45	40～55
	$0<I_L\leqslant 0.25$	45～60	55～70
	$I_L\leqslant 0$	60～70	70～80
粉土		40～80	50～90
砂土	松散	35～50	50～65
	稍密	50～65	65～80
	中密	65～80	80～100
	密实	80～100	100～120

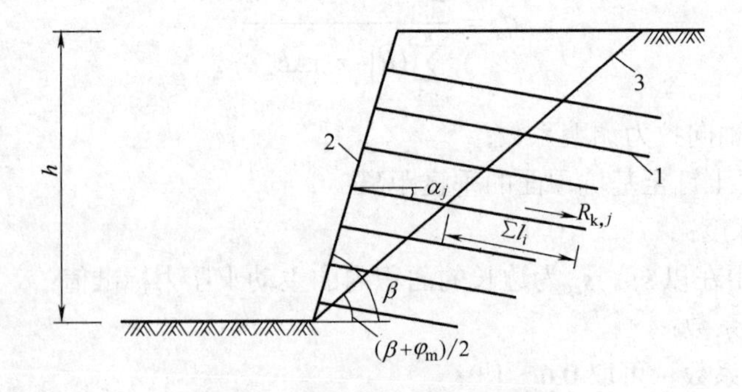

图 6.12 土钉抗拔承载力计算

1—土钉；2—喷射混凝土面层；3—滑动面

对安全等级为三级的土钉墙，可仅按式(6.13)确定单根土钉的极限抗拔承载力。当按上述各式确定的土钉极限抗拔承载力标准值 $R_{k,j}$ 大于 $f_{yk}A_s$ 时，应取 $R_{k,j}=f_{yk}A_s$。

土钉杆体的受拉承载力应符合下列规定：

$$N_j \leqslant f_y A_s \tag{6.14}$$

式中：N_j——第 j 层土钉的轴向拉力设计值；

f_y——土钉杆体的抗拉强度设计值；

A_s——土钉杆体的截面面积。

6.4.2 锚喷支护

1. 土层锚杆(索)的应用

锚杆是在岩土层中钻孔，再在孔中安放钢拉杆，并在拉杆尾部一定长度范围内注浆形成锚固体，形成抗拔锚杆。深基坑支护工程中，为增强锚杆的锚固作用，减少变形，通常采用预应力土层锚杆，土层锚杆的长度可达 30m 以上，在黏性土中最大锚固力已可达 1000kN。锚固体也可以是扩大端。锚杆通过腰梁对支护结构施加拉力。锚杆通常与设置在坑壁的钢筋网喷射混凝土层配套使用，形成锚喷支护系统，如图 6.13 所示。

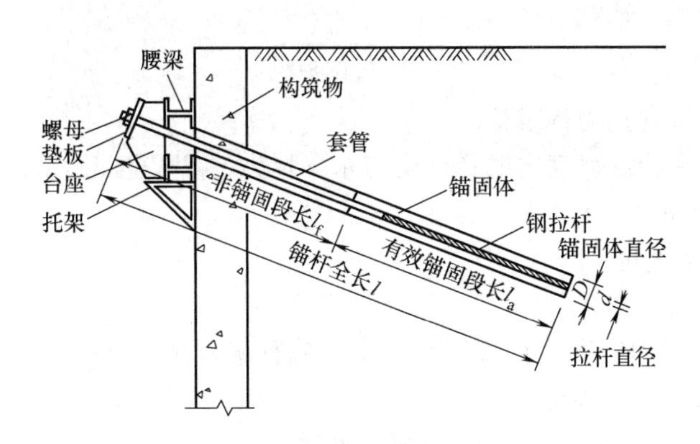

图6.13　锚杆系统构造

从表面上看，锚喷支护与土钉墙支护没有明显的区别。实际上，二者的加固机理有很大不同。土钉与土体全长黏结，而锚杆只有锚固段与土体黏结(锚固)，自由段不与土体黏结；锚固段设在土体滑裂面之外，采用压力注浆；自由段在土体滑动面之内。锚杆杆体一般选用钢绞线或精轧螺纹钢筋。锚杆一般施加预应力张拉，在墙面要设置有足够刚度与强度的腰梁以传递锚杆拉力。锚喷支护以前主要用于风化岩层的开挖，现在也常用于硬黏土、一般黏性土和粉土层，但不适用于有机土层、相对密度 $D_r < 0.3$ 的砂土层和液限含水量 $w_L >$ 50%的黏土层。锚杆上下排间距不宜小于2.5m，水平方向间距不宜小于1.5m。锚固体上覆土层厚度不宜小于4.0m，倾斜锚杆的倾角为15°～35°。

由于锚杆上施加了预应力，锚杆通过腰梁及钢筋网喷射混凝土将压力施加在墙面土体上，并锚固在墙后土体中，其基坑侧壁和地面变形较小，可用于深度在12～15m的基坑。

《建筑基坑支护技术规程》(JGJ 120—2012)对土层锚杆的应用作了如下规定。

(1) 锚拉结构宜采用钢绞线锚杆；当设计的锚杆抗拔承载力较低时，也可采用普通钢筋锚杆；当环境保护不允许在支护结构使用功能完成后锚杆杆体滞留于基坑周边地层内时，应采用可拆芯钢绞线锚杆。

(2) 在易塌孔的松散或稍密的砂土、碎石土、粉土层以及高液性指数的饱和黏性土层和高水压力的各类土层中，钢绞线锚杆、普通钢筋锚杆宜采用套管护壁成孔工艺。

(3) 锚杆注浆宜采用二次压力注浆工艺。

(4) 锚杆锚固段不宜设置在淤泥、淤泥质土、泥炭、泥炭质土及松散填土层内。

(5) 在复杂地质条件下，应通过现场试验确定锚杆的适用性。

2. 锚杆的承载力计算

锚杆的极限抗拔承载力应符合下式要求：

$$\frac{R_k}{N_k} \geqslant K_t \tag{6.15}$$

式中：K_t——锚杆抗拔安全系数，安全等级为一级、二级、三级的支护结构，K_t分别不应小于1.8、1.6、1.4；

N_k——锚杆轴向拉力标准值，按式(6.16)计算；

R_k——锚杆极限抗拔承载力标准值，按式(6.17)确定。

锚杆的轴向拉力标准值应按下式计算：

$$N_k = \frac{F_h s}{b_a \cos\alpha} \tag{6.16}$$

式中：N_k——锚杆的轴向拉力标准值；

F_h——挡土构件计算宽度内的弹性支点水平反力，参见第 6.6 节；

s——锚杆水平间距；

b_a——结构计算宽度；

α——锚杆倾角。

锚杆极限抗拔承载力应通过抗拔试验确定。锚杆极限抗拔承载力标准值也可按下式估算，但应通过抗拔试验进行验证：

$$R_k = \pi d \sum q_{ski} l_i \tag{6.17}$$

式中：d ——锚杆的锚固体直径；

l_i——锚杆的锚固段在第 i 土层中的长度，锚固段长度为锚杆在理论直线滑动面以外的长度，理论直线滑动面按图 6.13 确定；

q_{ski}——锚固体与第 i 土层之间的极限黏结强度标准值，应根据工程经验并结合表 6.8 取值。

表 6.8　锚杆的极限黏结强度标准值

土的名称	土的状态或密实度	q_{ski}/kPa	
		一次常压注浆	二次压力注浆
填土		16～30	30～45
淤泥质土		16～20	20～30
黏性土	$I_L>1$	18～30	25～45
	$0.75<I_L\leqslant1$	30～40	45～60
	$0.50<I_L\leqslant0.75$	40～53	60～70
	$0.25<I_L\leqslant0.50$	53～65	70～85
	$0<I_L\leqslant0.25$	65～73	85～100
	$I_L\leqslant0$	73～90	100～130
粉土	$e>0.90$	22～44	40～60
	$0.75\leqslant e\leqslant0.90$	44～64	60～90
	$e<0.75$	64～100	80～130
粉细砂	稍密	22～42	40～70
	中密	42～63	75～110
	密实	63～85	90～130
中砂	稍密	54～74	70～100
	中密	74～90	100～130
	密实	90～120	130～170
粗砂	稍密	80～130	100～140
	中密	130～170	170～220
	密实	170～220	220～250

续表

土的名称	土的状态或密实度	$q_{sk,i}$/kPa	
		一次常压注浆	二次压力注浆
砾砂	中密、密实	190～260	240～290
风化岩	全风化	80～100	120～150
	强风化	150～200	200～260

注：① 采用泥浆护壁成孔工艺时，应按表取低值后再根据具体情况适当折减。

② 采用套管护壁成孔工艺时，可取表中的高值。

③ 采用扩孔工艺时，可在表中数值基础上适当提高。

④ 采用二次压力分段劈裂注浆工艺时，可在表中二次压力注浆数值基础上适当提高。

⑤ 当砂土中的细粒含量超过总质量的30%时，表中数值应乘以0.75。

⑥ 对有机质含量为5%～10%的有机质土，应按表取值后适当折减。

⑦ 当锚杆锚固段长度大于16m时，应对表中数值适当折减。

当锚杆锚固段主要位于黏土层、淤泥质土层、填土层时，应考虑土的蠕变对锚杆预应力损失的影响，并应根据蠕变试验确定锚杆的极限抗拔承载力。

锚杆的非锚固段长度应按下式确定，且不应小于5.0m(图6.14)：

$$l_f \geqslant \frac{(a_1 + a_2 - d\tan\alpha)\cdot\sin\left(45^\circ - \dfrac{\varphi_m}{2}\right)}{\sin\left(45^\circ + \dfrac{\varphi_m}{2} + \alpha\right)} + \frac{d}{\cos\alpha} + 1.5 \tag{6.18}$$

式中：l_f——锚杆非锚固段长度；

α——锚杆的倾角；

a_1——锚杆的锚头中点至基坑底面的距离；

a_2——基坑底面至挡土构件嵌固段上基坑外侧主动土压力强度与基坑内侧被动土压力强度等值点O的距离，对多层土地层，当存在多个等值点时应按其中最深处的等值点计算；

d——挡土构件的水平尺寸；

φ_m——O点以上各土层按厚度加权的等效内摩擦角。

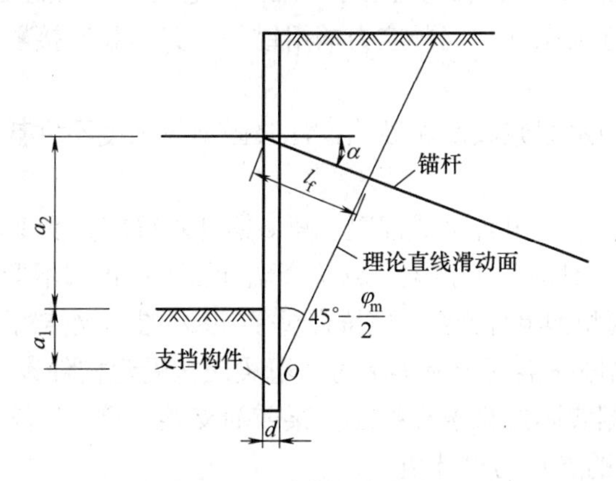

图6.14 理论直线滑动面

锚杆杆体的受拉承载力应符合下式规定：

$$N \leqslant f_{py} A_p \tag{6.19}$$

式中：N——锚杆轴向拉力设计值；

f_{py}——预应力钢筋抗拉强度设计值，当锚杆杆体采用普通钢筋时取普通钢筋强度设计值；

A_p——预应力钢筋的截面面积。

锚杆锁定值宜取锚杆轴向拉力标准值的0.75～0.9倍，且应与锚杆预加轴向拉力一致。

3. 锚杆的布置

(1) 锚杆的水平间距不宜小于1.5m；多层锚杆，其竖向间距不宜小于2.0m；当锚杆的间距小于1.5m时，应根据群锚效应对锚杆抗拔承载力进行折减或改变相邻锚杆的倾角。

(2) 锚杆锚固段的上覆土层厚度不宜小于4.0m。

(3) 锚杆倾角宜取15°～25°，且不应大于45°，不应小于10°；锚杆的锚固段宜设置在强度较高的土层内。

(4) 当锚杆上方存在天然地基的建筑物或地下构筑物时，宜避开易塌孔、变形的地层。

4. 锚喷支护构造要求

1) 钢绞线锚杆、普通钢筋锚杆

(1) 锚杆成孔直径宜取100～150mm。

(2) 锚杆非锚固段的长度不应小于 5m，且应穿过潜在滑动面并进入稳定土层不小于1.5m；钢绞线、钢筋杆体在非锚固段应设置隔离套管。

(3) 土层中的锚杆锚固段长度不宜小于6m。

(4) 锚杆杆体的外露长度应满足腰梁、台座尺寸及张拉锁定的要求。

(5) 锚杆杆体用钢绞线应符合现行国家标准《预应力混凝土用钢绞线》(GB/T 5224—2014)的有关规定。

(6) 钢筋锚杆的杆体宜选用预应力螺纹钢筋及HRB400、HRB500螺纹钢筋。

(7) 应沿锚杆杆体全长设置定位支架；定位支架应能使相邻定位支架中点处锚杆杆体的注浆固结体保护层厚度不小于10mm，定位支架的间距宜根据锚杆杆体的组装刚度确定，对非锚固段宜取1.5～2.0m，对锚固段宜取1.0～1.5m；定位支架应能使各根钢绞线相互分离。

(8) 锚具应符合现行国家标准《预应力筋用锚具、夹具和连接器》(GB/T 14370—2007)的规定。

(9) 锚杆注浆应采用水泥浆或水泥砂浆，注浆固结体强度不宜低于20MPa。

2) 锚杆腰梁、冠梁

(1) 锚杆腰梁可采用型钢组合梁或混凝土梁。锚杆腰梁应按受弯构件设计。锚杆腰梁的正截面、斜截面承载力，对混凝土腰梁，应符合现行国家标准《混凝土结构设计规范》(GB 50010—2010)的规定；对型钢组合腰梁，应符合现行国家标准《钢结构设计规范》(GB 50017—2003)的规定。当锚杆锚固在混凝土冠梁上时，冠梁应按受弯构件设计。

(2) 锚杆腰梁应根据实际约束条件按连续梁或简支梁计算。计算腰梁内力时，腰梁的荷载应取结构分析时得出的支点力设计值。

(3) 型钢组合腰梁可选用双槽钢或双工字钢，槽钢之间或工字钢之间应用缀板焊接为整体构件，焊缝连接应采用贴角焊。双槽钢或双工字钢之间的净间距应满足锚杆杆体平直穿过的要求。

(4) 采用型钢组合腰梁时，腰梁应满足在锚杆集中荷载作用下的局部受压稳定与受扭稳定的构造要求。当需要增加局部受压和受扭稳定性时，可在型钢翼缘端口处配置加劲肋板。

(5) 锚杆的混凝土腰梁、冠梁宜采用斜面与锚杆轴线垂直的梯形截面；腰梁、冠梁的混凝土强度等级不宜低于 C25。采用梯形截面时，截面的上边水平尺寸不宜小于 250mm。

(6) 采用楔形钢垫块时，楔形钢垫块与挡土构件、腰梁的连接应满足受压稳定性和锚杆垂直分力作用下的受剪承载力要求。采用楔形混凝土垫块时，混凝土垫块应满足抗压强度和锚杆垂直分力作用下的受剪承载力要求，且其强度等级不宜低于 C25。

6.5　重力式水泥土墙

重力式水泥土墙是在设计基坑的外侧用深层搅拌法或高压喷射注浆法施工的一排或数排相互搭接的水泥土桩，形成格栅式或连续式的墙体，墙体的深度为基坑的深度加必要的嵌固深度。重力式水泥土墙有一定的防渗能力，作为一种重力式挡土结构，适用于淤泥质土、淤泥基坑，且基坑深度不宜大于 7m。重力式水泥土设计计算与一般重力式挡土墙相似，要验算其抗滑稳定、抗倾覆稳定和整体稳定等。

深层搅拌法和高压喷射注浆法还可用于基坑的局部加固、截水、防渗等。

重力式水泥土挡墙的优点：水泥土加固体的渗透系数比较小，一般不大于 10^{-7}cm/s，因此墙体具有较好的防渗性能，不需另外设置防渗帷幕；水泥土挡墙为直立式结构，不需要另加支撑，方便开挖；造价低廉，尤其是基坑开挖深度不大时，经济效益更为显著。

但是重力式水泥土挡墙也有缺点，例如，水泥土墙体材料的强度较低，不能适应支撑力的作用，所以一般都采用自立式结构，基坑位移量一般较大；墙体材料强度受施工因素影响较大，如果施工质量不好，则墙体材料的强度很难保证。

6.5.1　稳定性与承载力验算

重力式水泥土墙的抗滑移稳定性应符合下式规定(图 6.15)：

$$\frac{E_{pk}+(G-u_{m}B)\tan\varphi+cB}{E_{ak}}\geqslant K_{sl} \tag{6.20}$$

式中：K_{sl}——抗滑移稳定安全系数，其值不应小于 1.2；

E_{ak}，E_{pk}——作用在水泥土墙上的主动土压力、被动土压力标准值；

G——水泥土墙的自重；

u_m——水泥土墙底面上的水压力，水泥土墙底面在地下水位以下时可取 $u_m=\gamma_w(h_{wa}+h_{wp})/2$，在地下水位以上时取 $u_m=0$，此处 h_{wa} 为基坑外侧水泥土墙底处的水头高度，h_{wp} 为基坑内侧水泥土墙底处的水头高度；

c，φ——水泥土墙底面下土层的黏聚力、内摩擦角；

B——水泥土墙的底面宽度。

重力式水泥土墙的抗倾覆稳定性应符合下式规定(图 6.16):

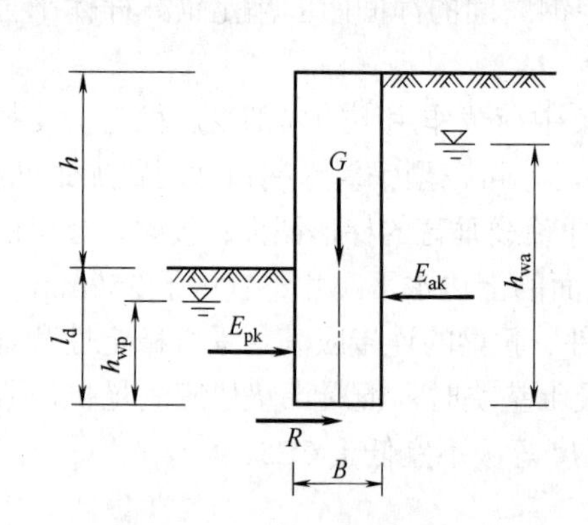

图 6.15 抗滑移稳定性验算

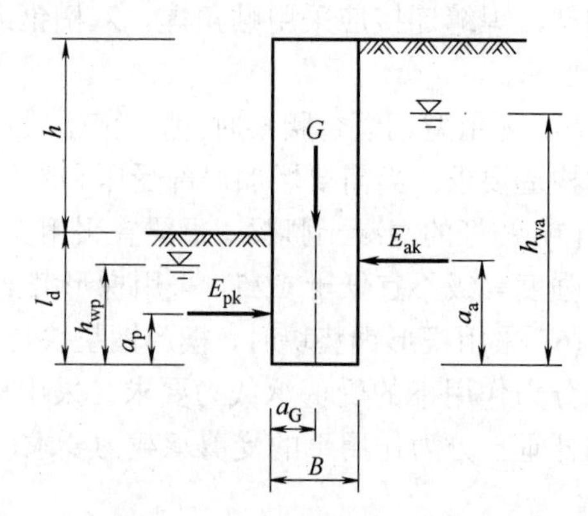

图 6.16 抗倾覆稳定性验算

$$\frac{E_{pk}a_p+\left(G-u_mB\right)a_G}{E_{ak}a_a}\geqslant K_{ov} \tag{6.21}$$

式中：K_{ov}——抗倾覆稳定安全系数，其值不应小于 1.3；

a_a——水泥土墙外侧主动土压力合力作用点至墙趾的竖向距离；

a_p——水泥土墙内侧被动土压力合力作用点至墙趾的竖向距离；

a_G——水泥土墙自重与墙底水压力合力作用点至墙趾的水平距离。

重力式水泥土墙可采用圆弧滑动条分法进行稳定性验算，其稳定性应符合下式规定(图 6.17):

$$\frac{\sum\{c_jl_j+[(q_jb_j+\Delta G_j)\cos\theta_j-u_jl_j]\tan\varphi_j\}}{\sum(q_jb_j+\Delta G_j)\sin\theta_j}\geqslant K_s \tag{6.22}$$

式中：K_s——圆弧滑动稳定安全系数，其值不应小于 1.3；

c_j，ϕ_j——第 j 土条滑弧面处土的黏聚力、内摩擦角；

b_j——第 j 土条的宽度；

q_j——作用在第 j 土条上的附加分布荷载标准值；

G_j——第 j 土条的自重，按天然重度计算，分条时水泥土墙可按土体考虑；

u_j——第 j 土条在滑弧面上的孔隙水压力，对地下水位以下的砂土、碎石土、粉土，当地下水是静止的或渗流水力梯度可忽略不计时，在基坑外侧可取 $u_j=\gamma_w h_{wa,j}$，在基坑内侧可取 $u_j=\gamma_w h_{wp,j}$，对地下水位以上的各类土和地下水位以下的黏性土取 $u_j=0$；

γ_w——地下水重度；

$h_{wa,j}$——基坑外地下水位至第 j 土条滑弧面中点的深度；

$h_{wp,j}$——基坑内地下水位至第 j 土条滑弧面中点的深度；

θ_j——第 j 土条滑弧面中点处的法线与垂直面的夹角。

当墙底以下存在软弱下卧土层时，稳定性验算的滑动面中尚应包括由圆弧与软弱土层层面组成的复合滑动面。

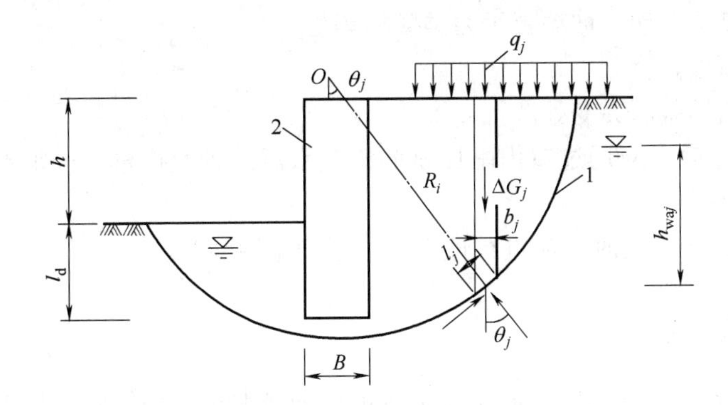

图 6.17 整体滑动稳定性验算

1—重力式水泥土挡墙；2—圆弧滑动面

重力式水泥土墙，其嵌固深度应满足坑底隆起稳定性要求，抗隆起稳定性可按式(6.40)～式(6.43)验算，此时式中γ_{m1}为基坑外墙底面以上土的重度，γ_{m2}为基坑内墙底面以上土的重度，D为基坑底面至墙底的土层厚度，c、φ为墙底面以下土的黏聚力、内摩擦角。

当重力式水泥土墙底面以下有软弱下卧层时，墙底面土的抗隆起稳定性验算的部位尚应包括软弱下卧层，此时式(6.40)～式(6.43)中的γ_{m1}、γ_{m2}应取软弱下卧层顶面以上土的重度，D应取基坑底面至软弱下卧层顶面的土层厚度。

重力式水泥土墙墙体的正截面应力应做如下验算。

(1) 拉应力：

$$\frac{6M_i}{B^2}-\gamma_{\mathrm{cs}}z\leqslant 0.15f_{\mathrm{cs}} \tag{6.23}$$

(2) 压应力：

$$\gamma_0\gamma_{\mathrm{F}}\gamma_{\mathrm{cs}}z+\frac{6M_i}{B^2}\leqslant f_{\mathrm{cs}} \tag{6.24}$$

(3) 剪应力：

$$\frac{E_{\mathrm{ak},i}-\mu G_i-E_{\mathrm{pk},i}}{B}\leqslant\frac{1}{6}f_{\mathrm{cs}} \tag{6.25}$$

式中：M_i——水泥土墙验算截面的弯矩设计值；

B——验算截面处水泥土墙的宽度；

γ_{cs}——水泥土墙的重度；

z——验算截面至水泥土墙顶的垂直距离；

f_{cs}——水泥土开挖龄期时的轴心抗压强度设计值，应根据现场试验或工程经验确定；

γ_{F}——荷载综合分项系数；

$E_{\mathrm{ak},i}$，$E_{\mathrm{pk},i}$——验算截面以上的主动土压力标准值、被动土压力标准值，验算截面在基底以上时取$E_{\mathrm{pk},i}$=0；

G_i——验算截面以上的墙体自重；

μ——墙体材料的抗剪断系数，取0.4～0.5。

重力式水泥土墙的正截面应力验算时，计算截面应包括以下部位：

(1) 基坑面以下主动、被动土压力强度相等处。

(2) 基坑底面处。

(3) 水泥土墙的截面突变处。

缺少可靠经验时，应通过室内配比试验确定水泥品种及掺量、外加剂品种及掺量、水泥土设计强度等参数。

当地下水位高于基底时，应进行地下水渗透稳定性验算。

6.5.2 构造要求

水泥土墙宜采用水泥土搅拌桩相互搭接形成的格栅状结构形式，也可采用水泥土搅拌桩相互搭接成实体的结构形式。搅拌桩的施工工艺宜采用喷浆搅拌法。

重力式水泥土墙的嵌固深度，对淤泥质土不宜小于 1.2h，对淤泥不宜小于 1.3h；重力式水泥土墙的宽度 B，对淤泥质土不宜小于 0.7h，对淤泥不宜小于 0.8h；此处 h 为基坑深度。

重力式水泥土墙采用格栅形式时，每个格栅的土体面积应符合下式要求：

$$A \leqslant \delta \frac{c\,u}{\gamma_m} \tag{6.26}$$

式中：A——格栅内土体的截面面积；

δ——计算系数，对黏性土取δ=0.5，对砂土、粉土取δ=0.7；

c——格栅内土的黏聚力；

u——计算周长，按图 6.18 计算；

γ_m——格栅内土的天然重度，对成层土取水泥土墙深度范围内各层土按厚度加权的平均天然重度。

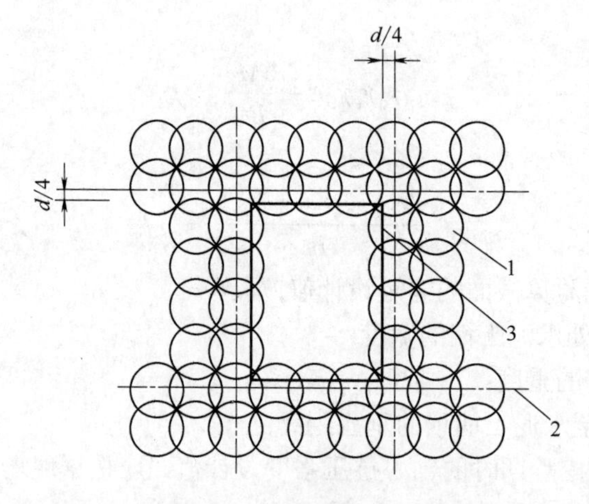

图 6.18 格栅式水泥土墙

1—水泥土桩；2—水泥土桩中心线；3—计算周长

水泥土格栅的面积置换率，对淤泥质土不宜小于 0.7，对淤泥不宜小于 0.8，对一般黏性土、砂土不宜小于 0.6。格栅内侧的长宽比不宜大于 2。

水泥土搅拌桩的搭接宽度不宜小于 150mm。

当水泥土墙兼作截水帷幕时，尚应符合截水的要求。

水泥土墙体28d无侧限抗压强度不宜小于0.8MPa。当需要增强墙身的抗拉性能时,可在水泥土桩内插入杆筋，杆筋可采用钢筋、钢管或毛竹。杆筋的插入深度宜大于基坑深度，杆筋应锚入面板内。

水泥土墙顶面宜设置混凝土连接面板，面板厚度不宜小于150mm，混凝土强度等级不宜低于C15。

6.6　板式支挡结构

排桩、地下连续墙和钢板桩等桩、墙式支挡结构，其断面刚度较小，结构本身的变形较大，因而不同于重力式挡土结构。尽管其设计的依据也是保证其本身的稳定和满足强度、变形要求，但其设计计算也包括支护结构本身的变形和内力的计算。

由于桩墙等支护结构自身产生变形，支挡结构前后土体各点的位移不同，因而实际支挡结构所受土压力的分布比较复杂。目前，在设计中土压力一般仍按主动和被动土压力计算。但当对支护结构的水平位移有严格限制时，或者按变形控制原则设计支护结构时，作用在支护结构上的土压力可根据结构与土体的相互作用原理计算确定。

6.6.1　结构分析

支挡式结构应根据结构的具体形式与受力、变形特性等采用下列分析方法。

(1) 锚拉式支挡结构，可将整个结构分解为挡土结构、锚拉结构(锚杆及腰梁、冠梁)分别进行分析；挡土结构宜采用平面杆系结构弹性支点法进行分析；作用在锚拉结构上的荷载应取挡土结构分析时得出的支点力。

(2) 支撑式支挡结构，可将整个结构分解为挡土结构、内支撑结构分别进行分析；挡土结构宜采用平面杆系结构弹性支点法进行分析；内支撑结构可按平面结构进行分析，挡土结构传至内支撑的荷载应取挡土结构分析时得出的支点力；对挡土结构和内支撑结构分别进行分析时，应考虑其相互之间的变形协调。

(3) 悬臂式支挡结构、双排桩，宜采用平面杆系结构弹性支点法进行结构分析。

(4) 当有可靠经验时，可采用空间结构分析方法对支挡式结构进行整体分析或采用结构与土相互作用的分析方法对支挡式结构与基坑土体进行整体分析。

支挡式结构应对下列设计工况进行结构分析，并应按其中最不利作用效应进行支护结构设计。

(1) 基坑开挖至坑底时的状况。

(2) 对锚拉式和支撑式支挡结构，基坑开挖至各层锚杆或支撑施工面时的状况。

(3) 在主体地下结构施工过程中需要以主体结构构件替换支撑或锚杆的状况；此时主体结构构件应满足替换后各设计工况下的承载力、变形及稳定性要求。

(4) 对水平内支撑式支挡结构，基坑各边水平荷载不对等的各种状况。

在采用平面杆系结构弹性支点法时，宜采用图6.19所示的结构分析模型，作用在挡土构件上的分布土反力可按下列公式计算：

$$p_s = k_s v + p_{s0} \tag{6.27}$$

式中：p_s——分布土反力。

v——挡土构件在分布土反力计算点使土体压缩的水平位移值。

p_{s0}——初始土反力强度，可取用无黏性土水土分算的主动土压力。

k_s——土的水平反力系数，可按下列公式计算：

$$k_s = m(z-h) \tag{6.28}$$

其中，z——计算点距地面的深度。

h——计算工况下的基坑开挖深度。

m——土的水平反力系数的比例系数，宜按桩的水平荷载试验及地区经验取值，缺少试验和经验时可按下列经验公式计算：

$$m = \frac{0.2\varphi^2 - \varphi + c}{v_b} \tag{6.29}$$

其中，c，φ——土的黏聚力、内摩擦角，对多层土，按不同土层分别取值。

v_b——挡土构件在坑底处的水平位移量，当此处的水平位移不大于 10mm 时，可取 v_b=10mm。

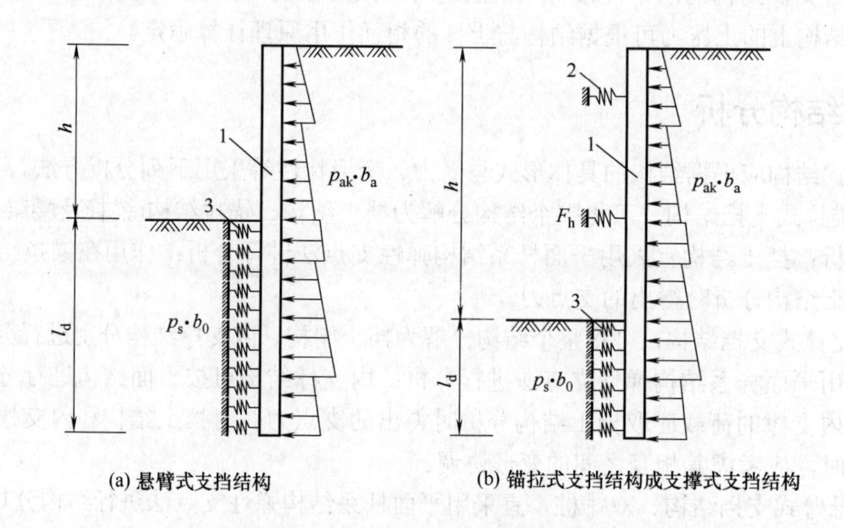

(a) 悬臂式支挡结构　　(b) 锚拉式支挡结构成支撑式支挡结构

图 6.19　弹性支点法计算

1—挡土结构；2—由锚杆或支撑简化而成的弹性支座；3—计算土反力的弹性支座

挡土构件嵌固段上的基坑内侧分布土反力应符合下列条件：

$$P_{sk} \leqslant E_{pk} \tag{6.30}$$

式中：P_{sk}——挡土构件嵌固段上的基坑内侧土反力标准值，按式(6.27)计算的分布土反力 p_s 得到；

E_{pk}——挡土构件嵌固段上的被动土压力标准值。

当不符合公式(6.30)的计算条件时，应增加挡土构件的嵌固长度或取 $P_s=E_p$ 时的分布土反力。

挡土结构采用排桩时，作用在单根支护桩上的主动土压力计算宽度应取排桩间距，土反力计算宽度应按下列规定计算(图 6.20)：

对于圆形桩有：

$$b_0 = 0.9(1.5d + 0.5)\ (d \leqslant 1\text{m}) \tag{6.31}$$

$$b_0 = 0.9(d + 1)\ (d > 1\text{m}) \tag{6.32}$$

对于矩形桩或工字形桩有：

$$b_0 = 1.5b + 0.5\ (d \leqslant 1\text{m}) \tag{6.33}$$

$$b_0 = b + 1\ (d > 1\text{m}) \tag{6.34}$$

式中：b_0——单桩土反力计算宽度，当按式(6.31)～式(6.34)计算的 b_0 大于排桩间距时，b_0 取排桩间距；

d——桩的直径；

b——矩形桩或工字形桩的宽度。

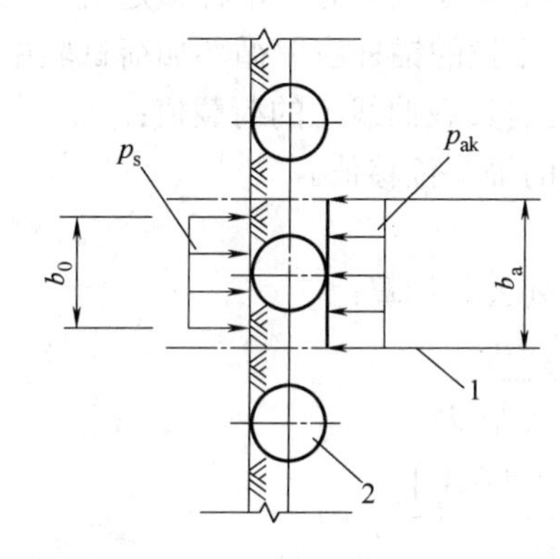

(a) 圆形截面排桩计算宽度

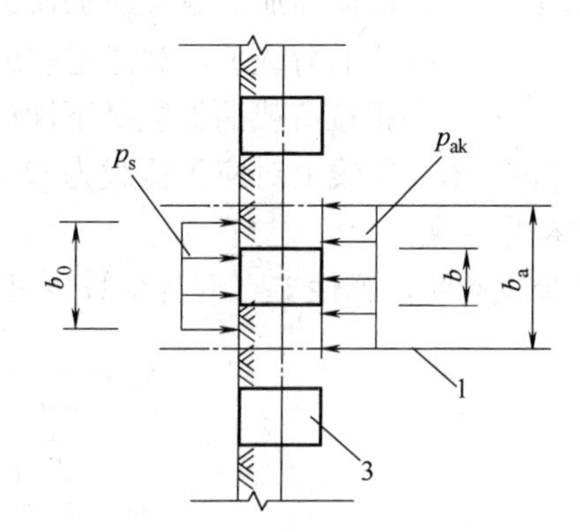

(b) 矩形或工字形截面排桩计算宽度

图 6.20　排桩计算宽度

1—排桩对称中心线；2—圆形桩；3—矩形桩或工字形桩

挡土结构采用地下连续墙时，作用在单幅地下连续墙上的主动土压力计算宽度和土反力计算宽度应取包括接头的单幅墙宽度；

锚杆和内支撑对挡土结构的约束作用应按弹性支座考虑，按下式确定：

$$F_h = k_R(v_R - v_{R0}) + P_h \tag{6.35}$$

式中：F_h——挡土构件计算宽度内的弹性支点水平反力；

k_R——计算宽度内弹性支点刚度系数，采用锚杆时可按式(6.37)或式(6.38)确定，采用内支撑时可按式(6.40)确定；

v_R——挡土构件在支点处的水平位移值；

v_{R0}——设置支点时支点的初始水平位移值；

P_h——挡土构件计算宽度内的法向预加力，采用锚杆或竖向斜撑时取：

$$P_h = P \cdot \cos\alpha \cdot b_a / s \tag{6.36a}$$

采用水平对撑时取：

$$P_h = P \cdot b_a / s \tag{6.36b}$$

对不预加轴向压力的支撑取：

$$P_{\mathrm{h}}=0 \tag{6.36c}$$

式中：P——锚杆的预加轴向拉力值或支撑的预加轴向压力值；

α——锚杆倾角或支撑仰角；

b_{a}——结构计算宽度；

s——锚杆或支撑的水平间距。

采用锚杆时宜取 $P=0.75\,N_{\mathrm{k}}\sim0.9\,N_{\mathrm{k}}$，采用支撑时宜取 $P=0.5\,N_{\mathrm{k}}\sim0.8\,N_{\mathrm{k}}$，$N_{\mathrm{k}}$为锚杆轴向拉力标准值或支撑轴向压力标准值。

锚拉式支挡结构的弹性支点刚度系数宜通过锚杆抗拔试验按下式计算：

$$k_{\mathrm{R}}=\frac{(Q_2-Q_1)b_{\mathrm{a}}}{(s_2-s_1)\,s} \tag{6.37}$$

式中：Q_1，Q_2——锚杆循环加荷或逐级加荷试验中 Q-s 曲线上对应锚杆锁定值与轴向拉力标准值的荷载值，对锁定前进行预张拉的锚杆应取循环加荷试验中在相当于预张拉荷载的加载量下卸载后的再加载曲线上的荷载值；

s_1，s_2——Q-s 曲线上对应于荷载为Q_1、Q_2的锚头位移值。

其他符号含义同上。

在缺少试验时，弹性支点刚度系数也可按下列公式计算：

$$k_{\mathrm{R}}=\frac{3E_{\mathrm{s}}E_{\mathrm{c}}A_{\mathrm{p}}Ab_{\mathrm{a}}}{(3E_{\mathrm{c}}Al_{\mathrm{f}}+E_{\mathrm{s}}A_{\mathrm{p}}l_{\mathrm{a}})s} \tag{6.38}$$

$$E_{\mathrm{c}}=\frac{E_{\mathrm{s}}A_{\mathrm{p}}+E_{\mathrm{m}}\left(A-A_{\mathrm{p}}\right)}{A} \tag{6.39}$$

式中：E_{s}——锚杆杆体的弹性模量；

E_{c}——锚杆的复合弹性模量；

A_{p}——锚杆杆体的截面面积；

A——锚杆固结体的截面面积；

l_{f}——锚杆的自由段长度；

l_{a}——锚杆的锚固段长度；

E_{m}——锚杆固结体的弹性模量。

当锚杆腰梁或冠梁的挠度不可忽略不计时，尚应考虑其挠度对弹性支点刚度系数的影响。

支撑式支挡结构的弹性支点刚度系数宜通过对内支撑结构整体进行线弹性结构分析得出的支点力与水平位移的关系确定。对水平对撑，当支撑腰梁或冠梁的挠度可忽略不计时，计算宽度内弹性支点刚度系数(k_{R})可按下式计算：

$$k_{\mathrm{R}}=\frac{\alpha_{\mathrm{R}}EAb_{\mathrm{a}}}{\lambda\,l_0 s} \tag{6.40}$$

式中：λ——支撑不动点调整系数，支撑两对边基坑的土性、深度、周边荷载等条件相近，且分层对称开挖时取λ =0.5，支撑两对边基坑的土性、深度、周边荷载等条件或开挖时间有差异时，对土压力较大或先开挖的一侧取$\lambda=0.5\sim1.0$，且差异大时取大值，反之取小值，对土压力较小或后开挖的一侧取$(1-\lambda)$，当基坑一侧取$\lambda=1$时基坑另一侧应按固定支座考虑，对竖向斜撑构件取$\lambda=1$；

α_R——支撑松弛系数，对混凝土支撑和预加轴向压力的钢支撑取$\alpha_R=1.0$，对不预加支撑轴向压力的钢支撑取$\alpha_R=0.8$～1.0；

E——支撑材料的弹性模量；

A——支撑的截面面积；

l_0——受压支撑构件的长度；

s——支撑水平间距。

6.6.2　稳定性验算

悬臂式支挡结构的嵌固深度是依据其抗倾覆稳定确定的，应符合下列要求(图 6.21)：

$$\frac{E_{pk}a_{p1}}{E_{ak}a_{a1}} \geqslant K_{em} \tag{6.41}$$

式中：K_{em}——嵌固稳定安全系数，安全等级为一级、二级、三级的悬臂式支挡结构，K_{em}分别不应小于 1.25、1.2、1.15；

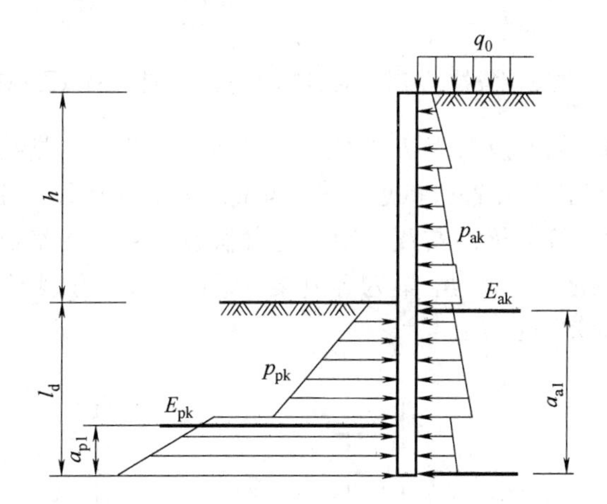

图 6.21　悬臂式结构嵌固稳定性验算

E_{ak}，E_{pk}——基坑外侧主动土压力、基坑内侧被动土压力合力的标准值；

a_{a1}，a_{p1}——基坑外侧主动土压力、基坑内侧被动土压力合力作用点至挡土构件底端的距离。

单层锚杆和单层支撑的支挡式结构的嵌固深度应符合下列嵌固稳定性的要求(图 6.22)：

$$\frac{E_{pk}a_{p2}}{E_{ak}a_{a2}} \geqslant K_{em} \tag{6.42}$$

式中：K_{em}——嵌固稳定安全系数，安全等级为一级、二级、三级的锚拉式支挡结构和支撑式支挡结构，K_{em}分别不应小于 1.25、1.2、1.15；

a_{a2}，a_{p2}——基坑外侧主动土压力、基坑内侧被动土压力合力作用点至支点的距离。

工程上常采用等值梁法计算。图 6.23 表示在均匀土层中的情况：图 6.23(a)表示支护结构上土压力分布情况；图 6.23(b)所示为支护结构两侧土压力叠加后的分布图；图 6.23(c)所示为支护结构弯矩图，其中点 F 为反弯点，即为弯矩零点，E 点可认为是嵌固点；图 6.23(d)

所示为支护结构受力后变形情况。从图 6.23 可看出，系统中有 3 个未知数，即嵌固深度 h_d、锚杆拉力 T 和作用于 E 点(嵌固点)简化后的集中力 P。这是一个超静定问题，一般需要利用支护结构的变形条件求解。为简化计算，可采用等值梁法，即将 AE 梁自弯矩零点(反弯点)F 处截开，并在 F 点加一固定铰支座，则 AF 梁为一简支梁，并且 AF 梁与原 AE 梁中 AF 段的弯矩分布完全相同，AF 梁称为 AE 梁的等值梁。

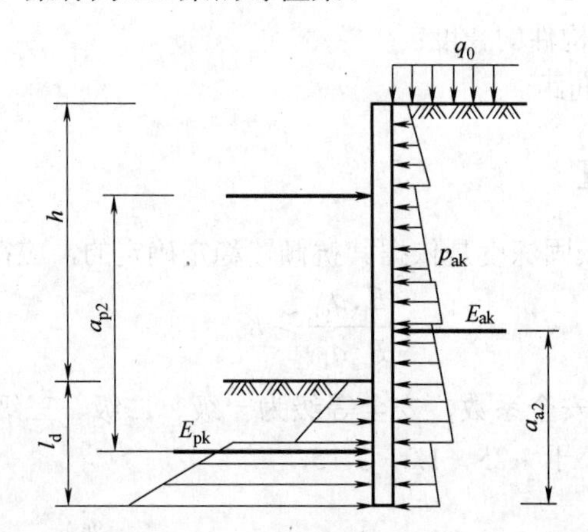

图 6.22　单支点锚拉式支挡结构和支撑式支挡结构的嵌固稳定性验算

在图 6.23 中，弯矩零点(反弯点)F 的位置不能直接确定。实测结果表明，土压力强度零点 C 的位置与弯矩零点 F 的位置很接近，即 $x \approx x_0$。为简化计算，工程上假定这两点重合，即假设 AC 梁为 AE 梁的等值梁。实践表明，这种假设引起的误差是工程设计可以接受的。于是，可自 C 点截开 AE 梁，以 AC 梁为等值梁，即可按如下步骤计算单锚支护结构的锚杆拉力和支护结构的嵌固深度：

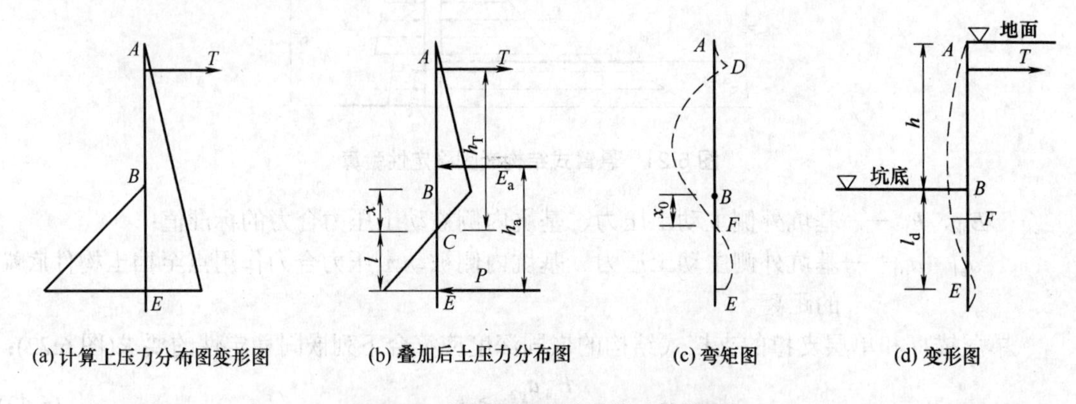

图 6.23　单锚深埋支护结构计算简图

(1) 按照作用于支护结构上的土压力分布图计算土压力强度零点 C 的位置。对于均匀土层有：

$$x = \frac{K_a}{K_p - K_a} h \tag{6.43}$$

(2) 对 C 点取力矩平衡，锚杆拉力的水平分力 T 为

$$T = \frac{E_a(h_a - t)}{h_T} \tag{6.44}$$

对于分层土的情况，同样可以确定土压力强度零点 C，然后计算锚杆拉力的水平分力 T (图 6.24)：

$$T = \frac{\sum E_{ai}(h_{ai} - t)}{h_T} \tag{6.45}$$

式中：E_{ai}——AC 段中第 i 层土的主动土压力；

h_{ai}——E_{ai} 作用点到 E 点的距离；

h_T——锚固点到 C 点的距离；

K_a，K_p——主动、被动土压力系数。

(3) 确定嵌固深度 l_d。在图 6.24 中，为满足抗倾覆稳定要求，所有水平力对 E 点取矩，要求抗倾覆力矩与倾覆力矩的比值安全系数 K_{em}，即

$$\left[\sum_{j=1}^{m} E_{pj}h_{pj} + T(h_T + t)\right] \Big/ \sum_{i=1}^{n} E_{ai}h_{ai} \geqslant K_{em} \tag{6.46}$$

式中：E_{pj}——第 j 层土的被动土压力；

h_{pj}——E_{pj} 作用点到 E 点的距离；

m——土压力叠加后支护结构内侧被动土压力个数；

n——土压力叠加后支护结构外侧主动土压力个数。

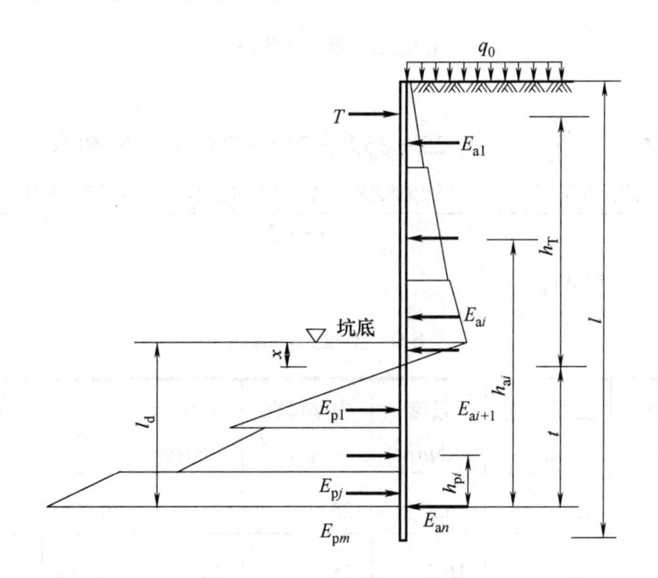

图 6.24　多土层单支点支挡结构计算简图

由式(6.46)解出 t，即可求得嵌固深度为

$$l_d = x + t \tag{6.47}$$

【例 6.1】某高层建筑的基坑开挖深度为 6.1m，土质断面如图 6.25 所示，地下水位在地面下 15m 左右。若采用钢筋混凝土悬臂式护坡桩，试确定支护桩嵌固深度及总桩长。

【解】桩上各点的净主动和被动土压力可根据朗肯理论确定(表 6.9)，嵌固深度 l_d 可根

据式(6.41)计算。

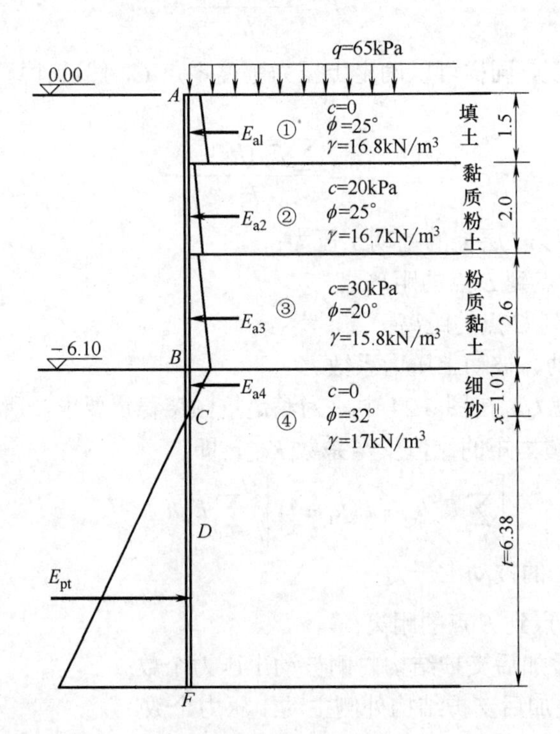

图 6.25　例 6.2 附图

由表 6.9 可计算出

$$\sum E_{ai} = 47.25 + 35.8 + 74.6 + 25.55 = 183.2\text{kN}$$

$$a_a = \frac{\sum E_{ai} h_{ai}}{\sum E_{ai}} = \frac{47.25(6.32+t) + 35.8(4.48+t) + 74.6(2.16+t) + 25.55(0.67+t)}{183.2} = 3.48 + t$$

$\sum E_{pi} = 25.06t^2$，$a_p = t/3$。

表 6.9　土压力计算表

土层	深度/m	土层厚度/m	重度/(kN/m³)	内摩擦角/(°)	凝聚力/kPa	K_a	K_p	σ_{cz} / kPa
填土①	1.5	1.5	16.8	25	0	0.406		65.0
粉质黏土②	3.5	2.0	16.7	25	20	0.406		90.2
粉质黏土③	6.1	1.6	15.8	20	30	0.490		123.6
细砂④	7.11	1.01	17.0	32	0	0.307	3.255	164.7
								181.9
7.11+t								181.9+5.22t

续表

p_a /kPa	p_p /kPa	p_a-p_p /kPa	净主动土压力 E_{ai}/kN	E_{ai}至桩底距离/m	净被动土压力 E_{pi}/kN	E_{pi}至桩底距离/m
26.4			47.25	6.32+t		
36.6 11.1			35.8	4.48+t		
24.7 18.6			74.6	2.16+t		
38.7 50.6	0		25.55	0.67+t		
55.9	55.9	0			$25.06t^2$	t/3
55.9+5.22t	55.9+55.34t	50.12t				

按安全等级二级，取嵌固稳定安全系数 K_{em}=1.2，则有：

$$25.06t^2 \cdot \frac{t}{3} \geqslant 1.2 \times (3.48 + t) \times 183.2$$

解得 $t \geqslant 6.38$m。则嵌固深度 $l_d=x+t \geqslant (1.01+6.38)$m=7.39m，支护桩总长 l=(6.1+7.39)m=13.49m。

【例 6.2】工程和地质条件同(例 6.2)。现采用单层锚杆钢筋混凝土支护桩，锚杆位于冠梁顶面以下 1.0m，水平间距为 1.2m，倾角$\alpha = 15°$，试计算锚杆的拉力、支护桩嵌固深度及总桩长。

【解】支护结构上的净主动和被动土压力见图 6.25 及表 6.9。单位基坑壁宽度上的锚拉水平力 T 为

$$\begin{aligned} T &= \frac{\sum E_{ai}(h_{ai} - t)}{h_T} \\ &= [(47.25 \times 6.32 + 35.8 \times 4.48 + 74.6 \times 2.16 + 25.55 \times 0.67)/(6.1 - 1.0 + 1.01)]\text{kN/m} \\ &= 104.3\text{kN/m} \end{aligned}$$

单根锚杆承受的水平拉力为

$$T_k = 1.2T = 1.2 \times 104.3\text{kN} = 125.2\text{kN}$$

单根锚杆实际承受的拉力为

$$T_a = T_k / \cos\alpha = 125.2 / \cos 15° \ \text{kN} = 130.0\text{kN}$$

$$\begin{aligned} \sum_{i=1}^{n} E_{ai}h_{ai} &= [47.25 \times (6.32 + t) + 35.8 \times (4.48 + t) + 74.6 \times (2.16 + t) + \\ &\quad 25.55 \times (0.67 + t)]/\left(6.1 - 1.0 + 1.01\right) \\ &= 637.3 + 183.2t \end{aligned}$$

$$\sum_{j=1}^{m} E_{pj}h_{pj} + T(h_T + t) = 25.06t^2 \cdot \frac{t}{3} + 104.3 \times (6.11 + t)$$

仍取 $K_{em} = 1.2$，由式(6.46)有

$$\left[25.06t^2\cdot\frac{t}{3}+104.3\times(6.11+t)\right]\bigg/(637.3+183.2t)\geqslant 1.2$$

即

$$8.35t^3\geq 115.54t+127.5$$

解得，$t\geqslant 4.18$m，则嵌固深度 $l_d\geqslant t+x=(4.18+1.01)$m=5.2m，总桩长 $l\geqslant(6.1+5.2)$m=11.3m。

锚拉式、悬臂式和双排桩支挡结构可采用圆弧滑动条分法进行整体稳定性验算，此时其整体稳定性应符合下列规定(图 6.26)：

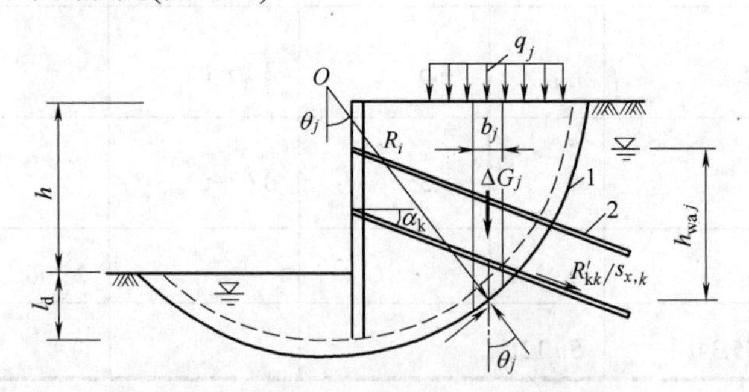

图 6.26　圆弧滑动条分法整体稳定性验算

1—任意圆弧滑动面；2—锚杆

$$\min\{K_{s,1},K_{s,2},\cdots,K_{s,i},\cdots\}\geqslant K_s \tag{6.48}$$

$$K_{s,i}=\frac{\sum\{c_jl_j+[(q_jl_j+\Delta G_j)\cos\theta_j-u_jl_j]\tan\varphi_j\}+\sum R'_{k,k}[\cos(\theta_j+\alpha_k)+\psi_v]/s_{x,k}}{\sum(q_jb_j+\Delta G_j)\sin\theta_j} \tag{6.49}$$

式中：K_s——圆弧滑动整体稳定安全系数，安全等级为一级、二级、三级的锚拉式支挡结构，K_s 分别不应小于 1.35、1.3、1.25；

$K_{s,i}$——第 i 个滑动圆弧的抗滑力矩与滑动力矩的比值，抗滑力矩与滑动力矩之比的最小值宜通过搜索不同圆心及半径的所有潜在滑动圆弧确定；

c_j，φ_j——第 j 土条滑弧面处土的黏聚力、内摩擦角；

b_j——第 j 土条的宽度；

θ_j——第 j 土条滑弧面中点处的法线与垂直面的夹角；

l_j——第 j 土条的滑弧段长度，取 $l_j=b_j/\cos\theta_j$；

q_j——作用在第 j 土条上的附加分布荷载标准值；

ΔG_j——第 j 土条的自重，按天然重度计算；

u_j——第 j 土条在滑弧面上的孔隙水压力，基坑采用落底式截水帷幕时，对地下水位以下的砂土、碎石土、粉土，在基坑外侧可取 $u_j=\gamma_w h_{wa,j}$，在基坑内侧可取 $u_j=\gamma_w h_{wp,j}$，在地下水位以上或对地下水位以下的黏性土取 $u_j=0$；

γ_w——地下水重度；

$h_{wa,j}$——基坑外地下水位至第 j 土条滑弧面中点的垂直距离；

$h_{wp,j}$——基坑内地下水位至第 j 土条滑弧面中点的垂直距离；

$R'_{k,k}$——第 k 层锚杆对圆弧滑动体的极限拉力值，应取锚杆在滑动面以外的锚固体极限抗拔承载力标准值与锚杆杆体受拉承载力标准值($f_{ptk}A_p$ 或 $f_{yk}A_s$)的较小值；

锚固体的极限抗拔承载力应按 6.4 节要求计算，但锚固段应取滑动面以外的长度；

α_k——第 k 层锚杆的倾角；

$s_{x,k}$——第 k 层锚杆的水平间距；

ψ_v——计算系数，可按 $\psi_v=0.5\sin(\theta_k+\alpha_k)\cdot\tan\varphi_k$ 取值，此处 φ_k 为第 k 层锚杆与滑弧交点处土的内摩擦角。

对悬臂式、双排桩支挡结构，采用公式(6.49)时，不考虑 $\Sigma R'_{k,k}[\cos(\theta_j+\alpha_k)+\psi_v]/s_{x,k}$ 项。

当挡土构件底端以下存在软弱下卧土层时，整体稳定性验算滑动面中尚应包括由圆弧与软弱土层层面组成的复合滑动面。

锚拉式和支撑式支挡结构的嵌固深度应满足坑底隆起稳定性要求，可按下列公式验算(图 6.27)：

$$\frac{\gamma_{m2}\,l_d\,N_q+cN_c}{\gamma_{m1}(h+l_d)+q_0}\geqslant K_{he} \tag{6.50}$$

$$N_q=\tan^2\left(45^\circ+\frac{\varphi}{2}\right)\cdot e^{\pi\tan\varphi} \tag{6.51}$$

$$N_c=(N_q-1)/\tan\varphi \tag{6.52}$$

式中：K_{he}——抗隆起安全系数，安全等级为一级、二级、三级的支护结构，K_{he} 分别不应小于 1.8、1.6、1.4；

γ_{m1}——基坑外挡土构件底面以上土的重度，对地下水位以下的砂土、碎石土、粉土取浮重度，对多层土取各层土按厚度加权的平均重度；

γ_{m2}——基坑内挡土构件底面以上土的重度，对地下水位以下的砂土、碎石土、粉土取浮重度，对多层土取各层土按厚度加权的平均重度；

l_d——挡土构件的嵌固深度；

h——基坑深度；

q_0——地面均布荷载；

N_c，N_q——承载力系数，若软弱黏土 $\varphi=0$，则 $N_c=5.14$，$N_q=1$；

c，φ——挡土构件底面以下土的黏聚力、内摩擦角。

当挡土构件底面以下有软弱下卧层时，挡土构件底面土的抗隆起稳定性验算的部位尚应包括软弱下卧层，式(6.50)中的 γ_{m1}、γ_{m2} 应取软弱下卧层顶面以上土的重度(图 6.28)，l_d 应以 D 代替。

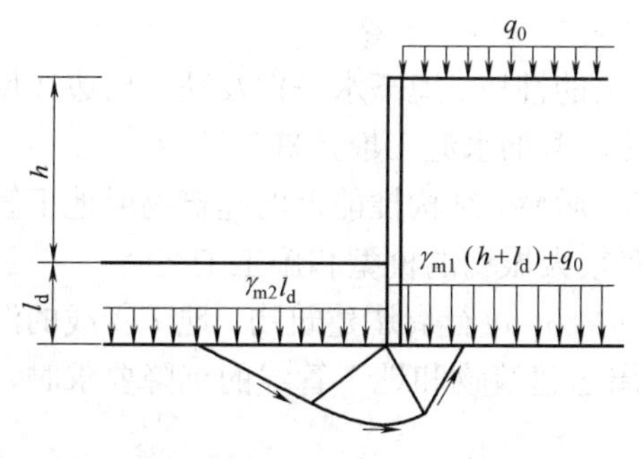

图 6.27　挡土构件底端平面下土的抗隆起稳定性验算

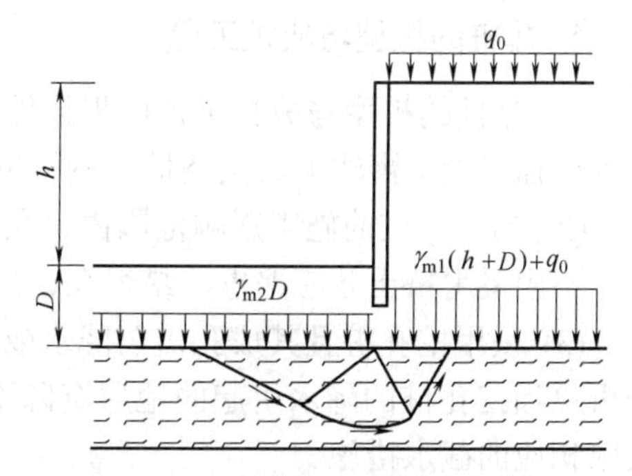

图 6.28　软弱下卧层的抗隆起稳定性验算

悬臂式支挡结构可不进行抗隆起稳定性验算。

锚拉式支挡结构和支撑式支挡结构，当坑底以下为软土时，其嵌固深度应符合下列以最下层支点为轴心的圆弧滑动稳定性要求(图 6.29)：

$$\frac{\sum[c_j l_j + (q_j b_j + \Delta G_j)\cos\theta_j \tan\varphi_j]}{\sum(q_j b_j + \Delta G_j)\sin\theta_j} \geqslant K_r \tag{6.53}$$

式中：K_r——以最下层支点为轴心的圆弧滑动稳定安全系数，安全等级为一级、二级、三级的支挡式结构，K_r分别不应小于 2.2、1.9、1.7；

c_j，φ_j——第j土条在滑弧面处土的黏聚力、内摩擦角；

l_j——第j土条的滑弧段长度，取$l_j=b_j/\cos\theta_j$；

q_j——作用在第j土条上的附加分布荷载标准值；

b_j——第j土条的宽度；

θ_j——第j土条滑弧面中点处的法线与垂直面的夹角；

ΔG_j——第j土条的自重，按天然重度计算。

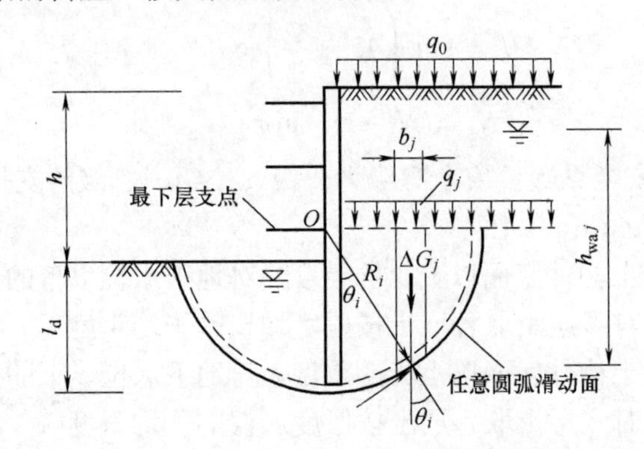

图 6.29　以最下层支点为轴心的圆弧滑动稳定性验算

基坑采用悬挂式截水帷幕或坑底以下存在水头高于坑底的承压含水层时，应进行地下水渗透稳定性验算。

挡土构件的嵌固深度除应上述计算要求外，对悬臂式结构尚不宜小于 0.8h，对单支点支挡式结构尚不宜小于 0.3h，对多支点支挡式结构尚不宜小于 0.2h，此处h为基坑深度。

6.6.3　排桩设计

1. 排桩的桩型与成桩工艺

(1) 排桩的桩型与成桩工艺应根据桩所穿过土层的性质、地下水条件及基坑周边环境要求等选择混凝土灌注桩、型钢桩、钢管桩、钢板桩、型钢水泥土搅拌桩等桩型。

(2) 当支护桩的施工影响范围内存在对地基变形敏感、结构性能差的建筑物或地下管线时，不应采用挤土效应严重、易塌孔、易缩径或有较大振动的桩型和施工工艺。

(3) 采用挖孔桩且其成孔需要降水或孔内抽水时，应进行周边建筑物、地下管线的沉降分析；当挖孔桩的降水引起的地层沉降不能满足周边建筑物和地下管线的沉降要求时，应采取相应的截水措施。

2. 混凝土支护桩的正截面和斜截面承载力

(1) 沿周边均匀配置纵向钢筋的圆形截面支护桩，其正截面受弯承载力宜按《建筑基坑支护技术规程》(JGJ 120—2012)附录第 B.0.1 条的规定进行计算。

(2) 沿受拉区和受压区周边局部均匀配置纵向钢筋的圆形截面支护桩，其正截面受弯承载力宜按《建筑基坑支护技术规程》(JGJ 120—2012)附录第 B.0.2～B.0.4 条的规定进行计算。

(3) 圆形截面(半径为 r)支护桩的斜截面承载力，可用截面宽度为 1.76 r 和截面有效高度为 1.6 r 的矩形截面代替圆形截面后，按现行国家标准《混凝土结构设计规范》(GB 50010—2010)对矩形截面斜截面承载力的规定进行计算，但其剪力设计值应由剪力标准值乘以支护结构重要性系数和作用基本组合的分项系数确定，计算所得的箍筋截面面积应作为支护桩圆形箍筋的截面面积。

(4) 矩形截面支护桩的正截面受弯承载力和斜截面受剪承载力应按现行国家标准《混凝土结构设计规范》(GB 50010—2010)的有关规定进行计算。

型钢、钢管、钢板支护桩的受弯、受剪承载力应按现行国家标准《钢结构设计规范》(GB 50017—2003)的有关规定进行计算，但其弯矩设计值和剪力设计值应由弯矩、剪力标准值乘以支护结构重要性系数和作用基本组合的分项系数确定。

3. 排桩、冠梁及面层的构造要求

(1) 采用混凝土灌注桩时，对悬臂式排桩，支护桩的桩径宜大于或等于 600mm；对锚拉式排桩或支撑式排桩，支护桩的桩径宜大于或等于 400mm；排桩的中心距不宜大于桩直径的 2.0 倍。

(2) 桩身混凝土强度等级不宜低于 C25。

(3) 支护桩的纵向受力钢筋宜选用 HRB400、HRB500 级钢筋，单桩的纵向受力钢筋不宜少于 8 根，其净间距不应小于 60mm；支护桩顶部设置钢筋混凝土构造冠梁时，纵向钢筋锚入冠梁的长度宜取冠梁厚度；冠梁按结构受力构件设置时，桩身纵向受力钢筋伸入冠梁的锚固长度应符合现行国家标准《混凝土结构设计规范》(GB 50010—2010)对钢筋锚固的有关规定；当不能满足锚固长度的要求时，其钢筋末端可采取机械锚固措施。

(4) 箍筋可采用螺旋式配置，箍筋直径不应小于纵向受力钢筋最大直径的 1/4，且不应小于 6mm；箍筋间距宜取 100～200mm，且不应大于 400mm 及桩的直径。

(5) 沿桩身配置的加强箍筋应满足钢筋笼起吊安装要求，宜选用 HPB300、HRB400 钢筋，其间距宜取 1000～2000mm。

(6) 纵向受力钢筋的保护层厚度不应小于 35mm；采用水下灌注混凝土工艺时，不应小于 50mm。

(7) 当采用沿截面周边非均匀配置纵向钢筋时，受压区的纵向钢筋根数不应少于 5 根；当施工方法不能保证钢筋的方向时，不应采用沿截面周边非均匀配置纵向钢筋的形式。

(8) 当沿桩身分段配置纵向受力主筋时，纵向受力钢筋的搭接应符合现行国家标准《混凝土结构设计规范》(GB 50010—2010)的相关规定。

(9) 支护桩顶部应设置混凝土冠梁。冠梁的宽度不宜小于桩径，高度不宜小于桩径的 0.6 倍。冠梁钢筋应符合现行国家标准《混凝土结构设计规范》(GB 50010—2010)对梁的构造配筋要求。冠梁用作支撑或锚杆的传力构件或按空间结构设计时，尚应按受力构件进行截面设计。

(10) 在有主体建筑地下管线的部位，排桩冠梁宜低于地下管线。

(11) 排桩的桩间土应采取防护措施。桩间土防护措施宜采用内置钢筋网或钢丝网的喷射混凝土面层。喷射混凝土面层的厚度不宜小于 50mm，混凝土强度等级不宜低于 C20，混凝土面层内配置的钢筋网的纵横向间距不宜大于 200mm。钢筋网或钢丝网宜采用横向拉筋与两侧桩体连接，拉筋直径不宜小于 12mm，拉筋锚固在桩内的长度不宜小于 100mm。钢筋网宜采用桩间土内打入直径不小于 12mm 的钢筋钉固定，钢筋钉打入桩间土中的长度不宜小于排桩净间距的 1.5 倍且不应小于 500mm。

(12) 采用降水措施的基坑，在有可能出现渗水的部位应设置泄水管，泄水管应采取防止土颗粒流失的反滤措施。

(13) 排桩采用素混凝土桩与钢筋混凝土桩间隔布置的钻孔咬合桩形式时，支护桩的桩径可取 800～1500mm，相邻桩咬合不宜小于 200mm。素混凝土桩应采用强度等级不小于 C15 的超缓凝混凝土，其初凝时间宜控制在 40～70h，坍落度宜取 12～14mm。

6.6.4 双排桩设计

双排桩结构可采用如图 6.30 所示的平面刚架结构模型进行计算，作用在后排桩上的土压力按主动土压力计算，前排桩嵌固段上的土反力应按式(6.27)确定，作用在单根后排支护桩上的主动土压力计算宽度应取排桩间距，土反力计算宽度与单排桩时相同，按图 6.31 确定。前、后排桩间土对桩侧的压力可按下式计算：

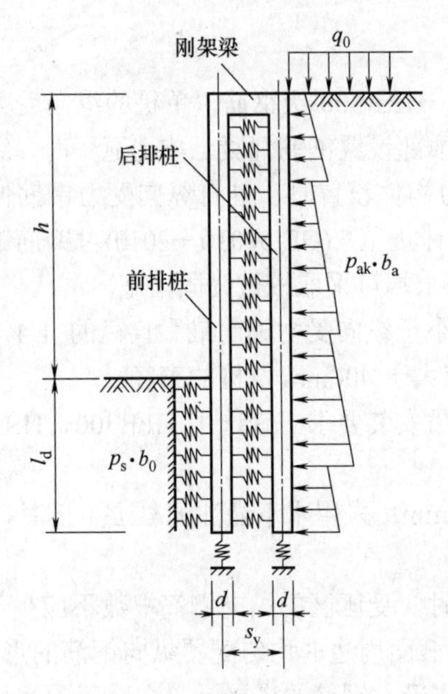

图 6.30 双排桩计算

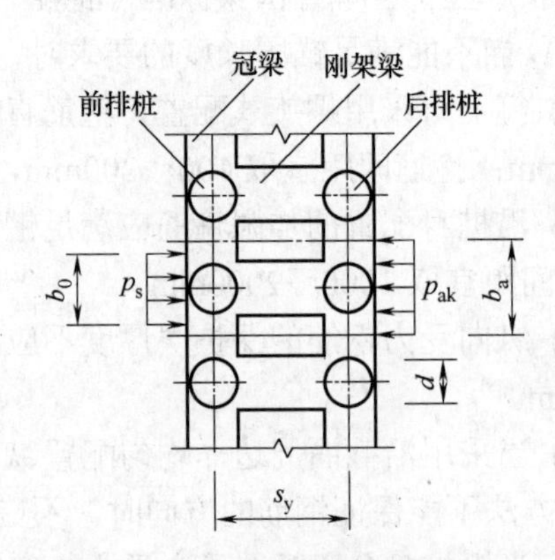

图 6.31 双排桩桩顶连梁布置

$$p_c = k_c \Delta v + p_{c0} \tag{6.54}$$

式中：p_c ——前、后排桩间土体对桩侧的压力，可按作用在前、后排桩上的压力相等考虑；

k_c——桩间土的水平刚度系数；

Δv——前、后排桩水平位移的差值，当其相对位移减小时为正值，当其相对位移增加时取Δv=0；

p_{c0}——前、后排桩间土体对桩侧的初始压力。

前、后排桩间土体对桩侧的初始压力可按下式计算：

$$p_{c0} = (2\alpha - \alpha^2) p_{ak} \tag{6.55}$$

$$\alpha = \frac{s_y - d}{h \cdot \tan(45^\circ - \varphi_m / 2)} \tag{6.56}$$

式中：p_{ak}——支护结构外侧，第 i 层土中计算点的主动土压力强度标准值；

h——基坑深度；

φ_m——基坑底面以上各土层按土层厚度加权的内摩擦角平均值；

α——计算系数，当计算的α 大于 1 时取$\alpha = 1$。

双排桩结构的嵌固稳定性应符合下式规定(图 6.32)：

$$\frac{E_{pk} a_p + G \cdot a_G}{E_{ak} a_a} \geqslant K_{em} \tag{6.57}$$

式中：K_{em}——嵌固稳定安全系数，安全等级为一级、二级、三级的支挡式结构，K_{em} 分别不应小于 1.25、1.2、1.15；

E_{ak}，E_{pk}——基坑外侧主动土压力、基坑内侧被动土压力的标准值；

a_a，a_p——基坑外侧主动土压力、基坑内侧被动土压力的合力作用点至挡土构件底端的距离；

G——排桩、桩顶连梁和桩间土的自重之和；

a_G——双排桩、桩顶连梁和桩间土的重心至前排桩边缘的水平距离。

双排桩排距宜取 $2d$～$5d$。刚架梁的宽度不应小于 d，高度不宜小于 $0.8d$，刚架梁高度与双排桩排距的比值宜取 1/6～1/3。

双排桩结构的嵌固深度，对淤泥质土，不宜小于 $1.0h$ (h 为基坑深度)；对淤泥，不宜小于 $1.2h$；对一般黏性土、砂土，不宜小于 $0.6h$。前排桩桩端宜处于桩端阻力较高的土层。采用泥浆护壁灌注桩时，施工时的孔底沉渣厚度不应大于 50mm，或应采用桩底后注浆加固沉渣。

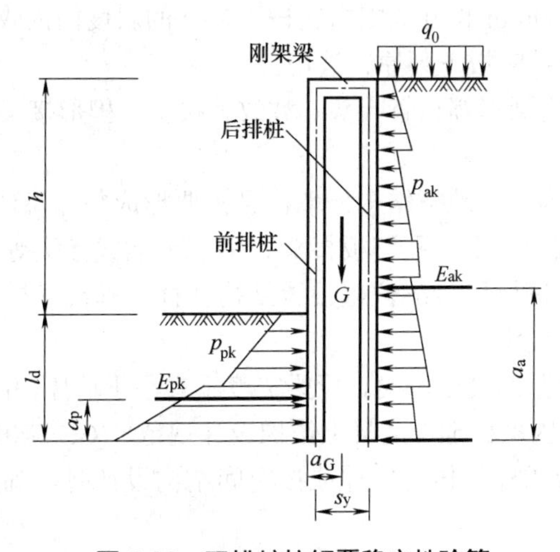

图 6.32　双排桩抗倾覆稳定性验算

双排桩应按偏心受压、偏心受拉构件进行支护桩的截面承载力计算，刚架梁应根据其跨高比按普通受弯构件或深受弯构件进行截面承载力计算。双排桩结构的截面承载力和构造应符合现行国家标准《混凝土结构设计规范》(GB 50010—2010)的有关规定。

前、后排桩与刚架梁节点处，桩受拉钢筋与刚架梁受拉钢筋的搭接长度不应小于受拉钢筋的锚固长度 1.5 倍，其节点构造尚应符合现行国家标准《混凝土结构设计规范》(GB 50010—2010)对框架顶层端节点的有关规定。

6.6.5 地下连续墙构造要求

地下连续墙的墙体厚度宜按成槽机的规格，选取 600mm、800mm、1000mm 或 1200mm。

一字形槽段长度宜取 4～6m。当成槽施工可能对周边环境产生不利影响或槽壁稳定性较差时，应取较小的槽段长度。必要时，宜采用搅拌桩对槽壁进行加固。

地下连续墙的转角处或有特殊要求时，单元槽段的平面形状可采用 L 形、T 形等。

地下连续墙的混凝土设计强度等级宜取 C30～C40。地下连续墙用于截水时，墙体混凝土抗渗等级不宜小于 P6，槽段接头应满足截水要求。当地下连续墙同时作为主体地下结构构件时，墙体混凝土抗渗等级应满足现行国家标准《地下工程防水技术规范》(GB 50108—2013)及其他相关规范的要求。

地下连续墙的纵向受力钢筋应沿墙身每侧均匀配置，可按内力大小沿墙体纵向分段配置，且通长配置的纵向钢筋不应小于 50%；纵向受力钢筋宜采用 HRB400、HRB500 钢筋，直径不宜小于 16mm，净间距不宜小于 75mm。水平钢筋及构造钢筋宜选用 HPB300 或 HRB400 钢筋，直径不宜小于 12mm，水平钢筋间距宜取 200～400mm。冠梁按构造设置时，纵向钢筋锚入冠梁的长度宜取冠梁厚度。冠梁按结构受力构件设置时，墙身纵向受力钢筋伸入冠梁的锚固长度应符合现行国家标准《混凝土结构设计规范》(GB 50010—2010)对钢筋锚固的有关规定。当不能满足锚固长度的要求时，其钢筋末端可采取机械锚固措施。

地下连续墙纵向受力钢筋的保护层厚度，在基坑内侧不宜小于 50mm，在基坑外侧不宜小于 70mm。

钢筋笼端部与槽段接头之间、钢筋笼端部与相邻墙段混凝土面之间的间隙应不大于 150mm，纵向钢筋下端 500mm 长度范围内宜按 1∶10 的斜度向内收口。

地下连续墙的槽段接头应按下列原则选用。

(1) 地下连续墙宜采用圆形锁口管接头、波纹管接头、楔形接头、工字形钢接头或混凝土预制接头等柔性接头。

(2) 当地下连续墙作为主体地下结构外墙，且需要形成整体墙体时，宜采用刚性接头；刚性接头可采用一字形或十字形穿孔钢板接头、钢筋承插式接头等；在采取地下连续墙顶设置通长的冠梁、墙壁内侧槽段接缝位置设置结构壁柱、基础底板与地下连续墙刚性连接等措施时，也可采用柔性接头。

地下连续墙墙顶应设置混凝土冠梁。冠梁宽度不宜小于墙厚，高度不宜小于墙厚的 0.6 倍。冠梁钢筋应符合现行国家标准《混凝土结构设计规范》(GB 50010—2010)对梁的构造配筋要求。冠梁用作支撑或锚杆的传力构件或按空间结构设计时，尚应按受力构件进行截面设计。

6.6.6　内支撑结构设计

1. 内支撑结构选型

1) 选型原则

内支撑结构可选用钢支撑、混凝土支撑、钢与混凝土的混合支撑。内支撑结构选型应符合下列原则。

(1) 宜采用受力明确、连接可靠、施工方便的结构形式。

(2) 宜采用对称平衡性、整体性强的结构形式。

(3) 应与主体地下结构的结构形式、施工顺序协调，应便于主体结构施工。

(4) 应利于基坑土方开挖和运输。

(5) 需要时应考虑内支撑结构作为施工平台。

2) 内支撑形式

内支撑结构应综合考虑基坑平面的形状及尺寸、开挖深度、周边环境条件、主体结构的形式等因素，选用有支柱或无支柱的下列内支撑形式。

(1) 水平对撑或斜撑，可采用单杆、桁架、八字形支撑。

(2) 正交或斜交的平面杆系支撑。

(3) 环形杆系或环形板系支撑。

(4) 竖向斜撑。

2. 内支撑结构设计

1) 内支撑结构分析原则

内支撑结构宜采用超静定结构，个别次要构件失效会引起结构整体破坏的部位，宜设置赘余约束。内支撑结构设计时，应考虑地质和环境条件的复杂性、基坑开挖步序的偶然变化的影响。

(1) 水平对撑与水平斜撑，应按偏心受压构件进行计算；支撑的轴向压力应取支撑间距内挡土构件的支点力之和；腰梁或冠梁应按以支撑为支座的多跨连续梁计算，计算跨度可取相邻支撑点的中心距。

(2) 矩形基坑的正交平面杆系支撑可分解为纵横两个方向的结构单元，并分别按偏心受压构件进行计算。

(3) 平面杆系支撑、环形杆系支撑，可按平面杆系结构采用平面有限元法进行计算，计算时应考虑基坑不同方向上的荷载不均匀性；建立的计算模型中，约束支座的设置应与支护结构实际位移状态相符，内支撑结构边界向基坑外位移处应设置弹性约束支座，向基坑内位移处不应设置支座，与边界平行方向应根据支护结构实际位移状态设置支座。

(4) 内支撑结构应进行竖向荷载作用下结构分析；设有立柱时，在竖向荷载作用下内支撑结构宜按空间框架计算，当作用在内支撑结构上的竖向荷载较小时，内支撑的水平构件可按连续梁计算，计算跨度可取相邻立柱的中心距。

(5) 竖向斜撑应按偏心受压杆件进行计算。

(6) 当有可靠经验时，宜采用三维结构分析方法，对支撑、腰梁与冠梁、挡土构件进行整体分析。

2) 内支撑结构分析时应同时考虑的作用

(1) 由挡土构件传至内支撑结构的水平荷载。

(2) 支撑结构自重；当支撑作为施工平台时，尚应考虑施工荷载。

(3) 当温度改变引起的支撑结构内力不可忽略不计时，应考虑温度应力。

(4) 当支撑立柱下沉或隆起量较大时，应考虑支撑立柱与挡土构件之间差异沉降产生的作用。

3) 承载力及构造要求

混凝土支撑构件及其连接的受压、受弯、受剪承载力计算应符合现行国家标准《混凝土结构设计规范》(GB 50010—2010)的规定；钢支撑结构构件及其连接的受压、受弯、受剪承载力及各类稳定性计算应符合现行国家标准《钢结构设计规范》(GB 50017—2003)的规定。支撑的承载力计算应考虑施工偏心误差的影响，偏心距取值不宜小于支撑计算长度的1/1000，且对混凝土支撑不宜小于20mm，对钢支撑不宜小于40mm。

4) 支撑构件的受压计算长度

(1) 水平支撑在竖向平面内的受压计算长度，不设置立柱时应取支撑的实际长度，设置立柱时应取相邻立柱的中心间距。

(2) 水平支撑在水平平面内的受压计算长度，对无水平支撑杆件交汇的支撑，应取支撑的实际长度；对有水平支撑杆件交汇的支撑，应取与支撑相交的相邻水平支撑杆件的中心间距；当水平支撑杆件的交汇点不在同一水平面内时，水平平面内的受压计算长度宜取与支撑相交的相邻水平支撑杆件中心间距的1.5倍。

(3) 对竖向斜撑，也应按前2款的规定确定受压计算长度。

(4) 预加轴向压力的支撑，预加力值宜取支撑轴向压力标准值的0.5～0.8倍，且应与第6.4节中的支撑预加轴向压力一致。

(5) 在竖向荷载作用下，内支撑结构按框架计算时，立柱应按偏心受压构件计算；内支撑结构按连续梁计算时，立柱可按轴心受压构件计算。

(6) 对于立柱的受压计算长度，单层支撑的立柱、多层支撑底层立柱的受压计算长度应取底层支撑至基坑底面的净高度与立柱直径或边长的5倍之和；相邻两层水平支撑间的立柱受压计算长度应取水平支撑的中心间距。

(7) 立柱的基础应满足抗压和抗拔的要求。

5) 内支撑的平面布置

(1) 内支撑的布置应满足主体结构的施工要求，宜避开地下主体结构的墙、柱。

(2) 相邻支撑的水平间距应满足土方开挖的施工要求；采用机械挖土时应满足挖土机械作业的空间要求，且不宜小于4m。

(3) 基坑形状有阳角时，阳角处的支撑应在两边同时设置。

(4) 当采用环形支撑时，环梁宜采用圆形、椭圆形等封闭曲线形式，并应按使环梁弯矩、剪力最小的原则布置辐射支撑；环形支撑宜采用与腰梁或冠梁相切的布置形式。

(5) 水平支撑应设置与挡土构件之间应设置连接腰梁；当支撑设置在挡土构件顶部时，水平支撑应与冠梁连接；在腰梁或冠梁上支撑点的间距，对钢腰梁不宜大于4m，对混凝土梁不宜大于9m。

(6) 当需要采用较大水平间距的支撑时，宜根据支撑冠梁、腰梁的受力和承载力要求，在支撑端部设置八字斜撑杆与冠梁、腰梁连接，八字斜撑杆宜在主撑两侧对称布置，且斜撑杆的长度不宜大于 9m，斜撑杆与冠梁、腰梁之间的夹角宜取 45°～60°。

(7) 当设置支撑立柱时，临时立柱应避开主体结构的梁、柱及承重墙；对纵横双向交叉的支撑结构，立柱宜设置在支撑的交汇点处；对用作主体结构柱的立柱，立柱在基坑支护阶段的负荷不得超过主体结构的设计要求；立柱与支撑端部及立柱之间的间距应根据支撑构件的稳定要求和竖向荷载的大小确定，且对混凝土支撑不宜大于 15m，对钢支撑不宜大于 20m。

(8) 当采用竖向斜撑时，应设置斜撑基础，且应考虑与主体结构底板施工的关系。

6) 支撑的竖向布置

(1) 支撑与挡土构件连接处不应出现拉力。

(2) 支撑应避开主体地下结构底板和楼板的位置，并应满足主体地下结构施工对墙、柱钢筋连接长度的要求；当支撑下方的主体结构楼板在支撑拆除前施工时，支撑底面与下方主体结构楼板间的净距不宜小于 700mm。

(3) 支撑至基底的净高不宜小于 3m。

(4) 采用多层水平支撑时，各层水平支撑宜布置在同一竖向平面内，层间净高不宜小于 3m。

3. 内支撑构件的构造要求

1) 混凝土支撑

(1) 混凝土的强度等级不应低于 C25。

(2) 支撑构件的截面高度不宜小于其竖向平面内计算长度的 1/20；腰梁的截面高度(水平方向)不宜小于其水平方向计算跨度的 1/10，截面宽度(竖向尺寸)不应小于支撑的截面高度。

(3) 支撑构件的纵向钢筋直径不宜小于 16mm，沿截面周边的间距不宜大于 200mm；箍筋的直径不宜小于 8mm，间距不宜大于 250mm。

2) 钢支撑

(1) 钢支撑构件可采用钢管、型钢及其组合截面。

(2) 钢支撑受压杆件的长细比不应大于 150，受拉杆件长细比不应大于 200。

(3) 钢支撑连接宜采用螺栓连接，必要时可采用焊接连接。

(4) 当水平支撑与腰梁斜交时，腰梁上应设置牛腿或采用其他能够承受剪力的连接措施。

(5) 采用竖向斜撑时，腰梁和支撑基础上应设置牛腿或采用其他能够承受剪力的连接措施；腰梁与挡土构件之间应采用能够承受剪力的连接措施；斜撑基础应满足竖向承载力和水平承载力要求。

3) 立柱

(1) 立柱可采用钢格构、钢管、型钢或钢管混凝土等形式。

(2) 当采用灌注桩作为立柱的基础时，钢立柱锚入桩内的长度不宜小于立柱长边或直径的 4 倍。

(3) 立柱长细比不宜大于 25。

(4) 立柱与水平支撑的连接可采用铰接。

(5) 立柱穿过主体结构底板的部位，应有有效的止水措施。

混凝土支撑构件的构造，尚应符合现行国家标准《混凝土结构设计规范》(GB 50010)的有关规定。钢支撑构件的构造，尚应符合现行国家标准《钢结构设计规范》(GB 50017)的有关规定。

6.7 支护结构与主体结构的结合及逆作法

6.7.1 简述

逆作法一般是先沿建筑物地下室轴线施工地下连续墙或沿基坑的周围施工其他临时围护墙，同时在建筑物内部的有关位置浇筑或打下中间支承桩和柱，作为施工期间于底板封底之前承受上部结构自重和施工荷载的支承，然后施工地面一层的梁板结构，作为地下连续墙或其他围护墙的水平支撑，随后逐层向下开挖土方和浇筑各层地下结构，直至底板封底；同时，由于地面一层的楼面结构已经完成，为上部结构的施工创造了条件，可以同时向上逐层进行地上结构的施工。如此地面上、下同时进行施工，直至工程结束。逆作法可以分为全逆作法、半逆作法及部分逆作法。

支护结构与主体结构相结合的优点有：

1) 节约资源，有利于基坑工程的可持续发展

深度较大的多层地下结构，如采用常规顺作方法施工，需设置临时围护墙体，同时为减少支护结构变形需设置强大的内部支撑或外部拉锚系统，另外内部需设置支撑系统的临时支撑立柱，此后还需拆除。这些临时围护结构需要消耗大量建筑材料。而采用支护结构与主体结构相结合时，则可以避免大量临时围护结构的设置，因而可以节约大量的建筑材料。同时，因采用主体地下结构作为支护结构，不存在临时围护结构如钻孔灌注桩及锚杆等在地下结构施工完成后就被废弃于土中的问题，从而可以避免对后续工程产生不利影响；也可避免临时钢筋混凝土水平支撑的拆除而产生的废弃混凝土污染问题。因而支护结构与主体结构相结合可以称作是一项绿色的基坑支护技术。

2) 具有较强的经济性

采用常规的临时支护结构时，这些临时结构的施工费用相当可观，深大基坑工程的临时水平支撑的费用可高达上千万元。而采用支护结构与主体结构相结合技术，地下连续墙同时作为围护墙和结构外墙，利用地下结构梁板作为水平支撑不需另外设置临时水平支撑，立柱即为主体竖向构件，不存在拆除问题，因此其经济效果非常良好。此外，因总工期缩短而创造的经济效益则更为可观。例如上海电信大楼基坑深 11m，设置 3 层的地下室，用常规顺作方法施工时，为保证支护结构的稳定，约需临时钢围凛和钢支撑 1350t，按当时价格计算约需施工费用 80 万～90 万元。而用支护结构与主体结构相结合方法施工，土方开挖后是利用地下室结构本身来支撑作为支护结构的地下连续墙，就省去这项临时支撑的费用。又如上海铁路南站北广场，基坑面积约 40 000m^2，开挖深度 12.5m,采用支护结构与主体结构全面相结合技术，共节约工程投资约 400 万元。

3) 可缩短工程施工的总工期

带多层地下室的高层建筑，如采用传统临时支护体系方法施工，其总工期为地下结构工期加地上结构工期，再加装修等所占之工期。而采用支护结构与主体结构相结合的全逆作法施工，有条件采取地上和地下同时作业，一般情况下只有地下一层占绝对工期，其他各层地下室可与地上结构同时施工，不占绝对工期，因此可以缩短工程的总工期。如日本读卖新闻社大楼，地上 9 层、地下 6 层，用全逆作法上下同时施工，总工期仅 22 个月，比传统临时支护方法施工方法缩短工期 6 个月。又如有 6 层地下室的法国黎拉弗埃特百货大楼，用全逆作法施工工期缩短 1/3。工程实践同时表明，地下结构楼层愈多，用支护结构与主体结构相结合则工期缩短愈显著。

4) 基坑变形小且对周围环境的影响小

采用支护结构与主体结构相结合，可利用逐层浇筑的地下室结构作为基坑围护墙(地下连续墙)的内部支撑。由于地下结构水平构件与临时支撑相比刚度大得多，所以围护结构在侧压力作用下的变形相对较小。此外，由于中间支承柱的存在，底板增加了支承点，使浇筑后的底板成为多跨连续板结构，跨度减小，从而使底板的隆起也减少。因此，结构梁板代支撑有利于减小基坑变形，使相邻建筑物、道路和地下管线等的沉降减少，在施工期间可保证其正常使用。上海地区的基坑工程变形统计资料表明，采用支护结构与主体结构相结合基坑的围护体，平均最大变形仅为常规顺作法基坑的一半左右。

支护结构与主体结构可采用下列结合方式：

(1) 支护结构的地下连续墙与主体地下结构外墙相结合。

(2) 支护结构的水平支撑与主体地下结构水平构件相结合。

(3) 支护结构的竖向支承立柱与主体地下结构竖向构件相结合。

6.7.2　支护结构与主体结构相结合设计

支护结构与主体结构相结合时，应分别按基坑支护各设计状况与主体结构各设计状况进行设计。与主体结构相关的构件之间的节点连接、变形协调与防水构造应满足主体结构的设计要求。按支护结构设计时，作用在支护结构上的荷载除土、水压力、地面荷载外，尚应同时考虑施工时的主体结构自重及施工荷载；按主体结构设计时，作用在主体地下结构外墙上的土压力应采用静止土压力。

1. 地下连续墙与地下结构外墙结合的形式

地下连续墙与主体地下结构外墙相结合时，可采用单一墙、复合墙或叠合墙结构形式(图 6.33)：

1) 单一墙

地下连续墙应独立作为主体结构外墙，永久使用阶段应按地下连续墙承担全部外墙荷载进行设计。

2) 复合墙

地下连续墙应作为主体结构外墙的一部分，其内侧应设置混凝土衬墙，二者之间的结合面应按不承受剪力进行构造设计，永久使用阶段水平荷载作用下的墙体内力宜按地下连续墙与衬墙的刚度比例进行分配。

3) 叠合墙

地下连续墙应作为主体结构外墙的一部分，其内侧应设置混凝土衬墙，二者之间的结合面应按承受剪力进行连接构造设计，永久使用阶段地下连续墙与衬墙应按整体考虑，外墙厚度应取地下连续墙与衬墙厚度之和。

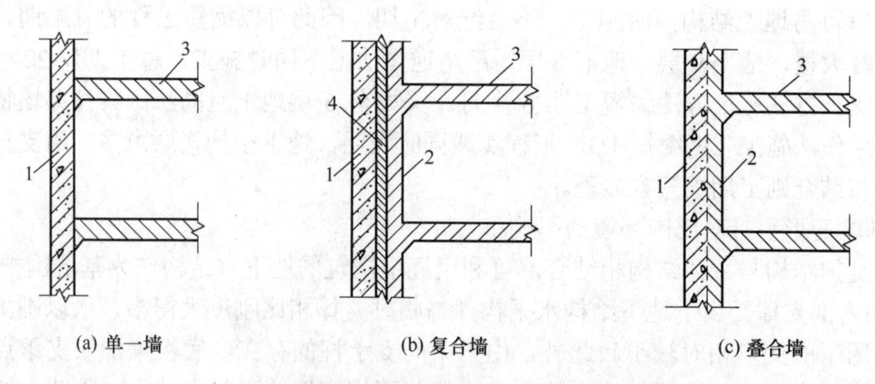

图 6.33　地下连续墙与地下结构外墙结合的形式

1—地下连续墙；2—衬墙；3—楼盖；4—衬垫材料

2. 地下连续墙与主体结构外墙结合时地下连续墙计算原则

(1) 水平荷载作用下，地下连续墙应按以主体地下楼盖结构为支承的连续板或连续梁进行计算，结构分析尚应考虑与支护阶段地下连续墙内力、变形的叠加的工况。

(2) 地下连续墙应进行裂缝宽度验算；除特殊要求外，应按现行国家标准《混凝土结构设计规范》(GB 50010)的规定，按环境类别选用不同的裂缝控制等级及最大裂缝宽度限值。

(3) 地下连续墙作为主要竖向承重构件时，应分别按承载能力极限状态和正常使用极限状态验算地下连续墙的竖向承载力和沉降量。地下连续墙的竖向承载力宜通过现场静载荷试验确定；无试验条件时，可按钻孔灌注桩的竖向承载力计算公式进行估算，墙身截面有效周长应取与周边土体接触部分的长度，计算侧阻力时的墙体长度应取基底以下的嵌固深度；地下连续墙采用刚性接头时，应对刚性接头进行抗剪验算。

(4) 地下连续墙承受竖向荷载时，应按偏心受压构件计算正截面承载力。

(5) 墙顶冠梁与墙体及上部结构的连接处应验算截面受剪承载力。

3. 地下连续墙作为主体结构的主要竖向承重构件时协调地下连续墙与内部结构之间差异沉降的措施

(1) 宜选择压缩性较低的土层作为地下连续墙的持力层。

(2) 宜采取对地下连续墙墙底注浆加固的措施。

(3) 宜在地下连续墙附近的基础底板下设置基础桩。

4. 用作主体结构的地下连续墙与内部结构的连接及防水构造要求

(1) 地下连续墙与主体地下结构的连接可采用墙内预埋弯起钢筋、钢筋接驳器、钢板等，预埋钢筋直径不宜大于 20mm，并应采用 HPB300 钢筋；连接钢筋直径大于 20mm 时，宜采用钢筋接驳器连接；无法预埋钢筋或埋设精度无法满足设计要求时，可采用预埋钢板的方式。

(2) 地下连续墙墙段间的竖向接缝宜设置防渗和止水构造；有条件时，可在墙体内侧接缝处设扶壁式构造柱或框架柱；当地下连续墙内侧设有构造衬墙时，应在地下连续墙与衬墙间设置排水通道。

(3) 地下连续墙与主体结构顶板、底板的连接接缝处，应按地下结构的防水等级要求，设置刚性止水片、遇水膨胀橡胶止水条或预埋注浆管等构造措施。

5. 水平支撑与主体结构水平构件相结合时用作支撑的楼盖的计算原则

(1) 应符合 6.6.5 节内支撑结构设计的要求。

(2) 当楼盖结构兼作为施工平台时，应按水平和竖向荷载同时作用进行计算。

(3) 同层楼板面存在高差的部位，应验算该部位构件的受弯、受剪、受扭承载能力，必要时应设置可靠的水平向转换结构或临时支撑等措施。

(4) 在结构楼板的洞口及车道开口部位，当洞口两侧的梁板不能满足传力要求时应采用设置临时支撑等措施。

(5) 各层楼盖设结构分缝或后浇带处，应设置水平传力构件，其承载力应通过计算确定。

水平支撑与地下结构水平构件相结合时，主体结构各设计状况下主体结构楼盖的计算分析应考虑与支护阶段楼盖内力、变形叠加的工况。

当楼盖采用梁板结构体系时，框架梁截面的宽度，应根据梁柱节点位置框架梁主筋穿过的要求，适当大于竖向支承立柱的截面宽度。当框架梁宽度在梁柱节点位置不能满足主筋穿过的要求时，在梁柱节点位置应采取梁的宽度方向加腋、环梁节点、连接环板等措施。

6. 竖向支承立柱与主体结构竖向构件相结合时支护阶段立柱和立柱桩的计算原则

(1) 应符合 6.6.5 节内支撑结构设计的要求。

(2) 立柱及立柱桩的承载力与沉降计算时，立柱及立柱桩的荷载应包括支护阶段施工的主体结构自重及其所承受的施工荷载，并应按其安装的垂直度允许偏差考虑竖向荷载偏心的影响。

(3) 在主体结构底板施工前，立柱基础之间及立柱与地下连续墙之间的差异沉降不宜大于 20mm，且不宜大于柱距的 1/400。

在主体结构的短暂与持久设计状况下，宜考虑立柱基础之间的差异沉降及立柱与地下连续墙之间的差异沉降引起的结构次应力，并应采取防止裂缝产生的措施。立柱桩采用钻孔灌注桩时，可采用后注浆措施减小立柱桩的沉降。

7. 竖向支承立柱与主体结构竖向构件相结合时的布置与构造要求

(1) 一根结构柱位置宜布置一根立柱及立柱桩。当一根立柱无法满足逆作施工阶段的承载力与沉降要求时，也可采用一根结构柱位置布置多根立柱和立柱桩的形式。

(2) 立柱应根据支护阶段承受的荷载要求及主体结构设计要求，采用格构式钢立柱、H形钢立柱或钢管混凝土立柱等形式；立柱桩宜采用灌注桩，并应尽量利用主体结构的基础桩。

(3) 立柱采用角钢格构柱时，其边长不宜小于 420mm；采用钢管混凝土柱时，钢管直径不宜小于 500mm。

(4) 外包混凝土形成主体结构框架柱的立柱，其形式与截面应与地下结构梁板和柱的截面与钢筋配置相协调，其节点构造应保证结构整体受力与节点连接可靠性；立柱应在地下结构底板混凝土浇筑完后逐层在立柱外侧浇筑混凝土，形成地下结构框架柱。

(5) 立柱与水平构件连接节点的抗剪钢筋、栓钉或钢牛腿等抗剪构造应根据计算确定。

(6) 采用钢管混凝土立柱时，插入立柱桩的钢管的混凝土保护层厚度不应小于100mm。

6.7.3 支护结构与主体结构的构件相结合工程实例——中国平安金融大厦

1) 工程简介及地质条件

中国平安金融大厦地处浦东小陆家嘴金融贸易中心区，由39层主楼和4层裙楼组成。主楼采用SRC(Steel Reinforced Concrete——型钢混凝土、钢骨混凝土)框架–钢核心筒结构，裙楼采用钢筋混凝土框架结构，均设置3层地下室；基础采用桩筏基础。本工程基坑面积为17 946m^2，基坑开挖深度主楼区域约为17.90m，裙楼区域约为16.90m。基地西侧为银城北路，南侧为正在运营的地铁二号线陆家嘴车站及出入口通道；东侧为已建的交通金融大厦；北侧为东园路。道路下有各类管线，且距基坑的距离很近，基坑环境保护要求极高。

工程场地为古河道区域，地貌形态单一，地势平坦。自上而下土层分别为①杂填土、②$_0$黏质粉土、④淤泥质黏土、⑤$_{-1}$粉质黏土、⑤$_{-3}$粉质黏土、⑤$_{-4}$粉质黏土、⑦$_{-1}$砂质粉土、⑦$_{-2-1}$粉砂。其中，第①层杂填土成分复杂，场地内遍布，局部厚度较大。第②$_0$层黏质粉土层，结构松散，透水性好，是基坑开挖深度涉及范围内的主要土层，易产生流砂、管涌。浅部地下水属潜水，静止水位深为0.50～2.19m。第⑦层土为上海的第一承压含水层，水位埋深变化范围为3.0～11.0m。

2) 基坑支护总体设计方案

本基坑工程面积大，开挖深度较深，施工难度高，周边环境复杂，保护要求较高。在安全、合理、经济、可行的基本原则下，针对本基坑的规模、场地内的土层条件及周边环境等实际情况，本基坑工程采用地下连续墙(两墙合一)结合坑内三道钢筋混凝土临时支撑系统的总体设计方案。

整个基坑分为两大区域，即主楼区域及裙房区域，由于主楼位于整个建筑物的中间位置，裙房又分为两个区域，总体施工按照先主楼后裙房的流程，裙房两个区域同时施工。基坑工程施工阶段地下连续墙既作为挡土结构又作为止水帷幕，起到挡土和止水的目的。同时，地下连续墙在结构永久使用阶段作为主体地下室结构外墙，通过与主体地下结构内部水平梁板构件的有效连接，不再另外设置地下结构外墙。基坑竖向设置三道钢筋混凝土支撑，呈边桁架加对撑布置。基坑内从第二步土方及以下土方的开挖采用周边放坡、中部盆式开挖的方式，盆式开挖至第二、三道支撑相应的底标高之后，首先形成中部的支撑系统，其后对称、分块开挖基坑周边留土，并及时浇筑形成周边的中部支撑，最后挖除基坑四角留土，浇筑角撑。基坑开挖到坑底后再，由下而上顺作地下室结构，并相应拆除支撑系统。

3) 两墙合一地下连续墙设计

在主楼侧和裙楼地铁侧区域采用1.0m厚的地下连续墙，裙楼地铁侧采用0.8m厚的地下连续墙；1.0m厚的地下连续墙的有效长度均为37.80m(主楼区域承重地下连续墙)和31.20m(地铁侧)，0.8m厚的地下连续墙有效长度为27.70m，地下连续墙混凝土强度等级C30。

西侧竖向承重地下连续墙接头采用十字钢板刚性接头，该接头可承受地下连续墙垂直接缝上的剪力，协调槽段间的不均匀沉降，同时穿孔钢板接头亦具备较好的止水性能。其余部分槽段采用圆形锁口管接头，该接头构造简单，止水性能较好。地下连续墙墙顶落低，墙顶部设置贯通封闭的压顶圈梁，以增强地下连续墙的纵向整体性；顶板和压顶梁同时浇捣形成整体连接；地下连续墙内预埋钢筋接驳器，与结构底板及剪力墙连接；地下连续墙内预埋钢筋与地下一层、地下二层楼板连接。在地下连续墙内侧设置内衬砖墙，起到改善建筑内立面和防潮的作用。

西侧主楼区域主体结构有11根型钢柱直接落在地下连续墙顶部，需在地下连续墙中设置钢柱(钢柱间距3m)，作为主体结构竖向构件，其竖向荷载标准值为1389～4643kN。为承受该竖向荷载，该部分地下连续墙的有效长度适当增大，进入⑦$_{-2-1}$层，并结合墙底注浆加固，以确保墙底端承力的充分发挥。主体结构在该位置地连墙内部同时设置边桩，以增加竖向承载的安全储备，并协调地下连续墙和主体结构的沉降。围护结构剖面如图6.34所示。

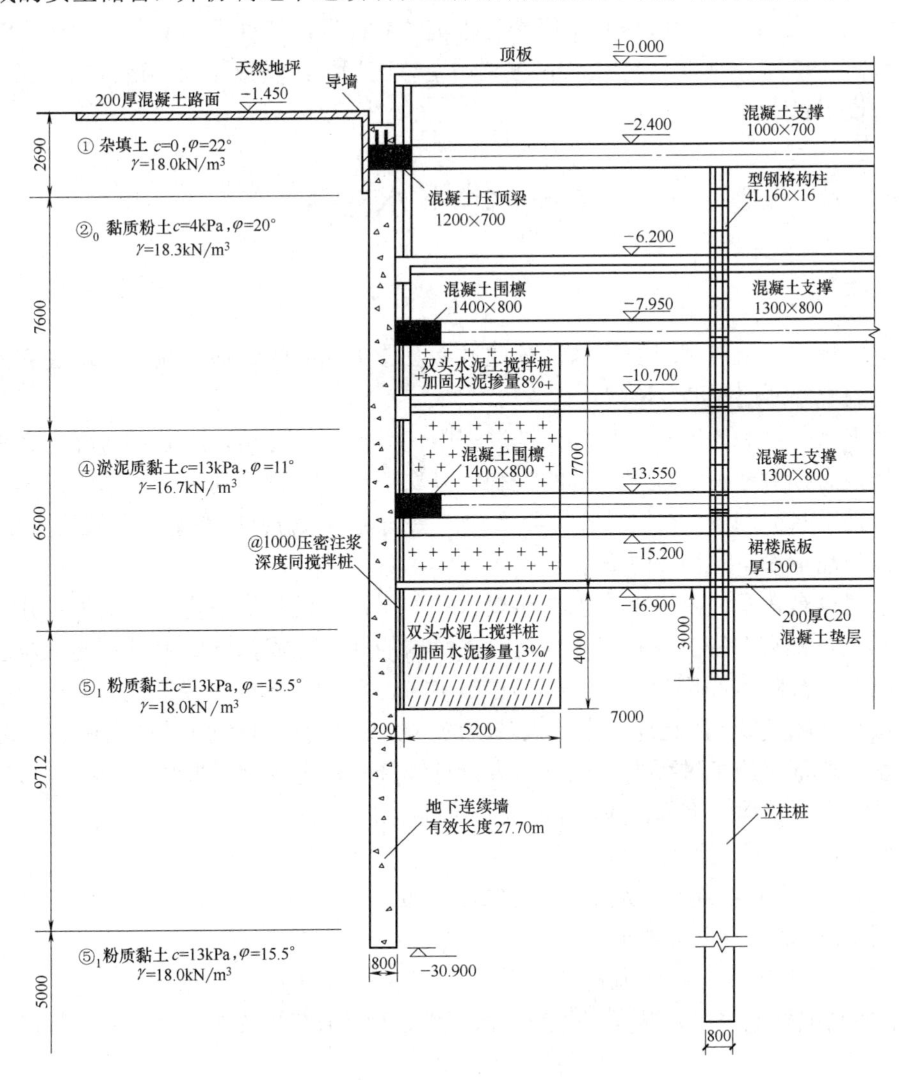

图6.34 中国平安金融大厦基坑围护结构剖面图

4) 水平支撑体系设计

基坑竖向设置三道水平钢筋混凝土支撑，钢筋混凝土内支撑可发挥混凝土材料抗压承载力高、变形小、刚度大的特点，对减小围护体水平位移、保证围护体整体稳定具有重要作用。第一道支撑对撑作为施工中挖、运土用的栈桥，方便施工。第一道支撑中心标高-2.9m，围檩截面 1200mm × 700mm，主撑截面 1000mm × 700mm，八字撑截面 800mm × 700mm；第二道支撑中心标高-8.6m，围檩截面 1400mm × 800mm，主撑截面 1300mm × 800mm，八字撑截面 1000mm × 800mm；第三道支撑中心标高-14.2m，围檩截面 1300mm × 800mm，主撑截面 1200mm × 800mm，八字撑截面 900mm × 800mm。

5) 竖向支承系统设计

栈桥区域和支撑杆件密集交汇处用 4L160mm × 16mm 型钢格构柱，其截面为 460mm × 460mm，其他区域采用 4L140mm × 14mm 型钢格构柱，格构柱插入作为立柱桩的钻孔灌注桩中。栈桥区域和支撑杆件密集交汇处利用裙楼工程桩的立柱桩，其桩身全截面范围需扩径至 800mm；其他非栈桥区域利用裙楼工程桩的立柱桩，其桩顶 4m 范围扩径至 800mm。本工程共需 186 根立柱桩，其中 136 根利用主体工程桩，支撑竖向钢格构立柱在穿越底板的范围内设置止水片。

6.8 地下水控制

6.8.1 概述

基坑工程地下水控制应防止基坑开挖过程及使用期间的管涌、流砂、坑底突涌及与地下水有关的坑外地层过度沉降。

在地下水位高的地区，在基坑开挖过程中，必须防止管涌、流砂及与降水有关的坑外地面变形，必须对地下水进行有效的控制，以保证土方开挖顺利实施。基坑工程的地下水控制通常采用两种方法：在坑外设置降水井，降低地下水位；或在基坑四周设置止水帷幕，隔离浅部分地下水，在基坑内降水。

集水明排是在基坑内设置排水沟和集水井，用抽水设备将基坑中水从集水井排出，达到疏干基坑内积水的目的。井点降水是对基坑内的地下水或基坑底板以下的承压水进行疏干或减压。隔水是用地下连续墙及喷射注浆(旋喷)、深层搅拌或注浆形成具有一定强度和抗渗能的截水墙或底板，阻止地下水流入基坑的方法，包括竖向隔水(悬挂式和落底式)及水平封底隔水。在基坑施工过程中，长时间大量持续降水，无论是采取止水或降水方案，都可能造成基坑周围的地面沉降，应注意其对环境带来的影响。

因此，地下水控制设计应满足下列要求：

(1) 地下工程施工期间，地下水位控制在基坑面以下 0.5～15m。

(2) 满足坑底突涌验算要求。

(3) 满足坑底和侧壁抗渗流稳定的要求。

(4) 控制坑外地面沉降量及沉降差，保证邻近建(构)筑物及地下管线的正常使用。

6.8.2　基坑降水

降低地下水位的方法有：集水明排及降水井，降水井包括电渗井点、轻型井点、喷射井点、管井、渗井；隔离地下水，包括地下连续墙、连续排列的排桩墙、隔水帷幕、坑底水平封底隔水等。

在设计降水方案以及具体的点位布置时，都要进行相应的基坑涌水量的水力学计算。在基坑降水计算中，首先计算基坑涌水量，再确定单井的出水能力，然后计算井点数，最后进行井点布置的设计。计算方法参考相应的水力学和水文地质教材。

1. 基坑降水设计内容

基坑降水设计应包括以下内容：

(1) 确定降水井类型。

(2) 确定降水深度(不宜小于基坑底面以下 0. 5m)，计算基坑涌水量和单井出水量。

(3) 设计基坑降水系统，包括降水井的布设(井数、井深、井距、井径、井管结构、人工过滤层的设置要求)，水泵选型，集水池和排水管线的布设。

(4) 计算基坑降水域内各典型部位的最终稳定水位及水位降深随时间变化。

(5) 计算降水引起的临时建(构)筑物及地下设施产生的沉降，必要时预测等水位线和等沉降线。

(6) 采用回灌时回灌井的设置及回灌系统设置。

(7) 水位预测孔的布设。

(8) 降水施工、运营、监测要求。

2. 降水方法及适用条件

常用的各种井点降水方法的适用条件如表 6.10 所示。

表 6.10　降水类型及适用条件

降水井类型＼适用条件	渗透系数/(cm/s)	可降低水位深度/m	土质类型
轻型井点及 多层轻型井点	$1\times10^{-7}\sim2\times10^{-4}$	<6 $6\sim10$	含薄层粉砂的粉质黏土、黏质粉土、砂质粉土、粉细砂
喷射井点	$1\times10^{-7}\sim2\times10^{-4}$	$8\sim20$	同上
电渗井点	$<1\times10^{-7}$	根据选定的井点确定	黏土，淤泥质黏土，粉质黏土
管井	$>1\times10^{-6}$	>10	含薄层粉砂的粉质黏土，砂质粉土，各类砂土，砂砾、卵石
砂(砾)渗井	$>5\times10^{-7}$	根据下伏导水层的性质及埋深确定	含薄层粉砂的粉质黏土，黏质粉土，粉土，粉细砂

对于弱透水地层(渗透系数不大于 1×10^{-7} cm/s)中的浅基坑，当基坑环境简单、含水层

较薄，降水深度较小时，可考虑采用集水明排；在其他情况下宜采用降水井降水、隔水措施或隔水、降水综合措施。

3. 地下水控制专项设计

高地下水位地区，当水文地质条件复杂，基坑周边环境保护要求高，设计等级为甲级的基坑工程，应进行地下水控制专项设计，以满足下列要求：

(1) 疏干基坑开挖范围内土体中的地下水，为基坑土方开挖创造干作业条件。

(2) 降低坑底下部承压含水层水头，或隔断承压含水层和坑内土层的联系，保证抗突涌安全，避免坑底土体发生渗流稳定破坏。

(3) 预估降水引起的地面沉降，采取适当的工程措施，避免发生较大的差异沉降，满足对周边环境保护的要求。

地下水控制专项设计应包含下列内容：

(1) 应具备专门的水文地质勘察资料，基坑周边环境调查报告及现场抽水试验资料。

(2) 基坑降水风险及降水设计，主要内容包括工程地下水风险分析，浅层潜水降水的影响，疏干降水效果的估计；承压水突涌风险分析；基坑抗突涌稳定性验算；疏干降水设计计算，疏干井数量、深度；减压设计，当对下部承压水采取减压降水时确定减压井数量、深度，以及减压运营的要求。

(3) 降水引起的地面沉降及环境保护措施，须进行减压降水的三维数值分析，减压降水结果的预测；减压降水对环境影响的分析及采取的工程措施。

(4) 基坑渗漏的风险预测及抢险措施。

(5) 降水运营、监测与管理措施。

6.8.3 基坑止水

当降水对基坑及周边建(构)筑物和地下设施带来不良影响时，可设置竖向止水帷幕，防止地下透水层向坑内渗流。当坑内降水时，由于止水帷幕的隔水作用，坑外的地下水位在短时间内不致受过大的影响，从而防止因降水而引起基坑周围地面的沉降。

竖向止水帷幕的设置应穿过透水层或弱透水层，真正起到隔水封闭作用。

当坑底下土体中存在承压水时，可在坑底设置水平向的止水帷幕，既可阻止地下水绕墙底向坑内渗流，又可防止承压水向上作用的水压力使基坑底面以下的土层发生突涌破坏。但一般可在承压水层中设置减压井以降低承压水头。当承压水头高、水量大时，也可以既设置水平向止水帷幕，又配合设置一定量的减压井，这样比较经济。

1. 隔水帷幕设计要求

隔水帷幕设计应符合下列规定：

(1) 采用地下连续墙或隔水帷幕隔离地下水，隔离帷幕渗透系数不大于1.0×10^{-4}m/d(1.0×10^{-7}cm/s)，竖向隔水帷幕深度宜插入下卧不透水层，其插入深度应满足抗渗流稳定的要求。

(2) 对坑底抗突涌进行验算，当不满足要求时可设置减压井。

(3) 对地下连续墙或隔水帷幕插入弱含水层或透水层(悬挂式帷幕)均应进行抗渗流稳定性计算，渗流的水力梯度应小于临界梯度。

(4) 对悬挂式帷幕，可与降水井降低水位或疏干坑内地下水相结合。

2. 常用止水帷幕的形式

1) 深层搅拌法

在支护桩、墙外侧，用深层搅拌法形成连续的水泥搅拌桩墙的止水帷幕体，是目前最常用的一种施工法。其平面排列方式有单排或双排桩两种。采用湿法搅拌时，水泥掺量为12%～15%，有效施工深度在 15m 左右。深层搅拌桩墙止水帷幕适用于软土地区，在硬土层中成桩困难，一般不适用。

2) 高压喷射注浆法

高压喷射注浆法的水泥浆液在 10～20MPa 的压力下切割破碎并搅拌桩身土体，形成高压喷射注浆水泥土止水帷幕，按帷幕墙形式的需要可采用喷旋、定喷、摆喷等喷注方式。

高压喷射注浆止水帷幕适用于砂类土、粉土及黏性土等土层，对含较多大粒径的块石、卵砾石地基效果较差。高压喷射注浆法水泥用量大，可达 600～700kg/m^3，造价较高。

6.9 基 坑 监 测

6.9.1 概述

在深基坑开挖施工过程中，基坑内外土体将由原来的静止土压力状态向被动和主动土压力状态转变，应力状态的改变引起土体的变形，即使采取了支护措施，一定数量的变形总是难以避免的。因此，在深基坑施工过程中，只有对基坑支护结构、基坑周围的土体和相邻的建(构)筑物进行综合、系统的监测，才能对工程情况有全面的了解，确保工程的顺利进行。

(1) 根据监测结果，发现安全隐患，防止工程和环境破坏事故的发生。

(2) 利用监测结果指导现场施工，进行信息化反馈优化设计，使设计达到优质安全、经济合理、施工简便。

(3) 将监测结果与理论预测值对比，用反分析法求得更准确设计计算参数，修正理论公式，以指导下阶段的施工或其他工程的设计和施工。

6.9.2 基坑监测项目

基坑监测项目根据基坑侧壁安全等级按表 6.11 执行。

表 6.11　基坑监测项目

监测项目	支护结构的安全等级		
	一 级	二 级	三 级
支护结构顶部水平位移	应测	应测	应测
基坑周边建(构)筑物、地下管线、道路沉降	应测	应测	应测
坑边地面沉降	应测	应测	宜测

续表

监测项目	支护结构的安全等级		
	一　级	二　级	三　级
支护结构深部水平位移	应测	应测	选测
锚杆拉力	应测	应测	选测
支撑轴力	应测	应测	选测
挡土构件内力	应测	宜测	选测
支撑立柱沉降	应测	宜测	选测
挡土构件、水泥土墙沉降	应测	宜测	选测
地下水位	应测	应测	选测
土压力	宜测	选测	选测
孔隙水压力	宜测	选测	选测

安全等级为一级、二级的支护结构，在基坑开挖过程与支护结构使用期内，必须进行支护结构的水平位移监测和基坑开挖影响范围内建(构)筑物、地面的沉降监测。

6.9.3　基坑监测测点布置

支挡式结构顶部水平位移监测点的间距不宜大于 20m，土钉墙、重力式挡墙顶部水平位移监测点的间距不宜大于 15m，且基坑各边的监测点不应少于 3 个。基坑周边有建筑物的部位、基坑各边中部及地质条件较差的部位应设置监测点。

基坑周边建筑物沉降监测点应设置在建筑物的结构墙柱上，并应分别沿平行、垂直于坑边的方向上布设。在建筑物邻基坑一侧，平行于坑边方向上的测点间距不宜大于 15m。垂直于坑边方向上的测点宜设置在柱、隔墙与结构缝部位。垂直于坑边方向上的布点范围应能反映建筑物基础的沉降差。必要时，可在建筑物内部布设测点。

地下管线沉降监测，当采用测量地面沉降的间接方法时，其测点应布设在管线正上方；当管线上方为刚性路面时，宜将测点设置于刚性路面下。对直埋的刚性管线，应在管线节点、竖井及其两侧等易破裂处设置测点。测点水平间距不宜大于 20m。

道路沉降监测点的间距不宜大于 30m，且每条道路的监测点不应少于 3 个。必要时，沿道路宽度方向可布设多个测点。

对坑边地面沉降、支护结构深部水平位移、锚杆拉力、支撑轴力、立柱沉降、挡土构件沉降、水泥土墙沉降、挡土构件内力、地下水位、土压力、孔隙水压力进行监测时，监测点应布设在邻近建筑物、基坑各边中部及地质条件较差的部位，监测点或监测面不宜少于 3 个。

坑边地面沉降监测点应设置在支护结构外侧的土层表面或柔性地面上。与支护结构的水平距离宜在基坑深度的 0.2 倍范围以内。有条件时，宜沿坑边垂直方向在基坑深度的 1～2 倍范围内设置多个测点，每个监测面的测点不宜少于 5 个。

采用测斜管监测支护结构深部水平位移时，对现浇混凝土挡土构件，测斜管应设置在挡土构件内，测斜管深度不应小于挡土构件的深度；对土钉墙、重力式挡墙，测斜管应设置在紧邻支护结构的土体内，测斜管深度不宜小于基坑深度的 1.5 倍。测斜管顶部应设置水平位移监测点。

锚杆拉力监测宜采用测量锚杆杆体总拉力的锚头压力传感器。对多层锚杆支挡式结构，宜在同一剖面的每层锚杆上设置测点。

支撑轴力监测点宜设置在主要支撑构件、受力复杂和影响支撑结构整体稳定性的支撑构件上。对多层支撑支挡式结构，宜在同一剖面的每层支撑上设置测点。

挡土构件内力监测点应设置在最大弯矩截面处的纵向受拉钢筋上。当挡土构件采用沿竖向分段配置钢筋时，应在钢筋截面面积减小且弯矩较大部位的纵向受拉钢筋上设置测点。

支撑立柱沉降监测点宜设置在基坑中部、支撑交汇处及地质条件较差的立柱上。

当挡土构件下部为软弱持力土层，或采用大倾角锚杆时，宜在挡土构件顶部设置沉降监测点。

当监测地下水位下降对基坑周边建筑物、道路、地面等沉降的影响时，地下水位监测点应设置在降水井或截水帷幕外侧且宜尽量靠近被保护对象。基坑内地下水位的监测点可设置在基坑内或相邻降水井之间。当有回灌井时，地下水位监测点应设置在回灌井外侧。水位观测管的滤管应设置在所测含水层内。

各类水平位移观测、沉降观测的基准点应设置在变形影响范围外，且基准点数量不应少于两个。

6.9.4　基坑监测实施与反馈

基坑各监测项目采用的监测仪器的精度、分辨率及测量精度应能反映监测对象的实际状况。

各监测项目应在基坑开挖前或测点安装后测得稳定的初始值，且次数不应少于两次。

支护结构顶部水平位移的监测频次应符合下列要求：

(1) 基坑向下开挖期间，监测不应少于每天一次，直至开挖停止后连续三天的监测数值稳定。

(2) 当地面、支护结构或周边建筑物出现裂缝、沉降，遇到降雨、降雪、气温骤变，基坑出现异常的渗水或漏水，坑外地面荷载增加等各种环境条件变化或异常情况时，应立即进行连续监测，直至连续三天的监测数值稳定。

(3) 当位移速率大于前次监测的位移速率时，则应进行连续监测。

(4) 在监测数值稳定期间，应根据水平位移稳定值的大小及工程实际情况定期进行监测。

支护结构顶部水平位移之外的其他监测项目，除应根据支护结构施工和基坑开挖情况进行定期监测外，尚应在出现下列情况时进行监测，直至连续三天的监测数值稳定。

(1) 当地面、支护结构或周边建筑物出现裂缝、沉降，遇到降雨、降雪、气温骤变，基坑出现异常的渗水或漏水，坑外地面荷载增加等各种环境条件变化或异常情况时，应立即进行连续监测，直至连续三天的监测数值稳定。

(2) 当位移速率大于前次监测的位移速率时，则应进行连续监测。

(3) 锚杆、土钉或挡土构件施工时，或降水井抽水等引起地下水位下降时，应进行相邻建筑物、地下管线、道路的沉降观测。

对基坑监测有特殊要求时，各监测项目的测点布置、量测精度、监测频度等应根据实际情况确定。

在支护结构施工、基坑开挖期间以及支护结构使用期内，应对支护结构和周边环境的状况随时进行巡查，现场巡查时应检查有无下列现象及其发展情况：

(1) 基坑外地面和道路开裂、沉陷。

(2) 基坑周边建(构)筑物、围墙开裂、倾斜。

(3) 基坑周边水管漏水、破裂，燃气管漏气。

(4) 挡土构件表面开裂。

(5) 锚杆锚头松动，锚具夹片滑动，腰梁及支座变形，连接破损等。

(6) 支撑构件变形、开裂。

(7) 土钉墙土钉滑脱，土钉墙面层开裂和错动。

(8) 基坑侧壁和截水帷幕渗水、漏水、流砂等。

(9) 降水井抽水异常，基坑排水不通畅。

基坑监测数据、现场巡查结果应及时整理和反馈。当出现下列危险征兆时应立即报警：

(1) 支护结构位移达到设计规定的位移限值。

(2) 支护结构位移速率增长且不收敛。

(3) 支护结构构件的内力超过其设计值。

(4) 基坑周边建(构)筑物、道路、地面的沉降达到设计规定的沉降、倾斜限值；基坑周边建(构)筑物、道路、地面开裂。

(5) 支护结构构件出现影响整体结构安全性的损坏。

(6) 基坑出现局部明塌。

(7) 开挖面出现隆起现象。

(8) 基坑出现流土、管涌现象。

思考与练习题

6.1 现代基坑工程具有哪些特点？

6.2 影响基坑工程精确设计的理论难点有哪些？

6.3 基坑工程设计的内容有哪些？

6.4 为使基坑支护结构保证基坑安全并满足基坑周边环境的保护要求的设计控制指标是什么？

6.5 在进行黏性土和砂土的土压力稳定分析时，应采用总应力法还是有效应力法？为什么？

6.6 基坑支护结构有哪些常用类型？如何选择？

6.7 何时可以采用放坡开挖？如何选用合适的坡率？

6.8 何时可以采用土钉墙或锚喷支护？土钉墙和锚喷支护的设计关键是什么？

6.9 何时可以采用重力式水泥土墙？重力式水泥土墙设计的主要内容有哪些？

6.10 支挡式结构有哪些类型？不同类型可以分别采用哪些结构分析的方法？

6.11 简述采用平面杆系结构弹性支点法。

6.12 支挡式结构需要验算哪几种稳定性？简述其基本原理。

6.13　如何进行内支撑结构设计？

6.14　内支撑结构的平面和竖向布置应该注意哪些问题？

6.15　支护结构与主体结构相结合有哪些优点和缺点？

6.16　支护结构与主体结构可采用哪些结合方式？

6.17　为什么说地下连续墙设计与施工的关键部位是接头？

6.18　逆作法水平构件结合和竖向构件结合的设计计算原则有哪些？

6.19　常用的地下水控制方法有哪些？各有什么特点？

6.20　为什么要进行基坑监测？

6.21　基坑监测项目有哪些？

6.22　均匀砂土层中基坑开挖深度 $h = 3$m，采用悬臂式板桩墙护壁，支护结构安全等级为三级；砂土重度$\gamma = 16.7$kN/m^3，内摩擦角$\varphi = 30°$，计算：

(1) 板桩墙前后的土压力分布(朗肯理论)；

(2) 板桩需要插入坑底的深度；

(3) 最大弯矩位置及最大弯矩值。

6.23　均匀砂土层中基坑开挖深度 $h = 12$m，墙顶作用超载 $q = 50$kPa，采用单锚式板桩墙支护，锚杆距墙顶 1.5m，锚杆与水平面的倾角为 15°，支护结构安全等级为二级，如图 6.35 所示。砂土重度$\gamma = 17.0$kN/m^3，内摩擦角$\varphi = 32°$，计算：

(1) 板桩墙前后的土压力分布(朗肯理论)；

(2) 板桩需要插入坑底的深度；

(3) 最大弯矩位置及最大弯矩值；

(4) 每米墙长锚杆所受的轴向锚拉力 R_t 的值。

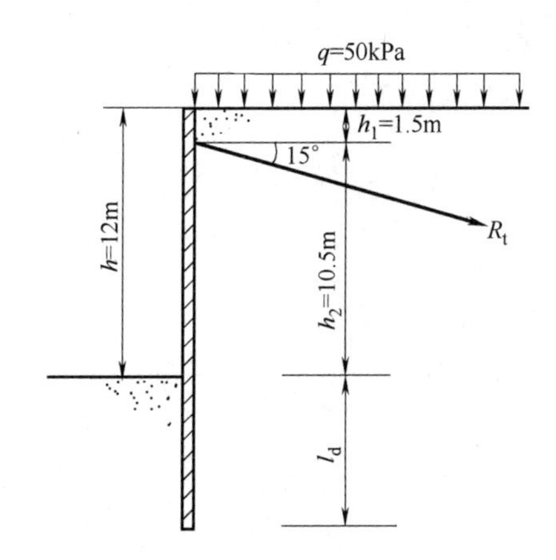

图 6.35　思考与练习题 6.23 图

6.24　均匀软弱粉质黏土层中基坑开挖深度 $h = 5$m，墙顶作用超载 $q = 30$kPa，采用带支撑板桩墙支护，板桩嵌入坑底深度 $l_d = 2.5$m，支护结构安全等级为二级。粉质软黏土重度$\gamma = 18.0$kN/m^3，内摩擦角$\varphi_u = 0$，黏聚力 $c_u = 30$kPa。验算坑底隆起稳定性。

第7章　动力机器基础与地基基础抗震简介

7.1　动力机器基础的设计原理

动力机器基础的设计和建造是建筑工程中一项复杂的课题。运转时会产生较大不平衡惯性力的一类机器，称为动力机器。动力机器的动荷载会引起地基及基础的振动，从而产生一系列不良影响，如降低地基土的强度、增加基础的沉降量，影响工人健康和劳动者生产率，影响机器的正常工作。因此，动力机器基础的设计除了满足地基基础设计的一般要求外，还应使基础由于动荷载而引起的振动幅值不超过某一限值，使得地基和基础的振动不影响机器的正常使用，地基和基础的振动不影响工人的身体健康、不造成建筑物的开裂和破坏，地基和基础的振动对附近的人员、建筑(构)物和仪器设备等不产生有害的影响。国家《动力机器基础设计规范》(GB 50040—96)规定了基础由于动荷载而引起的振动的最大允许幅值。

7.1.1　动力机器的分类

动力机器通常按对基础的动力作用形式分为如下两大类。

1) 周期作用的机器

(1) 往复运动的机器：如活塞式压缩机、柴油机及破碎机等。它们的特点是平衡性差、振幅大，而且由于转速低(一般不超过 500～600r/min)，有可能引起附近建筑物和其中部分构件的共振。

(2) 旋转运动的机器：如电机(电动机、电动发电机等)、汽轮机组(汽轮发电机、汽轮压缩机等)及风机等。一般地，汽轮机组工作频率高、平衡性能好，振幅也小。

2) 间歇性作用或冲击作用的机器

锻锤、落锤(碎铁用设备)等属于间歇性作用或冲击作用的机器，其特点是冲击力大且无节奏。

机器基础的结构类型主有实体式、墙式及框架式三种。实体式基础[图 7.1(a)]应用最广，通常做成刚度很大的钢筋混凝土块体，可按地基上的刚体进行振动计算。墙式基础[图 7.1(b)]由承重的纵、横向墙组成。以上两种基础中均预留有安装和操作机器所必需的沟槽和孔洞。框架式基础[图 7.1(c)]一般用于平衡性较好的高频机器，其上部结构是固定在一块连续底板

或可靠基岩上的立柱以及立柱上端刚性连接的纵、横梁组成的弹性体系，可按框架结构计算。

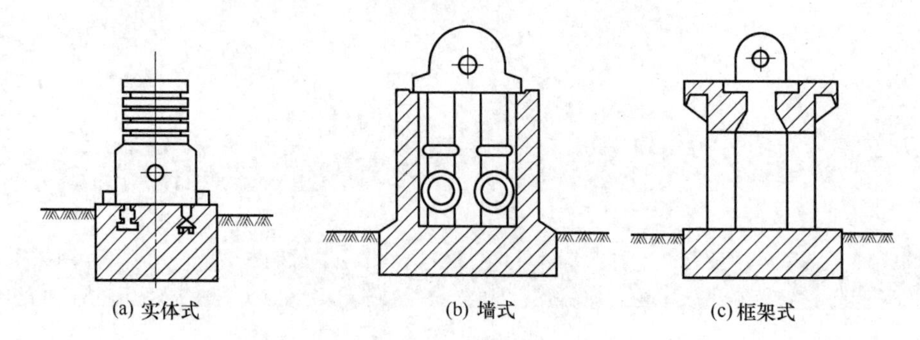

图 7.1　机器基础的常用结构形式

7.1.2　振动对土体性质的影响

1. 振动对土的抗剪强度的影响

振动作用下土的抗剪强度降低幅度与振动的振幅、频率及加速度大小有关。一般来说，振动越强烈，土的强度降低也就越多。图 7.2(a)表示几种振动频率下干燥中砂的内摩擦系数 $\tan\varphi$ 与振幅的关系。图中与曲线 1、2、3、4 相应的频率分别为 3.98Hz、22.2Hz、28.2Hz 和 33.3Hz，这说明砂土的内摩擦系数将随着振幅的增大而减少。图 7.2(b)表示砂土的内摩擦系数随着振动加速度增大而减小的情况，图中横坐标加速度比 a/g 中，a 为试验时的振动加速度，g 为重力加速度。进一步的试验还表明，如果砂土的含水量增大，内摩擦系数的减小还要大。图 7.2(c)是一种黏性土的直剪试验曲线，图中抗剪强度比为振动状态下土的抗剪强度与静力作用下土的抗剪强度之比，振动加速度的单位是 cm/s^2。由图中可以看出，与砂土相类似，黏性土的抗剪强度一般随着振动加速度的加大而减小。

试验还表明，随着土所具有的黏聚力的增加，振动对土的力学性质变化的影响将减小。一般地，振动作用对黏性土的抗剪强度的影响较砂土的影响要小一点。例如，当振幅为 0.5～0.7mm 时，干砂的内摩擦系数较静荷载作用时减小 20%～30%，而一般黏性土则仅约减小 10%～15%，但振动作用对灵敏度较高的软黏土的影响较大。

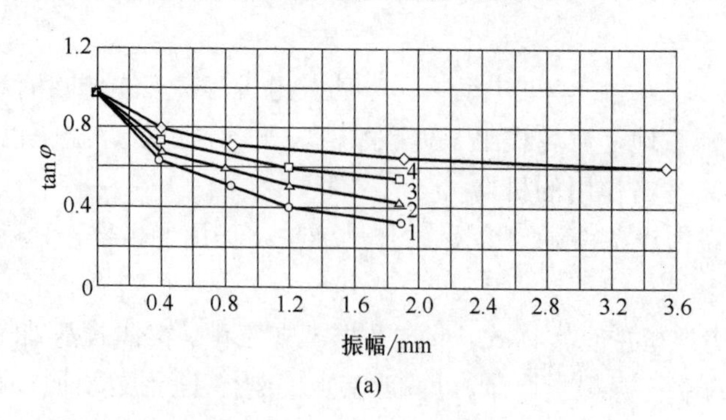

图 7.2　振动对土的抗剪强度的影响

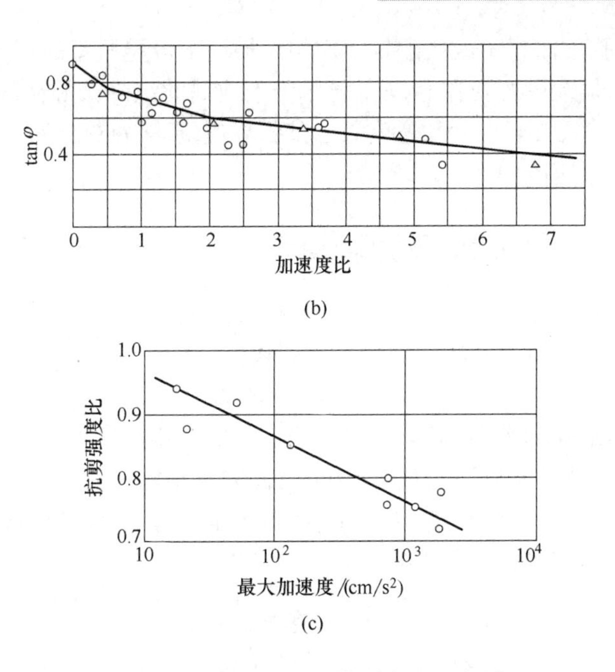

(b)

(c)

图 7.2　振动对土的抗剪强度的影响(续)

2. 振动作用下土的压密

通过振动台砂土振动压密试验，可以获得不同振动加速度、不同振动压密荷载的孔隙比。图 7.3 是几个法向压力水平下饱和砂的振动压密曲线。由图可以看出，在相同的振动加速度下，随着土样上的法向压力的加大，土的振动压密程度减小。这是由于法向压力增大时土粒间的内摩擦力也增大，阻碍颗粒之间的相对移动。通过较系统的砂土振动压密试验得到如下规律：

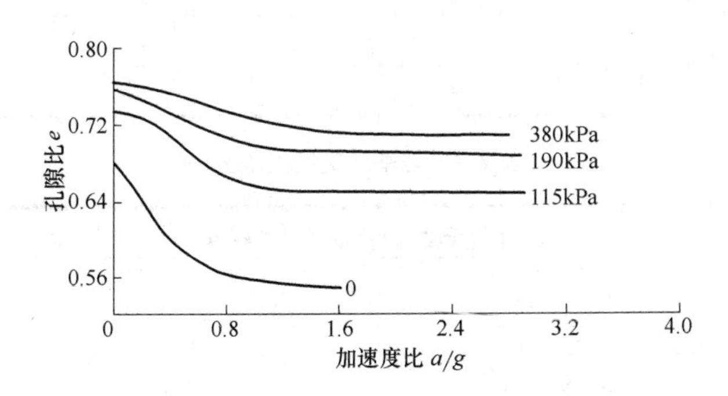

图 7.3　饱和砂的振动压密曲线

(1) 在法向压力作用下，砂土的振动压密只有当振动加速度达到某一界限值(振动压密界限)时才开始；作用在土样上的法向压力越大，砂土的振动压密程度就越小。

(2) 在一定方向压力下，干砂和饱和砂的原始孔隙比的大小只影响下振动压密界限的大小。

(3) 当振动加速度很大时，干砂和饱和砂的振动压密程度相近；无法向压力作用的干砂或饱和砂的振动压密程度比其他含水量时要大；当含水量为 6%～8%时振动压密程度最小。

(4) 砂土的最小孔隙比越小或级配越不均匀，振动下可能压密的程度就越大。

试验成果表明，振动附加沉降使动荷载作用下地基的沉降比静荷载作用时的沉降大。但在法向压力作用下，只有当振动加速度大于某临界值(通常为 0.2～0.3g)时，才出现振动附加沉降，其值随振动加速度的增大而增大。

7.1.3 振动作用下地基承载力验算

由于地基土在动荷作用下抗剪强度有所降低，地基出现附加沉降，地基承载力特征值应予以折减。这样，设计机器基础时应满足下列条件：

$$p_{\mathrm{k}} \leqslant \alpha_{\mathrm{f}} f_{\mathrm{a}} \tag{7.1}$$

式中：p_{k}——相应于荷载效应标准组合时基础底面处的平均静压力值；

f_{a}——按《建筑地基基础设计规范》(GB 50007—2011)所确定的地基承载力特征值；

α_{f}——动力折减系数，对于旋转式动力基础可取 0.8，对锻锤基础可按式(7.2)计算，其他机器基础可采用 1.0。

$$\alpha_{\mathrm{f}} = \frac{1}{\beta \dfrac{a}{g}} \tag{7.2}$$

其中：a——基础的振动加速度；

g——重力加速度；

β——地基土动沉陷影响系数，按表 7.1 采用，表中地基土的类别按表 7.2 划分。

表 7.1 地基土动沉陷影响系数β

地基土类别	β
一类土	1.0
二类土	1.3
三类土	2.0
四类土	3.0

表 7.2 地基土类别的划分

土 类	地基承载力特征值 f_{a} / kPa	地基土类别
碎石土 黏性土	＞500 ＞250	一类土
碎石土 粉土、砂土 黏性土	300～500 250～400 180～250	二类土
碎石土 粉土、砂土 黏性土	180～300 160～250 130～180	三类土
粉土、砂土 黏性土	120～160 80～130	四类土

7.1.4　动力机器基础设计的一般步骤

(1) 收集设计技术资料。这些资料主要有：与机器有关的技术性能(名称、型号、传动方式、功率及荷载情况等)；机器底座外轮廓图和基础中按要求设置的坑、洞、沟、地脚螺栓等的尺寸及位置；基础在建筑物中的位置；建筑场地的工程地质勘察资料，等等。

(2) 确定地基动力参数。这是动力机器基础设计成功与否的关键步骤之一。

(3) 选择地基基础设计方案。一般因机器基础的基底静压力较小，基底平面形状较简单，且荷载偏心小，所以设计中对地基方案的选择并无特殊要求，只有在遇到软土、湿陷性黄土、饱和细砂、粉砂、粉土等土层时才须采取适当的措施加以处理。

(4) 确定基础类型及材料。机器基础类型按第 7.1 节选择，基础的材料一般采用混凝土及钢筋混凝土。

(5) 确定基础的埋置深度及尺寸。埋置深度一般根据地质资料、厂房基础及管沟埋深等条件综合确定。基础的外形尺寸一般根据制造厂提供的机器轮廓尺寸及附件、管道等的布置加以确定，同时还须满足基础整体刚度方面的构造要求，并保证机器基础总重形心与基底形心尽可能在一竖直线上。

(6) 验算地基承载力。

(7) 进行动力计算。这个步骤是动力机器基础设计的关键，其内容为确定固有频率(自振、频率)和振动幅值(位移、速度和加速度的幅值等)，并控制这些振动量不超过一定的允许范围。对大多数动力机器基础而言，主要是控制振幅值和速度值，而对振动能量较大的锻锤基础则还需控制加速度值。

动力计算虽是很重要的一项内容，但要保证基础设计的成功，还必须全面地从总平面图布置、地基方案及基础结构类型的选定，地基动力参数的确定和施工质量及养护等方面综合地加以考虑。采用模型计算的方法所需要的地基动力学参数包括：

① 地基刚度 K，即地基弹性反力与基础变位间的比例系数。

② 阻尼系数 N，即地基的阻尼力与基础振动速度间的比例系数。

③ 模型的质量 M。对于实体式机器基础，可采用基组的质量；在某些情况下(例如桩基)，模型的质量 M 除了基组的质量以外，还应记入参加振动的桩和土的质量。

由于目前有关动力机器基础设计的计算理论及方法均有待进一步完善，机器基础的设计往往结合模型试验进行。

7.2　建筑场地类别与震害

7.2.1　建筑场地类别

选择建筑场地时，应根据《建筑抗震设计规范》(GB 50011—2010)，按表 7.3 划分对建筑抗震有利、一般、不利和危险的地段。

表 7.3　有利、一般、不利和危险地段的划分

地段类别	地质、地形、地貌
有利地段	稳定基岩，坚硬土，开阔、平坦、密实、均匀的中硬土等
一般地段	不属于有利、不利和危险的地段
不利地段	软弱土，液化土，条状突出的山嘴，高耸孤立的山丘，陡坡，陡坎，河岸和边坡的边缘，平面分布上成因、岩性、状态明显不均匀的土层(含故河道、疏松的断层破碎带、暗埋的塘浜沟谷和半填半挖地基)，含高水量的可塑黄土，地表存在结构性裂缝等
危险地段	地震时可能发生滑坡、崩塌、地陷、地裂、泥石流等及发震断裂带上可能发生地表位错的部位

对丁类建筑及层数不超过 10 层且高度不超过 24m 的多层建筑，当无实测剪切波速时，可根据岩土名称和性状，按表 7.4 划分土的类型，再利用当地经验在表 7.4 的剪切波速范围内估算各土层的剪切波速。

表 7.4　土的类型划分和剪切波速范围

土的类型	岩土名称和性状	土层剪切波速范围/(m/s)
岩石	坚硬、较硬且完整的岩石	$v_s>800$
坚硬土或软质岩石	破碎和较破碎的岩石或软和较软的岩石，密实的碎石土	$800\geqslant v_s>500$
中硬土	中密、稍密的碎石土，密实、中密的砾、粗、中砂，$f_{ak}>150$kPa 的黏性土和粉土，坚硬黄土	$500\geqslant v_s>250$
中软土	稍密的砾、粗、中砂，除松散外的细、粉砂，$f_{ak}\leqslant150$kPa 的黏性土和粉土，$f_{ak}>130$kPa 的填土，可塑新黄土	$250\geqslant v_s>150$
软弱土	淤泥和淤泥质土，松散的砂，新近沉积的黏性土和粉土，$f_{ak}<130$kPa 的填土，流塑黄土	$v_s\leqslant150$

注：f_{ak} 为由静载荷试验等方法得到的地基承载力特征值；v_s 为岩土剪切波速。

建筑场地的类别划分，应以土层等效剪切波速和场地覆盖层厚度为准，按表 7.5 划分为四类。

表 7.5　各类建筑场地的覆盖层厚度(m)

岩石的剪切波速或土层的等效剪切波速/(m/s)	场地类别				
	I_0	I_1	Ⅱ	Ⅲ	Ⅳ
$v_s>800$	0				
$800\geqslant v_s>500$		0			

续表

岩石的剪切波速或土层的等效剪切波速/(m/s)	场地类别				
	I_0	I_1	II	III	IV
$500 \geqslant v_{se} > 250$		<5	≥5		
$250 \geqslant v_{se} > 150$		<3	3～50	>50	
$v_{se} \leqslant 150$		<3	3～15	15~80	>80

建筑场地覆盖层厚度的确定应符合下列要求：

(1) 一般情况下，应按地面至剪切波速大于 500m/s 且其下卧各层岩土的剪切波速均不小于 500m/s 的土层顶面的距离确定。

(2) 当地面 5m 以下存在剪切波速大于其上部各土层剪切波速 2.5 倍的土层，且该层及其下卧各层岩土的剪切波速均不小于 400m/s 时，可按地面至该土层顶面的距离确定。

(3) 剪切波速大于 500m/s 的孤石、透镜体，应视同周围土层。

(4) 土层中的火山岩硬夹层应视为刚体，其厚度应从覆盖土层中扣除。

土层的等效剪切波速应按下列公式计算：

$$v_{se} = d_0 / t \tag{7.3}$$

$$t = \sum_{i=1}^{n} (d_i / v_{si}) \tag{7.4}$$

式中：v_{se}——土层的等效剪切波速；

d_0——计算深度，取覆盖层厚度和 20m 二者的较小值；

t ——剪切波在地面至计算深度之间的传播时间；

d_i——计算深度内第 i 层土的厚度；

v_{si}——计算深度内第 i 层土的剪切波速；

n——计算深度内土层的分层数。

当场地内存在发震断层时，应对断裂的工程影响进行评价。对符合下列规定之一的情况，可忽略发震断层错动对地面建筑的影响：

① 抗震设防烈度小于 8 度。

② 非全新世活动断裂。

③ 抗震设防烈度为 8 度和 9 度时，隐伏断裂的土层覆盖厚度分别大于 60m 和 90m。对不符合上述规定的情况，应避开主断裂带，其避让距离不宜小于表 7.6 对发震断裂最小避让距离的规定。

表 7.6　发震断裂的最小避让距离

烈 度	建筑抗震设防类别			
	甲	乙	丙	丁
8 度	专门研究	200m	100m	—
9 度	专门研究	400m	200m	—

【例 7.1】某建筑工程场地土层剪切波速测试资料如表 7.7 所示，试确定该场地类别。

表 7.7　例 7.1 用表

土层底部深度/m	土层厚度/m	土层类别	剪切波速/(m/s)
1.0	1.0	杂填土	200
4.0	3.0	粉土	280
4.9	0.9	中砂	310
6.1	1.1	砾砂	480
8.8	2.7	碎石土	640

【解】 地面下 6.1m 以下土层剪切波速大于 500m/s，所以场地覆盖层厚度为 6.1m，于是

$$v_{se}=d_0/\sum\frac{d_i}{v_{si}}=6.1/\left(\frac{1.0}{200}+\frac{3.0}{280}+\frac{0.9}{310}+\frac{1.1}{480}\right)=291.7\text{m/s}$$

由表 7.5 得，该场地属于Ⅱ类场地。

7.2.2　地基岩土地震灾害

1) 地震断层

地震大多是由地壳岩层断裂引起的，地震愈大则断裂面积愈大；断层面积愈大或震源愈浅，则断层愈容易出露地表，因而出露地表的断裂也愈长，错距也愈大。因此，假若震源深度较浅(如震源深度 10~30km)，则地表断裂长度与地震的大小有一定关系。不少资料给出了震级与断裂长度、断裂两侧相对位移的统计关系。由断裂长度推算的震级与实际震级有一些差距，有时相差达 1 级之多。例如，1970 年 1 月 5 日云南通海地震，震级 $M=7.7$，断裂长度 $L=60$km，最大错距 2～3m，按我国经验公式算，$M=7.1$，低于实际震级。1976 年 7 月 28 日唐山地震的震级高于通海地震，但地表可见的断裂长度与错位均比通海的要小得多；1974 年 5 月 11 日云南永善大地震，$M=7.1$，地表却未见断裂。

2) 滑坡与泥石流

地震引起大滑坡在山区和丘陵地区是很常见的，发生在山区的强烈地震之后，岩层破裂，地表破碎，暴雨频繁发生，水土流失严重，为泥石流提供了物质动力和触发条件。在地震力的反复震动冲击下，斜土实体容易发生变形，最后发展成严重的滑坡。如 1933 年的四川叠溪地震，$M=7.5$，大滑坡堵河成湖。1974 年 5 月 11 日云南永善大关地震，$M=7.1$，一处大滑坡从 100 余米高处滑下，阻塞河流，并将公路冲到河对岸山脚下，使路面直立，高度达 10 米以上；有的山崩使民房和桥梁被砸毁或被埋；有的房屋建于平时有滑动裂缝的滑坡岸上，地震时产生新的更大的滑坡型裂缝，从而加重房屋的震害。日本 1923 年关东大地震时，在根府川河口上游约 6 公里处发生山崩，土、砂流入河中，使泥石流以每小时 70 公里的速度冲走约 170 户房屋和 700 人，流下的土、砂约 100～300 万 m^3。1970 年 5 月 31 日秘鲁地震，$M=7.7$，一处大山崩将冰、土、石混合物由一个高山坡滑下，淹没了两个城市，使两万人死亡；泥石流速度很大，推定为 40 km/h，以至翻越了一座小山。这种现象常与地震前该地区的边坡稳定性较差有关，震前的大雨使滑坡和泥石流更容易形成。边坡滑

动还常见于平原地区的河岸附近，土坝的纵向裂缝也属于这种破坏类型。海城和唐山地震时，这种现象很多。1960年智利地震时一大滑坡，滑坡区长达1km左右，面积达1.26km^2，土方量达3000万m^3。2008年5月12日，汶川地震震级$M=8.0$，地震烈度达到11度，破坏地区超过10万km^2，地震波及大半个中国及亚洲多个国家和地区。地震后众多山体滑坡，甚至形成堰塞湖。例如，唐家坝堰塞湖位于涧河上游距北川县城约6km处，坝体顺河长约803m，横河最大宽约611m，顶部面积约30万m^2，库容为1.45亿m^3，是北川灾区面积最大、危险程度最高的一个堰塞湖。甘肃舟曲县是汶川地震的重灾区之一，地震导致舟曲县城周边山体松动、岩层破碎。2010年8月7日，甘南藏族自治州舟曲县突降强降雨，县城北面的罗家峪、三眼峪等4条沟系泥石流下泄，泥石流长约5km，平均宽度300m，平均厚度5m，总体积750万m^3，由北向南冲向县城，流经区域被夷为平地；泥石流阻断白龙江，形成堰塞湖。

3) 地面变形

地震时土体和地基常常发生多种变形现象，如各种类型的裂缝和不均匀的沉降。就其成因而言，地面变形可分为三种：由发震断层引起、由滑坡引起以及由土体的地震运动引起。由重力作用而产生的定向滑动(向下)称为滑坡，而与此相关的地面变形称为滑坡型变形，地震只是一种附加因素。这种变形，在大范围内观察，呈两端向下弯曲的弧形，在陡坡上极易判断；但在极缓的坡地上则不容易判断，而在平坦地面之下滑坡面呈坡形时则更难以区分。由土体的地震运动引起的土壤变形，易发生于不均匀岩土体地基中，地基的不均匀沉降引起地表倾斜或裂缝。当这些变形很大时，肉眼可见；当不太大时，常常可以通过其上部结构的震害间接反应。例如房屋下部“八”字形的裂缝，裂缝下宽上窄，有时可见地表有垂直于地面的地裂缝与房屋的裂缝相连，即属于房屋中断，地基相对下沉的典型表现；反之，房屋上部倒“八”字形的裂缝，则属于房屋两端相对下沉的表现。

4) 砂土液化

砂土液化(地基土液化)是饱和松散的砂土或粉土(不含黄土)，地震时易发生液化现象，地基承载力丧失或减弱，甚至喷水冒砂，这种现象一般称为砂土液化或地基土液化。砂土液化是饱和松散砂土和粉土地基内常见的震害现象。砂土液化常发生于地震过程中，但有时候却发生于地震快终止或终止后几分钟至几十分钟时；冒水喷砂过程通常可持续几十分钟。1976年唐山地震的经验表明，粉土在地震时也易产生液化。唐山地震时，严重液化地区喷水高度可达8m，厂房沉降可达1m。天津地震时，海河故道及新近沉积土地区有近3000个喷水冒砂口成群出现，一般冒砂量0.1～1m^3，最多可达5m^3。有时地面运动停止后，喷水现象可持续30分钟。日本新泻地震时几座公寓严重倾斜，甚至平卧于地表，但仍保持上部结构完整。地震时砂土地基液化可引起地上房屋不均匀下沉、倾斜甚至坍塌。但是砂土液化引起的更为典型的现象则为冒水喷砂，喷起高度有时可达2～3m，甚至达10m以上，喷出的水和砂流掩盖农田和沟渠、地上结构产生不均匀沉陷和下沉，甚至引起地下或半地下建筑物的上浮。1975年海城地震时，一座半地下排灌站就有上述现象。砂土液化还常常对河岸、边坡的滑动有重要影响，如1976年唐山地震时的陡河水坝，1964年美国阿拉斯加地震时安克雷奇市的大滑坡，都使部分地基滑入海中。一般认为，埋藏不深的饱和松散粉细砂最容易液化。地下砂层的液化绝大多数仅限于地表以下十几米之内。

地下砂层在地震时是否发生过液化，目前主要是从地面冒水喷砂现象上来判断，若有冒水喷砂，即认为其下的砂层发生了液化；否则，难以判断其下埋藏的砂层是否变化。对于有滑坡现象的地区，有时可以通过分析来推断滑坡是否由液化引起。

由地基失效而导致的上部结构的震害有时相当严重，但和直接振动引起的上部结构震害相比，地基的震害只占很小的比例。这是因为只有在饱和松散粉细砂、粉土、极软黏土、不稳定的边坡、不均匀的填土地区和震中区出露到地表断裂等地基上才有可能出现地基失效的现象。

7.2.3 土工构筑物的震害

城镇中除了居民住宅、生产用房之外，有许多配套的构筑物和工程设施。一般城市的工程设施很多，构筑物的种类也很繁杂。根据我国情况，黄河以北因采暖需要除了工业烟囱外，采暖烟囱林立。又因目前城市自来水供给常常不能满足生产和生活需要，有许多单位有备用水塔。沿海和沿江的城市建有江堤和码头。另外，还有电力、石油化工、水利等基础设施建设。震害调查表明，地震能造成各种构筑物不同程度的破坏。

1. 水塔

水塔按结构类型大致分为三种，即支架式、支柱式和筒式，根据建筑材料不同又可分为砖、石和钢筋混凝土。这三类水塔在大中城市均为普遍，北方城市以筒式为主，南方城市以支架式和支柱式为主。

筒式水塔常见于北方，应防冻要求建封闭式水塔较为有利，这种水塔在邢台地震、海城地震和唐山地震中被大量破坏。有的水塔在门、窗角出现裂缝，主承重结构基本完好；有的水塔筒身损坏，如水平环裂、门窗角的裂缝相互贯通，但无明显错位；有的水塔有数道环缝，环缝间砌体有明显错位，筒身酥裂。地基失效而使水塔倾斜，有的塌落于地。

支柱式水塔在南方较多，一般容量较小，震害大多表现在柱头破坏，严重的有错动。支架式水塔常用钢筋混凝土平面和空间框架作支架，一般容量较大，抗震性能较好。地震常造成梁的局部、柱表面、柱节点、支架处有微细裂缝。

2. 烟囱

砖烟囱的抗震性能较差，而且施工质量的影响很大，是否有配筋、内衬等因素均有很大的影响。比较重要的高大烟囱，一般采用钢筋混凝土结构，抗震性能较好，即使不作抗震设计，大体上也可抗御 7 度地震的影响。钢筋混凝土结构不同于砖结构，配筋量常起决定性的作用。钢筋混凝土圆筒抗震性能优于砖烟囱，但破坏现象与砖烟囱类似。根据历次地震震害情况，对未设防地区，一般在 6 度区砖烟囱就可能有破坏，烈度越高，震害就越严重和普遍，概括起来如表 7.8 所示。

表 7.8　砖烟囱不同地震烈度破坏情况

地震烈度	破坏情况
6 度	绝大多数基本完好，极少数破坏
7 度	半数以上基本完好或有轻微损坏，有少数掉头，极少数倒塌
8 度	多数遭受不同程度的破坏，少数可保持基本完好或轻微损坏

续表

地震烈度	破坏情况
9 度	多数产生严重破坏和掉头倒塌，极个别在坚硬场地上的配筋砖烟囱能保持轻微破坏程度
10 度	几乎全部掉头、倒塌，且掉头的长度增加

3. 码头

地震时，重力式码头常因受动土压力而使砌块产生滑移，或者由于岸坡滑移而损坏。为保证能承受动土压力，重力块应有必要的宽度。这种重力式码头震例不多，1923 年日本东京地震时，横滨港的重力式码头遭受震害，该码头建于 1910 年至 1921 年，总长约 2km。横滨港位于 9 度地震区，地震中有 1570m 岸壁发生滑移，码头处于完全毁坏状态。这种震害完全是由于动土压力所造成的。

4. 电气设备

电气设备方面的震害不同于其他结构。高压电机的震害集中在以下几个主要方面：

(1) 设备移位或倾倒，如变压器、蓄电池等。

(2) 瓷质件的断裂，特别是避雷器、断路器。由于采用细、高、头重脚轻、抗震性能差的瓷质件，地震时因断裂造成毁坏。

(3) 咬合部分松脱，常出现在手动式隔离开关锁扣脱离，造成负荷打开的事故。

(4) 变压器重瓦斯保护器发生误动作。

5. 湿式气罐

湿式气罐一般用于煤气公司和化工企业内供应燃气。湿式气罐的震害主要是脱轨，7 度就可能发生，8 度以上时则多数气罐脱轨，一般在最下层脱轨。即使下落于水柜中，下层脱轨也难以避免。我国海城地震和唐山地震湿式气罐的震害情况及震害描述如表 7.9 所示。

表 7.9　海城地震和唐山地震湿式气罐的震害情况

烈度	个数	震害情况
7 度	9	有 2 个脱轨，1 个因砂土液化、地基失效而破坏，其余完好。直轨的破坏率明显小于斜轨的
8 度	1	地震时脱轨(直轨的)
9 度	5	唐山地震中有 3 个全部脱轨，海城地震中有 2 个漏气和倾斜(都是脱轨)
10 度	2	导轮支承折断，导轮震坏，顶柜倾斜或下落，全部破坏

7.3　土的动力特性简介

7.3.1　应变范围

静力问题的经典土力学，主要研究的是估计基础或土结构抵抗破坏的安全度，基本方法是估计土的有效强度，并与外部荷载引起的土中的应力进行比较，注意力集中在估计土的强度上。地基或结构物的沉降是与土的变形有关的另一个主要关心的问题，而黏土的固结则是经典土力学的一个主要分支学科。

回顾这两个主要研究领域，可以发现人们的注意力集中在与一定大小的变形有关的土的性能上。众所周知，土的破坏通常发生在应变水平为百分之几的量级，由于固结或压缩引起的工程所感兴趣的沉降，大多数情况下应变水平在 10^{-5}～10^{-3} 量级或更大。这样，可以注意到在小应变下土的现象是不被关心的。

与此相反，在土动力学中，土在运动中的状态是需要研究的课题，因此惯性力是不能被忽视的另一种因素。人们已经知道，随着土能发生变形的时间间隔越来越短，惯性力发挥着越来越重要的作用。在简谐运动作用下，惯性力的大小是与该运动的频率成正比的。假如应变水平是无限的小，则随着运动频率的快速增加，惯性力可能变得明显的大，以至于在工程实践中不能再忽略其影响。鉴于这一原因，在土动力学中，有必要引起对应变水平低至 10^{-5} 量级的土的性能的注意，而在静力问题的经典土力学中这是完全可以忽略的。这一点正是动力问题和静力问题最重要的区别之一。

7.3.2 静力和动力加载条件的差异

人们已经认识到，土的孔隙比、含水量、围护压力等是影响土的力学性能的主要因素。另外，应力历史、应变水平、温度等因素对土在荷载作用下的反应也产生重要的影响。然而，应力历史、应变水平、温度等因素对静力和动力加载的影响也同样是重要的，因此它们不是用于区别动力、静力特征的基本要素。土的动力特征可以通过对冲击、振动和波动等动力荷载的反应来体现。

1. 加载速度

定义在土中产生一定的应变或应力水平所需要的时间为加载时间。施加速度是描述动力特征的一个基本要素。根据加载时间的长短，工程上几类动力问题可以按图 7.4 分类。具有较短周期或较高频率的振动和波动问题可以被看作是有较短加载时间的一类问题；相反，具有较长周期的振动和波动问题可以看作是有较长加载时间的另一类问题。一般地，对于施加荷载所持续的时间大于数十秒的一类问题，可以视为静力问题；反之，则视为动力问题。施加荷载所持续时间的长短也可以用加载速度或应变速率来表示，它们被称为加载速度效应或速率效应。

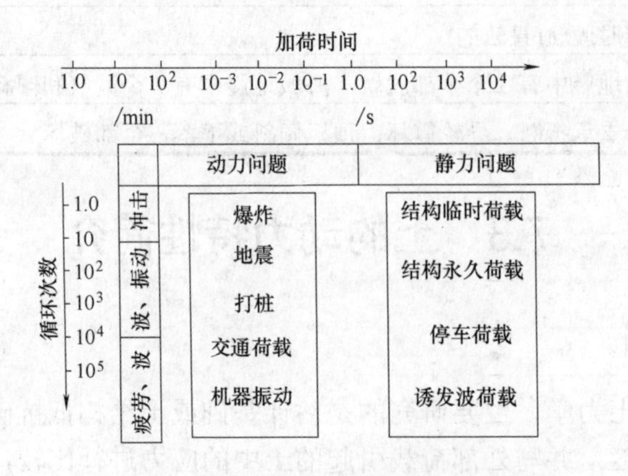

图 7.4　土的动力问题的分类

2. 重复加载效应

加载的重复性就是荷载以一定频率重复施加多次，它是用来划分动力问题的另一个基本要素。在工程实践中通常遇到的动力问题，也可按加载的重复性分类，如图7.4所示。

与快速施加单一脉冲有关的问题可以用“冲击”来描述。例如，爆炸引起的振动，荷载的持续时间短到 10^{-3}～10^{-2}s，这种荷载一般称为脉冲或冲击荷载。地震时主震通常包含10～20次不同幅值、不规则的重复加载，每个脉冲的周期在0.1～3.0s，相应的加载时间在0.02～1.0s这个量级(图7.4)。在打桩情况下，通过桩施加于土的荷载重复次数达100～1000，振动频率为10～60Hz。电机或压缩机基础通常受到类似频率的振动作用，但荷载的重复次数却远远大于打桩次数。

上述荷载主要与振动或波动有关。另一类土的动力问题是交通或水波引起的重复加载问题。铁(公)路路堤下的岩土体在铁(公)路的设计使用期内受到次数很大的重复荷载作用，但加载时间可以认为在0.1秒至几秒量级。这种类型的荷载以重复加载次数很大为特征，虽然荷载的强度并不大，但荷载的积累效应可能是不可忽视的。在这种情况下，由于重复加载次数可以认为是无限大，此类动力问题可按疲劳问题来对待。重复加载对土的性能的影响称为重复加载效应。

7.3.3 土的变形特性与剪应变的相关性

人们已经注意到，土的变形特性很大程度上取决于土所受到的剪应变大小。土的性能随剪应变的变化如图7.5所示，图中给出土处于弹性、弹塑性和破坏状态的近视的应变范围。在低于 10^{-5} 量级的小应变范围内，大多数土的变形呈现出纯弹性和可恢复的特性。与这样低的应变相对应的现象可能是土中的振动或波动。在 10^{-4}～10^{-2} 量级的中等应变范围内，土的性能呈现出弹塑性特性，并产生不可恢复的永久变形。土体结构中产生裂缝或差异沉降似乎是与土的弹塑性特性相对应的。当应变大到超过百分之几的水平时，在土中的剪应力没有进一步增加情况下，土中的应变将变得相当大，土体发生破坏。土坡滑动或无黏性土的击(夯)实、液化是对应于土体达到破坏状态时产生的大应变的宏观表象。

应变大小		10^{-6}	10^{-5}	10^{-4}	10^{-3}	10^{-2}	10^{-1}
现象		波的传播，振动			裂缝，差异沉降		滑动，击实，液化
力学特征		弹性			弹塑性		破坏
重复加载效应							
加载速度效应							
力学性能常数		剪切模量，泊松比，阻尼					内摩擦角，黏聚力
原位测试方法	地震波法						
	原位振动试验						
	重复加载试验						
实验室试验	波速试验，精密						
	共振柱试验，精密						
	重复加载试验						

图7.5 土的性能随剪应变的变化

土体另一种性质是膨胀性，即土体在排水剪切或不排水剪切的孔隙水压力发生变化过程中趋向于膨胀或收缩。在小应变和中等应变范围内重复加载时，土的膨胀性不会表现出来。当重复加载应变水平增加到 10^{-4}～10^{-3} 量级以上时，土体的膨胀性就会显现出来。应当注意，在重复加载过程中，由于土的膨胀性效应，土的性能会逐渐发生变化，例如饱和土的刚度退化，干土或非饱和土的硬化，等等。

另一个土体动力特性的影响因素是加载速。实验室试验表明，在单向加载条件下，土抵抗变形的能力一般随加载速度的增加而增大，土的强度也随加载速度的增加而增大；同时，土体发生加载速度效应的门槛剪应变水平为 10^{-3} 量级，如果应变小于 10^{-3} 时，就不会发生加载速度效应。

图 7.5 给出了用于评价土的动力特性的几种常规试验方法的适用应变范围。在原位测试中，要使地震法在土中产生超过 10^{-5} 量级的应变水平是困难的。因此，地震法仅用于获到小应变水平下土的变形模量。而利用原位振动试验，则可以在土中产生较大的应变，其应变量级可达 10^{-5}～10^{-3}。要使应变水平达到百分之几时，在原位振动试验中难以实现。在这种情况下，可以采用重复加载试验研究土的动力特性。如果振动频率小于几个赫兹，则惯性力效应可以忽略，试验就成为单纯的重复静荷载试验。在重复加载试验的频率范围内，加载速度效应通常是很小的，因此在中等到大应变范围的原位测试中，重复加载试验适用性很强。

在实验室试验中，最普通的确定土的动弹性参数的方法是波速试验与共振柱试验。在共振柱试验中，土的剪应变水平为 10^{-5}～10^{-3} 量级，其大小与所试验土的类型有关。借助于专门设备，对土样的变形进行精密的测量，共振柱试验可以得到小应变下土的动弹性参数。常用的土工动力试验还有动三轴试验、动扭剪试验和动剪切试验等。在动三轴试验中，土的剪应变水平为 10^{-4}～10^{-1} 量级。在研究应变水平达到百分之几的土的性能时，可不考虑振动频率的影响，也就是将振动试验转化为重复加载试验。利用重复加载试验，对土样可以施加大到足以引起破坏的应变幅值。

7.3.4 动荷载的三种基本类型

1) 周期荷载

以同一振幅和周期往复循环作用的荷载称为周期荷载。周期荷载的最简单形式是简谐荷载。简谐荷载随时间 t 的变化规律可用正弦或余弦函数表示，如图 7.6 所示。

简谐荷载是工程中常用的荷载，但它与地震荷载的区别较大，振幅几乎不变，周期不变，持续作用次数大；现场实际荷载与简谐荷载的差别在于，非周期性，峰值可能不同，荷载总是动静荷载的组合，等等。

若干个振幅和周期各不相同的简谐荷载可相互叠加，组成一般性的周期荷载，如图 7.7 所示。

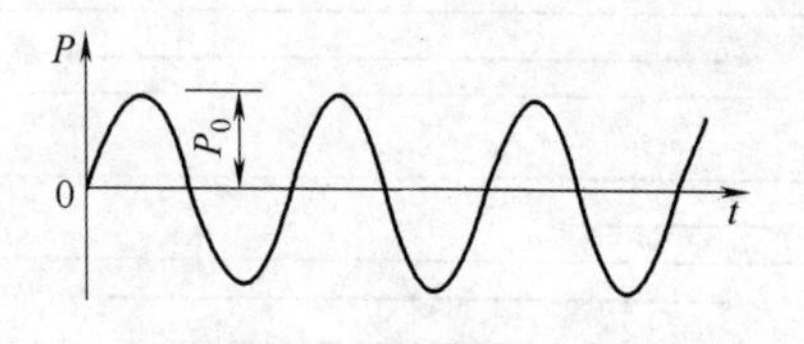

图 7.6 简谐周期荷载

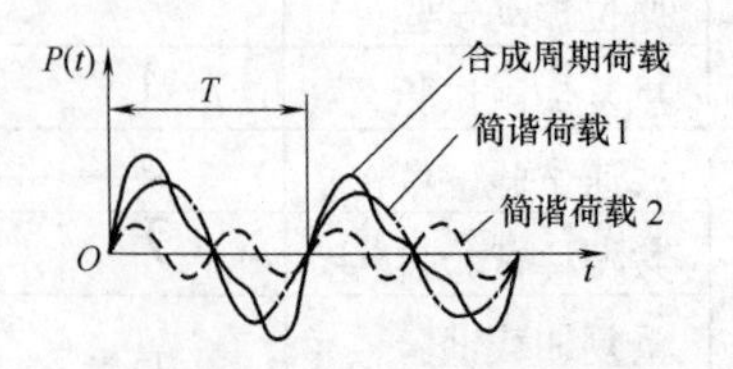

图 7.7 一般周期荷载

2) 冲击荷载

冲击荷载是一种瞬时荷载，即只有一次脉冲作用，持续时间短，一般为毫秒量级，但强度大，压力升高速率大，如图 7.8 所示。

实际工程中可能遇到多次冲击荷载相互接续而形成多脉冲瞬时动荷载，如图 7.9 所示。

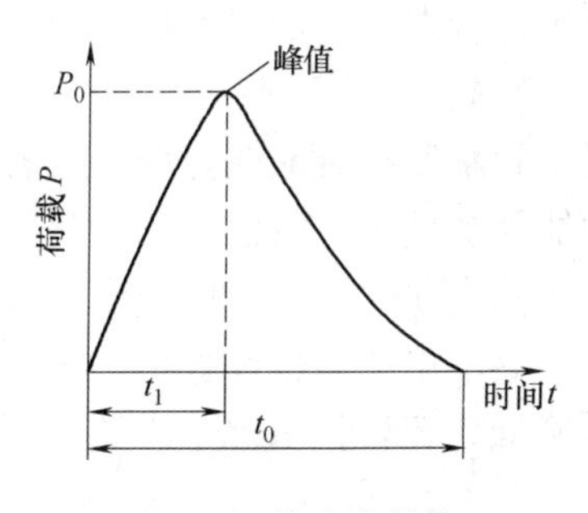

图 7.8　单脉冲荷载

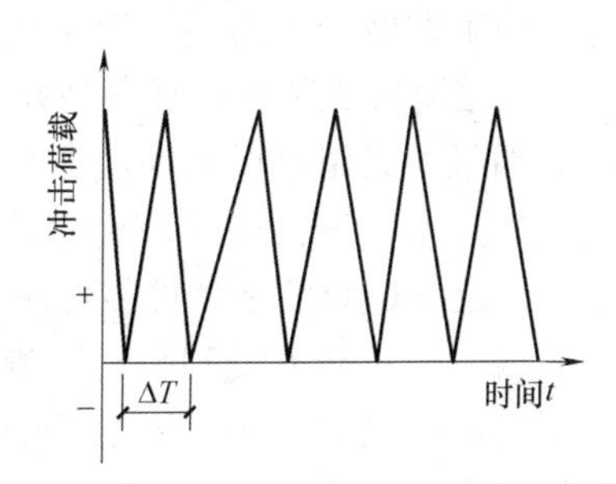

图 7.9　多脉冲荷载

打桩荷载也是脉冲荷载，图 7.10 是打桩引起的地表垂直加速度轨迹。

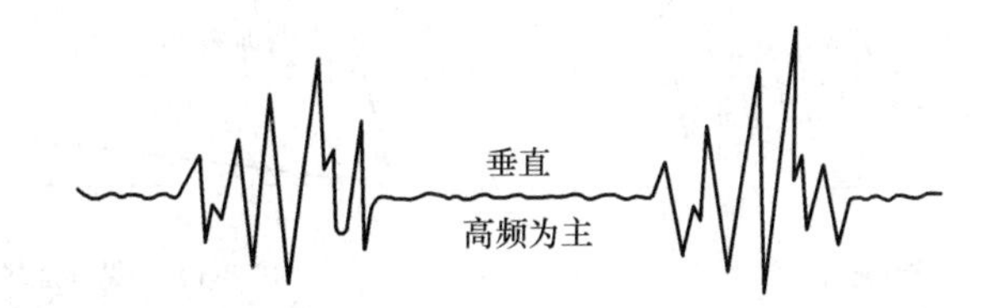

图 7.10　打桩引起的地表垂直加速度轨迹

3) 不规则荷载

这种荷载随时间的变化没有规律可循，如地震荷载(图 7.11)。

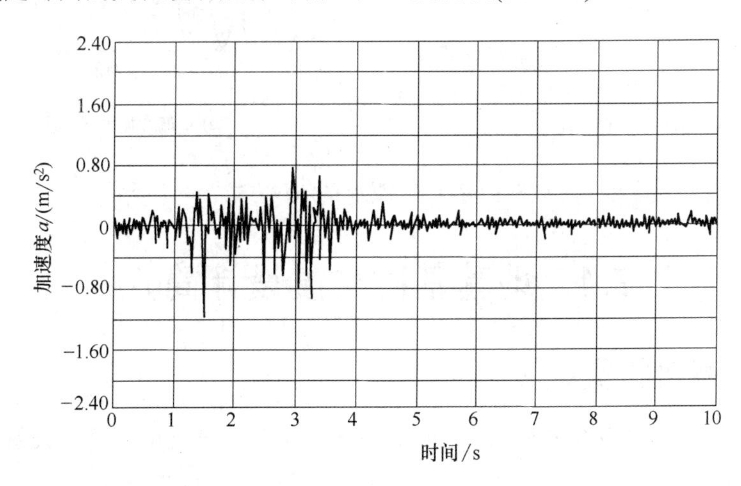

图 7.11　地震波(地震加速度随时间的变化)

7.3.5　动力试验的加载方式

根据试验的加荷方式，动力试验可分为单调加载、单调—循环加载、循环—单调加载和单调增加循环加载四种类型，如图 7.12 所示。

单调加载试验的加荷速率是可变的。传统的静力加载试验所采用的加载速率控制在使试样达到破坏的时间在几分钟的量级。单调加载试验的加荷速率控制在使试样达到破坏的时间小于数秒时称为快速加载试验。快速加载试验或瞬时加载试验用于确定土在爆炸荷载作用下的强度。图 7.12(b)所示的动荷载加载方式用于确定土在地震运动作用下的强度。初始阶段施加的单调静剪应力用于模拟地震前土中的静应力状态，例如斜坡场地中土单元的应力状态，后续阶段施加的循环荷载模拟地震运动作用下土中的循环剪应力。图 7.12(c)所示的动荷载加载方式用来研究地震运动作用下土的强度和刚度的衰减或降低。在若干次循环荷载结束后，土样变得软弱，土的静强度和变形性能与加循环荷载前的初始状态有很大区别。因此，这种试验的土体性能可用于地震后土坝或路堤的稳定性分析。图 7.12(d)所示的加载方式有时用于研究受到振动影响的土的静强度。地基中靠近桩或板桩的土体，由于受到打桩引起的振动的影响，土的静强度可能会有所降低。在这种情况下土的强度可采用土样放在振动台上施加。

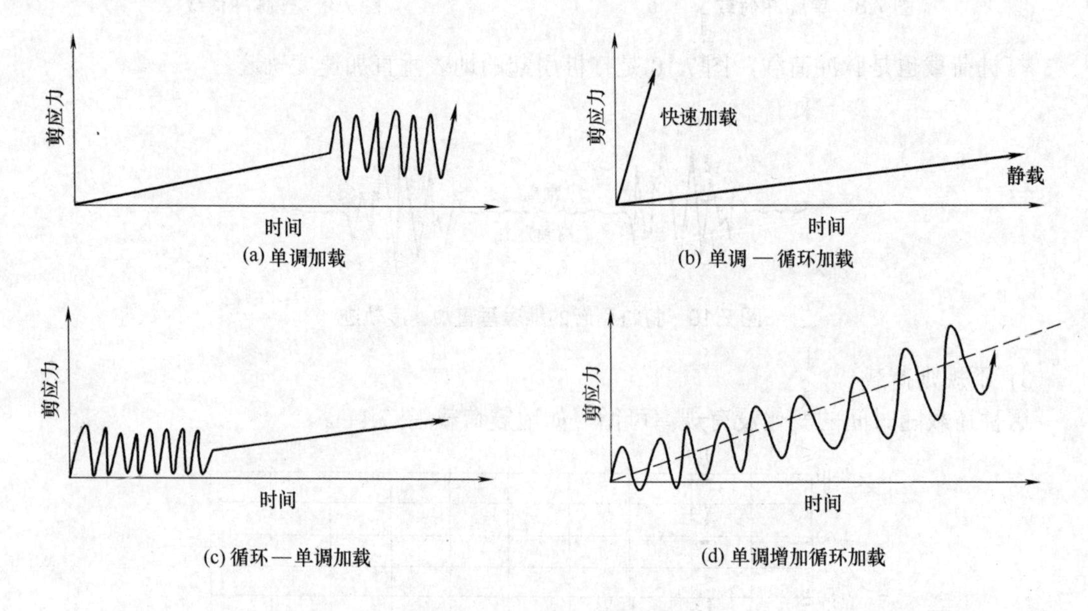

图 7.12 动力试验的加载方式

7.4 地基基础抗震设计简介

7.4.1 地基基础抗震验算

《建筑抗震设计规范》(GB 50011—2010)规定，对下列建筑可不进行天然地基及基础的抗震承载力验算：

(1) 《建筑抗震设计规范》(GB 50011—2010)规定可不进行上部结构抗震验算的建筑。

(2) 地基主要受力层范围内不存在软弱黏性土层(指 7 度、8 度和 9 度时地基承载力特征值分别小于 80、100 和 120kPa 的土层)的下列建筑：

① 一般单层厂房、单层空旷房屋。

② 砌体房屋。

(3) 不超过 8 层且高度在 24m 以下的一般民用框架房屋和框架-抗震墙房屋。

(4) 基础荷载与第③项相当的多层框架厂房和多层混凝土抗震墙房屋。

天然地基基础抗震验算时，应采用地震作用效应标准组合，并按下式计算：

$$p \leqslant f_{aE} \tag{7.5}$$

$$p_{max} \leqslant 1.2 f_{aE} \tag{7.6}$$

式中：p——地震作用效应标准组合的基础底面平均压力；

p_{max}——地震作用效应标准组合的基础边缘的最大压力；

f_{aE}——调整后的地基抗震承载力。

高宽比大于 4 的高层建筑，在地震作用下基础底面不宜出现拉应力；其他建筑，且基础底面与地基土之间零应力区面积不应超过基础底面面积的 15%。

地基抗震承载力 f_{aE} 应按下式计算：

$$f_{aE} = \zeta_a f_a \tag{7.7}$$

式中：ζ_a——地基抗震承载力调整系数，应按表 7.10 采用；

f_a——深宽修正后的地基承载力特征值，应按现《建筑地基基础设计规范》(GB 50007—2011)采用。

表 7.10　地基土抗震承载力调整系数

岩土名称和性状	ζ_a
岩石，密实的碎石土，密实的砾、粗、中砂，$f_{ak} \geqslant 300$ 的黏性土和粉土	1.5
中密、稍密的碎石土，中密和稍密的砾、粗、中砂，密实和中密的细、粉砂 $150 \leqslant f_{ak} < 300$ 的黏性土和粉土，坚硬黄土	1.3
稍密的细、粉砂，$100 \leqslant f_{ak} < 150$ 的黏性土和粉土，新近沉积的黏性土和粉土，可塑黄土	1.1
淤泥，淤泥质土，松散的砂，杂填土，新近沉积黄土和流塑黄土	1.0

7.4.2　地基液化判别与地基的液化等级

饱和砂土或粉土的液化判别和地基处理：6 度时，一般情况下可不进行判别和处理，但对液化沉陷敏感的乙类建筑可按 7 度的要求进行判别和处理；7～9 度时，乙类建筑可按本地区设防烈度的要求进行判别和处理。

1. 初步判别

饱和的砂土或粉土，当符合下列条件之一时，可初步判别为不液化或不考虑液化影响：

(1) 地质年代为第四纪晚更新世(Q_3)及其以前时，7 度、8 度和 9 度时可判为不液化。

(2) 粉土的黏粒(粒径小于 0.005mm 的颗粒)含量(采用六偏磷酸钠作分散剂测定，采用其他方法时应按有关规定换算)百分率，7 度、8 度和 9 度分别不小于 10、13 和 16 时，可判为不液化土。

(3) 采用天然地基的建筑，当上覆非液化土层厚度和地下水位深度符合下列条件之一时，可不考虑液化影响：

$$d_u > d_0 + d_b - 2 \tag{7.8}$$

$$d_w > d_0 + d_b - 3 \tag{7.9}$$

$$d_u + d_w > 1.5d_0 + 2d_b - 4.5 \tag{7.10}$$

式中：d_w——地下水位深度(m)，宜按设计基准期内年平均最高水位采用，也可按近期内年最高水位采用，也可按近期内年最高水位采用；

d_u——上覆非液化土层厚度(m)，计算时宜将淤泥和淤泥质土层扣除；

d_b——基础埋置深度(m)，不超过 2m 时应采用 2m；

d_0——液化土特征深度(m)，可按表 7.11 采用。

表 7.11　液化土特征深度(m)

饱和土类别	7 度	8 度	9 度
粉土	6	7	8
砂土	7	8	9

2. 进一步判别

当饱和砂土、粉土的初步判别认为需进一步进行液化判别时，应采用标准贯入试验判别法判别地面下 20m 范围内土的液化；但对可不进行天然地基及基础的抗震承载力验算的各类建筑，可只判别地面下 15m 范围内土的液化。当饱和土标准贯入锤击数(未经杆长修正)小于或等于液化判别标准贯入锤击数临界值时，应判为液化土。当有成熟经验时，尚可采用其他判别方法。

在地面下 20m 深度范围内，液化判别标准贯入锤击数临界值可按下式计算：

$$N_{cr} = N_0\beta\left[\ln(0.6d_s + 1.5) - 0.1d_w\right]\cdot\sqrt{3/\rho_c} \tag{7.11}$$

式中：N_{cr}——液化判别标准贯入锤击数临界值；

N_0——液化判别标准贯入锤击数基准值，应按表 7.12 采用；

d_s——饱和土标准贯入点深度(m)；

ρ_c——黏粒含量百分率，当小于 3 或为砂土时应采用 3；

β——调整系数，设计地震第一组取 0.80，第二组取 0.95，第三组取 1.05。

表 7.12　液化判别标准贯入锤击数基准值 N_0

设计基本地震加速度(g)	0.10	0.15	0.20	0.30	0.40
液化判别标准贯入锤击数基准值	7	10	12	16	19

3. 地基液化等级的划分

对存在液化土层的地基，应探明各液化土层的深度和厚度，按下式计算各个钻孔的液化指数，并按表 7.13 综合划分地基的液化等级：

$$I_{lE} = \sum_{i=1}^{n}\left[1 - \frac{N_i}{N_{cri}}\right]\cdot d_i W_i \tag{7.12}$$

式中：I_{lE}——液化指数；

n ——在判别深度范围内每一个钻孔标准贯入试验点的总数；

N_i，N_{cri}——i 点标准贯入锤击数的实测值和临界值，当实测值大于临界值时应取临界值的数值，当只需要判别 15m 范围以内的液化时 15m 以下的实测值可按临界值采用；

d_i——i 点所代表的土层厚度(m)，可采用与该标准贯入试验点相邻的上、下两标准贯入试验点深度差的一半，但上界不小于地下水位深度，下界不大于液化深度；

W_i——i 土层考虑单位土层厚度的层位影响权函数值(单位为 m^{-1})，当该层中点深度不大于 5m 时应采用 10，等于 20m 时应采用零值，5～20m 时应按线性内插法取值。

表 7.13　液化等级

液化等级	轻　微	中　等	严　重
液化指数 I_{lE}	$0<I_{lE}\leq 6$	$6<I_{lE}\leq 18$	$I_{lE}>18$

【例 7.2】某建筑场地地基非液化土层厚度为 5.5m，其下为砂土，地下水位埋深为 6.0m，基础埋深为 2.0m，该场地抗震设防烈度为 8 度。试确定该场地砂土是否需进一步进行液化判别。

【解】由表 7.11 查得液化土特征深度为 8m，于是

初步判别式中的前 2 式均不满足。第 3 式

$$1.5d_0 + 2d_b - 4.5 = 1.5 \times 8.0 + 2 \times 2.0 - 4.5 = 11.5\text{m}$$

$$d_u + d_w = 5.5 + 6.0 = 11.5\text{m}$$

也不满足，所以需进一步进行液化判别。

7.4.3　地基抗液化措施

地基抗液化措施应根据工程结构的重要性、地基的液化等级，结合具体情况综合确定。当液化土层较平坦且均匀时，建筑地基宜按表 7.14 选用地基抗液化措施；尚可计入上部结构重力荷载对液化危害的影响，根据液化震陷量的估计适当调整抗液化措施。

不宜将未经处理的液化土层作为天然地基持力层。

表 7.14　抗液化措施

建筑抗震设防类别	地基的液化等级		
	轻　微	中　等	严　重
乙类	部分消除液化沉陷，或对基础和上部结构处理	全部消除液化沉陷，或部分消除液化沉陷，且对基础和上部结构处理	全部消除液化沉陷
丙类	基础和上部结构处理，亦可不采取措施	基础和上部结构处理，或更高要求的措施	全部消除液化沉陷，或部分消除液化沉陷，且对基础和上部结构处理

续表

建筑抗震设防类别	地基的液化等级		
	轻　微	中　等	严　重
丁类	可不采取措施	可不采取措施	基础和上部结构处理，或其他经济的措施

1. 全部消除地基液化沉陷的措施

(1) 采用桩基时，桩端伸入液化深度以下稳定土层中的长度(不包括桩尖部分)应按计算确定，且对碎石、砾、粗、中砂、坚硬黏性土和密实粉土尚不应小于 0.5m，对其他非岩石土尚不宜小于 1.5m。

(2) 采用深基础时，基础底面应埋入液化深度以下的稳定土层中，其深度不应小于 0.5m。

(3) 采用加密法(如振冲、振动加密、挤密碎石桩、强夯等)加固时，应处理至液化深度下界；振冲或挤密碎石桩加固后，桩间土的标准贯入锤击数实测值不宜小于式(7.11)计算的标准贯入锤击数临界值。

(4) 用非液化土替换全部液化土层。

(5) 采用加密法或换土法处理时，在基础边缘以外的处理宽度，应超过基础底面下处理深度的 1/2 且不小于基础宽度的 1/5。

2. 部分消除地基液化沉陷的措施

(1) 处理深度应使处理后的地基液化指数减小，其值不宜大于 5；大面积筏基、箱基的中心区域(中心区域系指位于基础外边界以内沿长宽方向距外边界大于相应方向 1/4 长度的区域)，处理后的液化指数可比上述规定降低 1；对独立基础与条形基础，尚不应小于基础底面下液化土特征深度和基础宽度的较大值。

(2) 采用振冲或挤密碎石桩加固后，桩间土的标准贯入锤击数实测值不宜小于式(7.11)计算的标准贯入锤击数临界值。

(3) 采用加密法或换土法处理时，在基础边缘以外的处理宽度应超过基础底面下处理深度的 1/2，且不小于基础宽度的 1/5。

(4) 采取减小液化震陷的其他方法，如增厚上覆非液化土层的厚度和改善周边的排水条件等。

3. 减轻液化影响的基础和上部结构处理措施

(1) 选择合适的基础埋置深度。

(2) 调整基础底面积，减少基础偏心。

(3) 加强基础的整体性和刚性，如采用箱基、筏基或钢筋混凝土交叉条形基础，加设基础圈梁等。

(4) 减轻荷载，增强上部结构的整体刚度和均匀对称性，合理设置沉降缝，避免采用对不均匀沉降敏感的结构形式等。

(5) 管道穿过建筑处应预留足够尺寸或采用柔性接头等。

7.4.4　桩基抗震承载力验算

1. 可不验算桩基抗震承载力的情况

《建筑抗震设计规范》(GB 50011—2010)规定，承受竖向荷载为主的低承台桩基，当地面下无液化土层，且桩承台周围无淤泥、淤泥质土和地基静承载力特征值不大于 100 kPa 的填土时，下列建筑可不进行桩基抗震承载力验算：

(1) 《建筑抗震设计规范》(GB 50011—2010)规定可不进行上部结构抗震验算的建筑和砌体房屋。

(2) 7 度和 8 度时的下列建筑：

① 一般的单层厂房和单层空旷房屋。

② 不超过 8 层且高度在 24m 以下的一般民用框架房屋。

③ 基础荷载与第②项相当的多层框架厂房和多层混凝土抗震墙房屋。

2. 非液化土中低承台桩基的抗震验算

(1) 单桩的竖向和水平向抗震承载力特征值，可均比非抗震设计时提高 25%。

(2) 当承台周围的回填土夯实至干密度不小于现行国家标准《建筑地基基础设计规范》(GB 50007)对填土的要求时，可由承台正面填土与桩共同承担水平地震作用，但不应计入承台底面与地基土间的摩擦力。

3. 存在液化土层的低承台桩基抗震验算及处理措施

(1) 承台埋深较浅时，不宜计入承台周围土的抗力或刚性地坪对水平地震作用的分担作用。

(2) 当桩承台底面上、下分别有厚度不小于 1.5m、1.0m 的非液化土层或非软弱土层时，可按下列两种情况进行桩的抗震验算，并按不利情况设计：

① 桩承受全部地震作用，桩承载力可比非抗震设计时提高 25%，液化土的桩周摩阻力及桩水平抗力均应乘以表 7.15 中的折减系数。

表 7.15　土层液化影响折减系数

实际标贯锤击数/临界标贯锤击数	深度 d_s/m	折减系数
≤0.6	$d_s \le 10$	0
	$10 < d_s \le 20$	1/3
>0.6～0.8	$d_s \le 10$	1/3
	$10 < d_s \le 20$	2/3
>0.8～1.0	$d_s \le 10$	2/3
	$10 < d_s \le 20$	1

② 地震作用按水平地震影响系数最大值的 10%采用，桩承载力仍可比非抗震设计时提高 25%，但应扣除液化土层的全部摩阻力及桩承台下 2m 深度范围内非液化土的桩周摩阻

力。

打入式预制桩及其他挤土桩，当平均桩距为 (2.5～4)倍桩径且桩数不少于 5 × 5 时，可计入打桩对土的加密作用及桩身对液化土变形限制的有利影响。当打桩后桩间土的标准贯入锤击数值达到不液化的要求时，单桩承载力可不折减，但对桩尖持力层作强度校核时，桩群外侧的应力扩散角应取为零。打桩后桩间土的标准贯入锤击数宜由试验确定，也可按下式计算：

$$N_1 = N_p + 100\rho(1 - e^{-0.3N_p}) \tag{7.13}$$

式中：N_1—— 打桩后的标准贯入锤击数；

ρ—— 打入式预制桩的面积置换率；

N_p—— 打桩前的标准贯入锤击数。

处于液化土中的桩基承台周围，宜用密实干土填筑夯实，若用砂土或粉土，则应使土层的标准贯入锤击数不小于液化判别标准贯入锤击数临界值。

液化土和震陷软土中桩的配筋范围，应自桩顶至液化深度以下符合全部消除液化沉陷所要求的深度，其纵向钢筋应与桩顶部相同，箍筋应加粗和加密。

在有液化侧向扩展的地段，桩基除应满足其他规定外，尚应考虑土流动时的侧向作用力，且承受侧向推力的面积应按边桩外缘间的宽度计算。

思考与练习题

7.1 动力机器基础通常分为哪几类？每一类动力机器基础有哪些典型的动力机器？

7.2 动力机器基础设计中，地基的动力特性用哪些参数表示？

7.3 地震时地基和土工构筑物主要有哪些震害现象？

7.4 何谓场地？如何划分场地类别？场地类别分几类？如何划分抗震有利、一般、不利和危险地段？

7.5 土的变形特性与剪应变的相关性有哪些？

7.6 地基抗震承载力如何验算？地基抗震承载力是否一定比地基静承载力大？

7.7 场地液化等级反映什么含义？地基抗液化措施有哪些？

参考文献

[1] 李飞，王贵君. 土力学与基础工程[M]. 2 版. 武汉：武汉理工大学出版社，2014.

[2] 赵明华. 土力学与基础工程[M]. 3 版. 武汉：武汉理工大学出版社，2009.

[3] 周景星，李广信，等. 基础工程[M]. 3 版. 北京：清华大学出版社，2013.

[4] 本书编委会. 建筑地基基础设计规范理解与应用[M]. 北京：中国建筑工业出版社，2012.

[5] 郑刚. 基础工程[M]. 北京：中国建材工业出版社，2000.

[6] 吴世明. 土动力学[M]. 北京：中国建筑工业出版社，2000.

[7] 顾晓鲁，等. 地基与基础[M]. 3 版. 北京：中国建筑工业出版社，2003.

[8] 华南理工大学，东南大学，浙江大学，湖南大学. 地基及基础[M]. 3 版. 北京：中国建筑工业出版社，1998.

[9] 陈希哲，叶菁. 土力学与地基基础[M]. 5 版. 北京：清华大学出版社，2013.

[10] 中国建筑科学研究院. GB 50007—2011 建筑地基基础设计规范[S]. 北京：中国建筑工业出版社，2011.

[11] 中国土木工程学会. JGJ 94—2008 建筑桩基设计规范[S]. 北京：中国建筑工业出版社，2008.

[12] 中国建筑科学研究院. GB 50010—2010 混凝土结构设计规范[S]. 北京：中国建筑工业出版社，2010.

[13] 中国建筑科学研究院. GB 50011—2010 建筑抗震设计规范[S]. 北京：中国建筑工业出版社，2010.

[14] 中国建筑科学研究院. GB 50040—96 动力机器基础设计规范[S]. 北京：中国计划出版社，1997.

[15] 中国土木工程学会. JGJ 120—2012 建筑基坑支护技术规程[S]. 北京：中国建筑工业出版社，2012.

[16] 中国土木工程学会. JGJ 6—2011 高层建筑筏形与箱形基础技术规范[S]. 北京：中国建筑工业出版社，2011.

[17] 中国土木工程学会. JTG D63—2007 公路桥涵地基与基础设计规范[S]. 北京：人民交通出版社，2007.